泛江河源区岛状生态地位论

文艳林 著

社会科学文献出版社
SSAP
SOCIAL SCIENCES ACADEMIC PRESS (CHINA)

摘　要

青藏高原泛江河源区一个世纪以来岛状生态环境变迁研究运用民族学、人类学、历史学和社会学等综合交叉学科手段，将青藏高原作为一个有机的岛状生态环境进行多方位研究。本书在厘清青藏高原总体研究进展和全貌后，重点对青藏高原泛江河源区的生态地位、人文社会状况进行了研究，发现了青藏高原具有“生态放大器效应”和“人文放大器效应”。进而结合一手数据、历史数据和当前最新研究成果，对青藏高原泛江河源区岛状生态环境进行了科学评估，发现了一个世纪以来自然的影响和人类对于环境的扰动是十分明显的。自然环境的作用主要表现在对生态环境的不可逆影响上，而人类对于生态环境的扰动则更多的是负面和消极的。人类的扰动主要表现在生态足迹增加和对于生态要素的破坏上，综合体现在碳排放量的急剧增加上。过去一段时间，泛江河源区不同行政区域的经济社会和生态发展存在基于经济指标导向的竞争，存在忽视生态环境综合建设与协调发展的倾向。本书从全球发展和国家战略的高度，关注青藏高原的“第三极”和“泛第三极”全球地位，提出了加强法治建设并研究制定“青藏高原法”、统一发展规划、建立“第三极”和“泛第三极”国际合作组织、建立国家级的综合性专门研究机构，以及调适国际和平发展、国家加快发展、区域和谐发展之间的关系等意见和建议。这些建设性成果，实实在在建立在扎实的综合研究基础上，不仅是对于青藏高原研究的全面整理和全方位研究的重大突破，而且从国际形势和国家治理现代化进程的高度提出了未来一个时期发展的明确方向，具有原创性、开拓性和前瞻性，相关成果将为学术建设、学科建设、机构建设、政策建设和法治建设带来多方面的重要贡献。

主题词： 青藏高原　岛状生态环境　第三极　泛第三极　协调发展

目　录

前　言

一

就中国历史传统的范畴而言，“江”一般就是指长江，“河”一般就是指黄河。长江、黄河在发育的过程中，也孕育了江河文化和中国文明。早些时候，人们一般将中国文明定位为“华夏文明”并局限在中原文化圈层中，也就是更多关注黄河及黄河流域对中国文化的孕育。而随着文献资料的拓展和研究的深入，长江文明以其独到的价值凸显于公众视野，学界公认长江文明成为与黄河文明同样重要的中国文明组成部分。而十分奇特的是，这两大河流都源于青藏高原，源头极其接近。两大河流的源头地区本身就是一个十分独特的生态圈层，这为学术界提供了极有意义的研究空间。本书所指的泛江河源区主要就是以青藏高原为依托的长江、黄河源区，以及生态环境所涉及的整个青藏高原及其相关区域。所谓“岛状生态环境”，则是指其周边被大的断裂带控制，不仅地域单元相对独立，而且社会文化特征显著。从地球空间的大尺度看，整个青藏高原犹如孤悬大洋之中的一座“岛屿”，形成举世瞩目的青藏高原泛江河源区岛状生态环境。这座“岛屿”上，既发育了密如蛛网的、决定中国乃至周边国家命运的江河源头，又发育了具有鲜明特色的区域文化——以藏文化为主体的地方文化。这些自然及人文因素相互作用和影响，有机构成了青藏高原泛江河源区神秘复杂的生态巨系统。大量研究足已表明，江河源区事实上不是一条或几条细小的河流，而是由地处青藏高原的众多源流汇成的一个源头整体，这个整体就是泛江河源区的主体，它是长江、黄河共同的源头流域。一个世纪以来，随着国际、国内发生的空前变革，中国的自然和社会环境都受到了前所未有的深刻影响。在此期间，泛江河源区人口翻了近两番，载畜量翻了一番左右，森林面积骤降，草地、湿地退化显著，土壤沙化和水土流失量成倍增加，区内外因素交织叠加，对于环境的作用超过以前任何时候。要从根本上解决问题，必须从整体和长远着眼，以更加开阔的视野和更加切实的方法进行研究和治理。

针对传统的江河源区观点而言，长江、黄河源头流域的生态环境界定，究竟是以现行行政区划将其锁定在青海省南部的有限区域，还是扩大到整个长江、黄河上游，学界尚未达成共识。前者范围的不足在于，很容易将江河源头流域的生态战略地方化为一个省的建设事务，仅就青海一省单薄的实力难以承受西部核心生态区乃至“第三极”建设之重；而后者范围又很容易将江河源区整体的核心生态环境打乱和肢解，导致简单地将自然人文条件差异很大的生态板块和文化板块进行主观切割，为各自为政的行政绩效锦标赛提供条件，进而加剧生态建设中的乱象和无序竞争，抵消社会主义集中力量办大事的制度优势。因此，从科学的角度正确界定江河源区的概念和范围，明确治理和建设主体，有的放矢，制定并实施分工合作又统一协调的泛江河源区生态建设战略是大势所趋。

一段时期以来，有关泛江河源区的课题得到学界重视。环境科学方面，学界首次全面阐述了环境地质学出现的历史背景、学科范畴、研究方向和发展前景，开环境地质学先河，从全球气候变化的角度探讨了人与自然环境和谐发展的问题。学界从科学的角度阐释了一直被公众所质疑的理论，指出极端天气和气候现象在过去的一百年里变得越来越频繁，明确了气候变化和阶段性极端天气之间的联系，并且对近百年中国气候变化与青藏高原冰川的关系进行了关联研究，预测了 2100 年中国年平均降水量受青藏高原影响可能增加，渤海沿岸和长江口地区可能会变干，北方降水日数增加，南方大雨日数增加等重大生态环境预期，并提出了西部环境保护措施和方法。为了寻求更大尺度的论证空间，学界还从黄河土层变化的角度重构了古气候变化轨迹，为研究古代气候环境提供了生态足迹样本和方法。不仅如此，在长期的环境科学研究中，多学科交叉成为不可避免的重大方法突破。地质学、地理学、天文学、古生物学、古人类学、考古学、历史学、空气动力学、空间物理学、核物理学、生物化学等在这里交融荟萃，璀璨夺目。学界注意到，青藏高原巨大冻土层蕴藏着丰富的天然水资源，通过气温变化和地表流动，形成江河源区大小不等的众多源头。学界不仅通过长江源区土地覆被变化水文效应的模拟试验，揭示了植被退化和水土流失的动力学原理，且从地理学和大气层变化的角度，对青藏高原草甸和相关植被进行跟踪观测，认为植被是江河源区生态环境变化的关键因素。学界还从气候动力学和气候变化角度观察到 1956 ~2012 年黄河源区流量演变的新特征，并对其成因进行了探讨，提出了进入 21 世纪后流量呈上升趋势的观点。学界以多学科交叉和综合的方法，运用卫星监测系统对青藏高原湿地和表层进行了研究，提出了湿地退化的治理对策。有人利用三江源地区 13 个气象站 1960 ~2011 年的气温和降水资料，对该区气温、降水和气候生产力的时空变化特征进行了分析，研究了降水对气候变化的响应，发现三江源地区半个多世纪以来，“年、冬季、夏季平均气温出现多次冷暖波动过程，但总体上变化一致，都呈明显上升趋势；年降水量的变化趋势不明显，但生长季和冬季降水量呈增加趋势；空间分布上，降水量东西部呈相反变化趋势，南北变化亦相反；气候生产力变化呈增加趋势，21 世纪以前增加不明显，之后增加显著；降水与气温的相关系数大于降水，说明气温是当地降水的主要限制因素”,[①] 进而引发了人们对于碳排放的重视和反思。

有意义的是，泛江河源区所在地正好是藏文化孕育和发展的主要区域，这样给人以泛江河源区事实上就是藏族主要聚居区（以下简称藏族聚居区）的直观印象。为了探讨藏族聚居区与泛江河源区的人地关系，区域内人的生

① 郭佩佩等：《1960 ~2011 年三江源地区气候变化及其对气候生产力的影响》，《生态学杂志》2013 年第 10 期，第 2806 ~2814 页。

产和社会活动成为学界关注的重点问题。作为以农牧业为主导产业的泛江河源区，藏文化与农牧生产活动的关系成为破解问题的切入点。学界认识到，泛江河源区或藏族聚居区的特殊性，一是自然环境的独特，二是人文因素的特殊。为探索这种特殊性的根源，学界发掘藏族文化源头并进行科学系统考证，并就藏文化渊源及其与族群的相关性进行了系统阐述。有人对青海石经墙与山西大同云冈石窟的产生原因做对比分析，试图说明宗教文化景观在产生和发展中，与其所处的环境关系密切，发现藏传佛教与农牧业存在内在关系。同时，学界对藏文化在地域空间的扩散性、自身特有的演进性，以及其不同亚文化区域特点的形成等方面做了开创性的探索，这些研究印证了藏文化源自农牧业并揭示了其与农牧业共进共荣的轨迹。学界认为藏族聚居区相关问题实质不仅是文化和社会特质问题，更是发展问题，并就区域经济社会发展和产业成长等提出了有针对性的建议。此外，国外学者在藏文化及其产生的影响上，做了视角独特的论证，并提出了世界观不同的见解。

上述研究表明，青藏高原泛江河源区岛状生态环境是一个有机统一、不可分割的整体，是我国生态建设的重中之重。但是，截至目前，还没有专门对泛江河源区生态的整体性问题进行深入的综合研究，至今都没发现针对青藏高原江河源区岛状生态环境的研究成果。对此，本书在这些研究成果的基础上，用地理学和地质学领域惯用的纪年，即世纪的尺度来加以考察，以便从较为从容和开阔的时间跨度上观察生态系统的纵向演变与社会演进之间的关系；突破传统的狭隘的“源头论”和所谓“正源”“非正源”划分，而采用“泛江河源区”的空间尺度，利用人文因素大体相同、自然条件又极为相似的青藏高原泛江河源区的“岛状”特征，将青藏高原的众多江河发源区域作为一个有机整体来进行观察，使研究对象更加富于整体性、完备性和系统性。

二

中国是一个注重文字记载的国家。古代文献按照经、史、子、集对于气候环境变化有较为丰富的分类记载。关于1000年以前的历史气候，除了儒家经典有所记载外，在史书中也有记载。此外在子、集两大部类中也有关于气候变化的翔实记载。迄今可查的古代气候相关史料文献接近1600种，超过300卷，尽管各类书籍对于相应部分的气候记载存在差别，但总体趋于一致，并能相互印证。笔者在收集到的2万多条历史记载中得到近14000份（条）旱涝信息资料。当然历史资料的记载存在年份和时段的缺失，造成这种情况的原因，是历史气候记载本质上是灾害资料，也就是通常所说的记“异”不记“常”。中国现有历史气候资料编制的旱涝等级记载资料，在过去的1500年中，在时间分布上具有不均匀性。造成这种资料时间分布不均匀的原因主要是历史记载本身随着朝代的变化而变化。从空间上看，一般是都城或京畿地区详于边远地区，经济和政治重要地区多于边荒地区。当然，如果经济政治中心发生变化，资料集中地区也随之改变。如北京及其临近地区资料实有率走高是在公元13世纪中叶后，元朝在北京设立大都，明朝永乐年后同样以北京作为京城，这是北京地区在序列后段资料比较多的主要原因。[①] 在结合文献推演的过程中，有几点需要注意。一是历史文献的准确性。中国古代缺少定量研究技术和工具，往往对于气候变化的表述过于笼统和简单，这对将历年气候变化进行纵向排序分析带来难度。二是历史文献记载重点内容的选择主观性。中国有将“天象”与“人运”结合的传统。对于灾年灾变的记载往往与统治者的政治挂钩，为了用“天象”支撑统治，以证明“天之骄子”的合法性，在记载的文字上做了色彩化的加工渲染，在官方志书中，这种痕迹是十分明显的。三是历史文献的时空变化性。受社会变迁和政治统治影响，气候记载在区域上、年份上显得分布不均，区域和年份随时局变化而变化。

相对于史料，也有学者采取实证的方法重构历史。有人利用树轮重建方法通过对祁连山地区历史上降水量变化的重构，将过去分为若干个多雨期和

① 相关数据参见张丕远等《中国历史气候变化及其趋势和影响（1）中国历史气候变化》，山东科学技术出版社，1996，第200～201页。

少雨期，发现20世纪90年代以来，降水呈下降趋势；有人通过对青海湖近年来的气候环境演化的观测，以该地区在小冰期的冷期和近年的暖干化期出现的规律，印证了该地区树轮所恢复的降水曲线。有人采用树轮晚材宽度方法对青藏高原北部进行了研究，认为该地区重建的降水量变化可以反映过去历年夏季风强弱变化情况；同样，有人用类似方法将过去历史划分为若干个偏湿期和若干个偏干期，对西藏东南部林芝地区进行了研究。此外，也有人根据青海湖沉积岩芯对青藏高原东北部降水变化进行研究，发现不同历史阶段出现了相对湿润期和干燥期，指出西南季风减弱是造成干期的主要因素，而西南季风增强是导致湿期的主要原因。也有人采用湖泊沉积记录，重构浑善达克沙地小冰期和20世纪初升温期历史，发现该地气候在近百年里又出现过干湿与冷暖不同组合的波动，间接论证了19世纪末20世纪初中国北方进入相对温暖阶段的原因。有人根据苏干湖沉积碳酸盐稳定同位素蜕变研究发现，在20世纪30年代，区域有效湿度频繁波动的变化特点与现代梅雨活动特点相近。这些成果为进一步研究泛江河源区生态环境变迁中的气候因素影响提供了有力的支持。

考古和相关历史研究表明，在大约1万年前，青藏高原已经有人类活动，个别地区的人类活动甚至可以追溯到10万年前。但是，那时的活动仅仅限于人类对于大自然的适应性小范围活动，既没有大规模的聚落活动，也没有规模化的种植养殖业。到了近1000年，人口大量增加，人类对于外界的生产生活资料获取力度加大，不但推动了生产生活方式的改进以获得更多的食物来源，而且也不断加大力度改造自然环境。尤其是近100年的历史中，这种活动得到空前强化。一方面，除了青藏高原世居族群[①]对于环境的改造外，也有外界和非世居族群对于青藏高原施加的影响。近代以来，青藏高原本身的生态资源被加剧开采，长江、黄河中下游大规模开发导致的气候变化，反过来影响青藏高原生态环境。20世纪初，青藏高原常住人口不过300万，2017年末，达到1400万，翻了两番多。同时，全球范围内城市化

① 也就是相对于其他族群，相对稳定且长期居住于青藏高原一带并超过一个世纪的族群，下同。

建设加快发展和现代生产技术手段的运用，导致地球温室效应加剧，对青藏高原外环境产生重大影响。就中国范围来看，20 世纪初人口不过 4 亿，而到了 2019 年，达到 14 亿，这个庞大的基础从更大的时空范围影响了青藏高原生态环境。一个世纪以来，全国范围耕地扩大 1.5 倍，森林砍伐严重；青藏高原耕地扩大 1.4 倍，林地减少 2.68 倍，冻土活动层增加 11.5 亿立方米。近 50 年来长江水源年径流量变化幅度达到 45.2%；黄河水源年径流量变化达到 98.1%，且下游断流的情况已经出现。也就是说近一个世纪以来，长江、黄河产生的急剧变化，呈现加速发展的趋势，当前变化量超过了过去任何时候。

人作为特殊的生物群落，与历史气候变化的相互影响是显著的。历史上气温的区域分布总是北方低于南方。人们在研究南北区域的气候差别时，往往根据物种变化来推测当时气候的变化。就人类活动的基本规律看，与物种具有共生性，也就是说在物种越多的地方人的数量也越多，而且人的活动也更加频繁。这种人与其他相关物种的正态分布，正好为结合历史文献推断历史气候变化提供了线索。如早在春秋战国时期，以黄河中下游流域为主的北方，人口明显多于南方。并且，根据历史资料记载，那时的北方气候明显经过了一个变化过程，物种也相应地发生了变化。物种的向北扩张和向南退缩，都具有显著的气候学意义。从物种的南北地域变化中，人们发现了物种的“进化迟缓原理”，也就是说物种的演化是依赖于遗传基因的突变而非短期的气候变化。短期内的物种向北扩张或向南退缩，正好说明了气候变化，这种现象为结合文献进行的考古分析提供了方向上的启示。

青藏高原大多高山环抱，即使是周围的盆地、平原等相对平坦地带，其边缘也是连绵高山耸峙，受到奇特多样的地形、地貌和大气环流的影响，形成了复杂多样的气候类型。青藏高原的绝大部分地区气候高寒而干燥，属于旱高原气候区，年降水量在 100 毫米以内，并多集中在夏季，但日照充足，年日照时数为 1500～3400 小时。正是这种多样性的环境与气候条件，孕育了青藏高原古代文明独特的风格，也使其与外部发生着密切的文化关联与互动。

关于青藏高原的人类起源问题，过去多为传说与文献记载，也存在着不同的观点。近年来考古发掘表明，从旧石器时代开始，青藏高原就已经有原始人类居住。而新石器时代的遗址，也在藏东昌都卡若和拉萨曲贡等地被发现。截至2003年底，西藏区域内通过发掘整理登记在册的人类活动遗迹有1302处，其中古代遗址类文物348处、古代墓葬类文物218处、古代建筑类文物512处、石窟寺及石刻类文物156处、近现代重要史迹45处、近现代代表性建筑17处、其他文物6处。青海区域内发现发掘的人类活动遗迹更多，早在1996年登记在册的就有3716处，其中古遗址2595处、古墓葬565处、古建筑342处、古石刻47处、近现代重要史迹58处、近现代典型建筑52处、其他文物点57处。如果加上周边的康巴地区和甘肃的安多地区，总体人类活动遗址不会少于5000处。这些遗址大多是自旧石器时代和新石器时代至公元7世纪吐蕃王朝建立前人类活动的证据。对这些遗址进行分类研究，很能说明问题。

三

事实上，青藏高原作为一个客观存在，不仅具有特殊的国家意义，而且具有全球意义。就中国而言，很长一段时间来，由于国家层面对于青藏高原的整体战略定位的缺失，人们更多地关注了青藏高原作为一个或多个特殊行政区域的意义，尤其是更多地关注了青藏高原南部西藏的经济社会发展问题，而对于青藏高原整体重要的生态战略、经济战略，乃至全球战略意义都没有予以足够重视。国家层面，有专门研究西藏的副部级机构，而没有一个专门研究青藏高原的机构。国家工作机关中有专门管理西藏地方事务的机构，却没有统筹和专门管理青藏高原的机构。青藏高原作为全球“第三极”与西藏地方作为一个省级行政区，何以在时空体量中度长絜大及在全局战略中比权量力？事实上，青藏高原对于国家乃至全球的双重意义或多重意义，足以鼎定三分之一天下。仅从现有研究看，青藏高原具有生态和人文两个方面的放大效应。

从生态的角度看，其具有世界“第三极”的战略地位。青藏高原隆升促进了秦岭山脉的强烈隆升，使其对南北方气候环境的差异屏障作用更为显著，直接影响到中国南北显著的气候特征和人文地理特征的形成。不仅如此，青藏高原的隆升，改变了大气环流，影响了欧亚大陆气候和生态环境，极大地改变了东亚、南亚、西亚、中亚、东南亚等广大地理空间的地质、地理格局和生态、人文格局，成为影响西风环流、世界气候变化和生态变化的触发器、加速器和放大器。它不仅触发了东亚地面行星风系的影响与季风效应，导致亚洲内陆源区风尘和冬季风搬运物质量增大；而且导致东亚季风效应的增强及干旱化程度的加剧，并使印度季风和东亚季风效应增强，亚洲干旱化程度加剧、干旱区域扩大，中国风尘堆积开始，形成黄土高原风尘堆积雏形。青藏高原的隆升，导致了亚洲内部冬夏季风效应增强，亚洲内陆荒漠、戈壁范围扩展加速，黄土高原风尘沉积速率加快，青藏高原自身干旱化加剧，并成为全球气候变冷、北半球大冰期发生和东亚季风发展的驱动源，直接影响了以青藏高原为核心的“第三极”。进一步地，青藏高原影响西风环流和世界气候变化的触发器、加速器和放大器效用，对整个亚洲现代季风增强起到了放大效应，进而深刻影响了世界最大的大陆欧亚大陆的生态环境，对全球气候变化产生放大与驱动作用，导致青藏高原对其周边乃至全球的气候环境效应更为强烈，对全球“第三极”外围的“泛第三极”产生广泛影响。聚焦一个世纪以来青藏高原直接影响的中国广大区域，青藏高原与中国江河中下游的生态变化、水文变化和灾害发生具有高度的关联。根据选点记录的青藏高原和长江中下游近 70 年气温变化关联情况，青藏高原选点变化 0.5℃，长江中下游选点平均变化 2℃。有研究表明，1983～2012 年，青藏高原是气候变化的敏感区域，气候变幅更为显著。青藏高原地区 98 个气象站点观测数据表明，1982～2012 年平均气温升高幅度达到 1.9°C，是全球平均升温幅度的 2 倍；青藏高原选点降水量变化 1 毫米，江河中下游降水量变化 4 毫米以上；而青藏高原地震，在相应的效应期内，周边其他地方也会相继发生地震。这种此起彼伏的生态响应，也是本书高度关注的“第三极”生态放大器效应之一。

青藏高原隆升而产生全国乃至全球意义，并不仅仅表现在生态方面，而是影响到了人文社会方面。青藏高原独特的岛状环境，客观上形成了其对东向文明的归附力和对中国全局的呵护力：高原南缘主要是高耸的喜马拉雅山脉，阻隔了人文社会的南向发展；高原西部、北部主要是广大的沙漠戈壁，失去发展的依托；而高原东缘、东南缘衔接的是万流所向的烟柳繁华之地。这种客观现象，使青藏高原在整个隆升过程中，就紧紧环抱和呵护着中国安全和中国民族共同体的发育与形成，饱经沧桑而历久弥坚。而高原东部的繁荣，如同江河到海翻卷的雨露，同样反哺着青藏高原芸芸众生。从这个意义上看，青藏高原是中国的国家之盾、民族之盾，是真正和完全意义上的不朽长城。

正是出于这种非同寻常的意义，历代统治者都对青藏高原垂青有加。从时间排序看，呈现出明显加速趋势：汉唐大度，礼尚往还；宋元交替，由亲而管；明清接力，政教统摄；共和建国，缔造新元。这种时间上的加速递进，不但体现出中国国家近代化，乃至现代化的加速转型对于青藏高原人文社会的凝聚力增强，而且明显展示出青藏高原作为国家之盾、民族之盾的强大内应力。这种强大的内应力，不仅是中国国家独具的资源禀赋，也为推动全球共建共享“第三极”和“泛第三极”资源的人类命运共同体奠定了物质基础。青藏高原与其他区域发展上客观存在的错落关系，引发近代区域之间发展上的谐振频率差。这种频率差，通过社会事件表现出来就是局部与全局的冲突、个体与全体的矛盾。一个世纪以来的西藏地方变乱纷争及其被敌对势力利用的事件，一定程度上印证了这种关系的存在，同时也表明青藏高原相关问题已经不是单纯的区域问题，而可能成为更大范围和更高层次的严峻课题。

青藏高原现状不容乐观。作为地球“第三极”，青藏高原保存了大量的古代生物资源和历史文化遗迹，形成了世界性的文化宝库。今后很长一段时间的发展思路，应该是科学规范发展、全局发展、生态发展、共赢发展。科学规范发展就是做到发展顶层设计的科学与前瞻，把科学性与加快发展有机结合。充分重视顶层设计的导向性和前瞻性，牢牢把握发展进程的主动权，注重实施过程科学管理。在科学发展中引入法制、法律、法规手段和体系，用法制手段保障科学发展的严谨性和一惯性，用法律规范发展进行并规范人的行为，使科学在法制的保护中发挥效能，法制在科学发展中彰显公平正义。科学界定“第三极”与“泛第三极”、青藏高原与“泛江河源区”等基本概念，严谨制定以《青藏高原法》为核心的综合性法律法规体系，使法律法规充分落实到发展的各个环节，确保科学发展成果可控可期和长期稳定。

全局发展就是做到东西部发展速度统筹，南北生态互补，全局协调互动。在西部开发和东西部互动已经取得一定成绩的基础上，进一步加强区域禀赋分析和资源种类识别，以大数据为支撑建立正和博弈模型。注重全局发展模型动态节点分析、局部细节分析，统筹正和博弈，探索适合国情区情和社民情的资源匹配模式，形成局部在全局发展模式上的充分契合，局部与全局在发展速度上的充分协同。在资源匹配中，引入宏观格局平衡，中观模式互补，微观精准对接机制，推进人文层面和谐共进，实现全局健康快速发展。实施国家资源优化战略，注重西部自然资源与东部经济、科技资源的有效对接，推动东中西部发展节律协同、发展速度协调、发展机制契合。打通和扩展以东西交通线、物流线和电子网络系统为核心的“新三线”，建成多条“一日达”全息化新干线，形成新时空中的“大网络、小国家”局面。

生态发展就是在保持发展的可持续性基础上，继续加大力度保持生态平衡和生态恢复力度。生态发展分为前期、中期和后期进行。前期重点加强生态修复。注重生态修复工程的宏大长远和具体现实性，精准化顶层设计和敏感化基层响应。生态修复坚持一体设计，分区分类制订目标，区位联动，统一调控，次第推进。注意区分各地生态足迹和历史欠账，采取不同区域的不同发展策略，西部注重片状修复，北部注重整体修复，东部注重带状修复，大城市和城市群要注重点状修复，并连点成线、连线成面。中部注重条块结合。前期的战略重点放在西部和北部，攻克东中部生态修复难点，摆脱修复—破坏—再修复—再破坏的恶性循环。中期和后期要加大修复成果的再巩固和再利用。在加大西部和北部生态修复和生态输出功能的同时，保障东部生态自愈驱动，增强南部生态涵养和生态输出动力，力争一定时期内建成重点突出、内力强劲、承东接西、南驱北联的一体生态格局。

共赢发展就是坚持全球发展和多边合作共赢，实现资源共享互惠。在新时代生态观得到广泛的认同，全球共建生态环境和共享生态成果已经成为关涉人类命运的共同话题的历史机遇期，充分发挥中国坐拥“第三极”的生态主导权。全面发挥中国带动“第三极”“泛第三极”生态发展的强大引擎作用。深度发掘中国在长期的建设发展进程中积累的举世公认的科学发展、可持续发展宝贵经验，引导各国和地区在中国开辟的便捷宽广生态发展道路上前行，开辟人类社会发展的新征程。在新的发展进程中，立足民族复兴和人类命运，以本土文化建构中国道路的生态话语体系，在倡导共同建设、和平发展、资源共享的国际生态合作及相关谈判中始终立于不败之地。要放眼占生态格局多数的发展中国家，积极引领新时代生态发展，进而带动全球生态新一轮发展。要充分利用中国的先导地位，发挥保护和发展“第三极”“泛第三极”进而保护地球的牵引作用、导向作用和定力作用，为最终实现生态繁荣和全局共赢贡献力量。

第一章
泛江河源区岛状生态环境演变足迹及其历史律动

第一节　基本概念和范围

一　“江河源区”和“泛江河源区”

青藏高原位于26°00′~39°47′N和73°19′~104°47′E之间，东临秦岭山脉西段，东北部与黄土高原相连，南达喜马拉雅山脉南缘，北抵昆仑山、阿尔金山和祁连山北缘，西部达帕米尔高原和喀喇昆仑山脉，面积约250万平方公里，占中国陆地总面积的26%，平均海拔超过4000米，是地球上最高的高原。青藏高原十分辽阔，东西南北差异显著。为了能够更加清晰地展示其全貌，本书根据不同区域的代表性，分别选取东西南北不同的观测点。当然，根据具体研究需要，这些选点是拓展的，阐述的范围可能更加宽泛。本书的“江河源区”“泛江河源区”范畴如下：江河源区，即长江、黄河源头所在的区域，面积2.93万平方公里，2018年人口有18.77万，分为42个乡、5个镇，以此为中心分为三个圈层。

第一个圈层是江河源区核心区，总面积约39.5万平方公里，包括青海玉树藏族自治州、果洛藏族自治州、海南藏族自治州、黄南藏族自治州，四川甘孜州藏族自治州石渠县、色达县，阿坝藏族羌族自治州的壤塘和阿坝两县共25个县和青海格尔木市的唐古拉山镇，共198个乡镇。地理位置为30°

11′～36°56′N、89.45°～111.05°E，平均海拔4000米以上。

第二个圈层就是青藏高原本体区。四至界限大致东部与秦岭山脉西段和黄土高原相接，南起喜马拉雅山脉南缘，西部为帕米尔高原和喀喇昆仑山脉，北至昆仑山、阿尔金山和祁连山北缘，总面积大约为250万平方公里。观测站点分别布局在西藏、青海、四川、甘肃南部，共8个主站点和19个辅助站点。8个主站点是安多、班戈、那曲、聂荣、嘉黎、比如、阿里、炉霍庭卡。20个辅助站点分别是色达洛若、夏河完尕滩、布伦台、沱沱河源头、日土日松、普兰、纳久、曲当、浪卡子沙岗、墨脱背崩、察隅、曲登、茨巫、娘西、玛多、都兰、拉萨、纳木错、青海湖中部。

第三个圈层是泛江河源区。除青藏高原本体外，基本包括乔戈里峰—于田—若羌—瓜州—河西走廊—宝鸡—陇南—汶川—西昌—攀枝花—香格里拉一线内侧区域，位于40°00′～27°52′N和77°21′～107°17′E之间，面积大约为350万平方公里。这一区域基本上是青藏高原紧邻的外围空间，与青藏高原发生着密切的生态联系、区域经济联系和社会互动联系。除新疆南部气候观测数据较为缺乏外，其余区域都建立了相对完整的气候观测站点。

二　“第三极”和“泛第三极”

为便于表达，本书在叙述青藏高原泛江河源区相关问题时，在学术界前期使用的“第三极”和“泛第三极”概念基础上进行规范和沿用。本书迄今能查到的最早关于青藏高原“第三极”的争论是《西藏研究》1990第4期《极地文化的起源和雅隆文化的诞生与发展》，以及1993年3月8日刊出的《对“极地文化”提法的商榷》两文，后者提到关于青藏高原作为“第三极”科学性的认识与争论问题。① 2013年《地球科学与环境学报》有人以《再论青藏高原苔原：地球第三极地理极性之确认》为题，

① 参见古子文《极地文化的起源和雅隆文化的诞生与发展》，《西藏研究》1990年第4期，第21页；居怀祥《对“极地文化”提法的商榷》，《西藏研究》1993年第1期，第9～10页。

论证了青藏高原“高原苔原的发现将从地理环境上确认青藏高原全球第三极的地理极性”的客观实在性，[①] 标志着青藏高原作为地理上的地球“第三极”概念的确立。当前网络公开资料将“第三极”解释为地球除了南极和北极的第三极——高极。世界“第三极”有四个特点：海拔世界最高；气温与南北极同样寒冷；很多地方与南北极一样，渺无生命；温度日差较大。

据此，本书提出的“第三极”“泛第三极”概念如下：在地标25°~40°N和74°~104°E之间大约250万平方公里范围内的巨大岛状台地，平均海拔在4000米以上，冰川冻土面积巨大，终年冻土面积占总面积的70%以上，聚集了世界前五座最高峰。年平均气温显著低于周边大陆，而极低气温与地球其他两极相近或相似；该区气压低、空气稀薄、风大，植被覆盖较少；生态环境脆弱，大多数地区不适合人类生存；隆升的台状地貌与高大山系深刻影响全球大气环流，是亚洲季风的发源地；该区不仅自然景观独特而且文化现象独特；从海拔高程看，是地球高极，是地球南北极之外的“第三极”。该区域与地球南极和北极的相同点在于，都具有极地的低气温和巨大冰川封冻地带，都具有极强太阳紫外线辐射，都具有独特的区域性生物和生态环境样态，都大面积不适合人类生存发展。不同之处在于，地球南极和北极特殊气候产生于黄赤交角效应，受到地球自转与公转的直接影响；而青藏高原特殊气候产生于地壳剧烈隆升，不仅受到地球自身内力强大作用，也受到外力的强大作用，更受到内外力交互作用的直接影响。地球南极和北极深刻影响两极及其周边的自然环境，而青藏高原深刻影响着地球最大的大陆——欧亚大陆的自然环境和气候变化，对人类生态环境和生存发展带来更加直接和重大的影响，因此，这个意义上，青藏高原作为地球“第三极”更加体现了其对人类命运的重要意义。

① 孙广友：《再论青藏高原苔原：地球第三极地理极性之确认》，《地球科学与环境学报》2013年第3期，第98~108页。

“泛第三极”的范围包括中国、尼泊尔、印度、不丹、巴基斯坦、阿富汗、孟加拉国、缅甸、斯里兰卡、塔吉克斯坦、吉尔吉斯斯坦、乌兹别克斯坦、哈萨克斯坦、土库曼斯坦、伊朗等20多个国家和地区，面积约2000万平方公里，人口超过30亿。[①]

因涉及不同研究对象和语境，“青藏高原”“江河源区”“青藏高原泛江河源区”“第三极”“泛第三极”等概念所指范围存在一定差别，但大致都是对青藏高原主体的放大或缩小表述。

第二节　青藏高原研究相关文献和证据

一　关于历史文献记载的证据

有关青藏高原的记载，在历史文献中也不断出现。学界一般认为，中国历史文献大致分为经、史、子、集四大部分。经主要包括儒家的经典著作，以及后人为这些著作所做的注释、校补等，史主要包括历史事迹书籍，子包括哲学、政治科技、艺术等书籍，集主要包括文人的诗文作品。[②]其中，史作为历史记载最为重要，史料价值也很高，大多数重要历史著作都在其中。有人对1470年前各类书籍进行整理，发现经部7类、史部10类、子部9类、集部2类，书籍共1531种，合32251卷，涉及青藏高原及其相关地区的文献大约为238种、2850多卷（条、册），[③]本书整理如下（表1－1）。

① 姚檀栋等：《从青藏高原到第三极和泛第三极》，《中国科学院院刊》2017年第9期。

② 按《中国丛书综录》的分类方法，每大部中又分为若干类，如史部分为正史、编年、传记、政书等类。有关1470年以前的历史气候记载在四大部中分布的情况不一，如经部儒家经典著作中，除了《春秋》《左传》等书记载有相对较多的历史气候情况外，其他书籍极少记载。参见施雅风等《中国历史气候变化》，山东科学技术出版社，1996，第198～199页。

③ 含甲骨文和秦汉简牍，以及考古发现的零星记载文献、石刻、岩画等文献资料。

表 1-1　青藏高原相关历史文献一览

部类		种数	卷(条、册)数
经	礼记	1	13
	诗经	1	18
	周礼	1	167
	大戴礼记	1	145
	春秋公羊	1	56
	春秋左传	1	34
	传	1	121
	春秋谷梁	1	11
史	二十五史	24	2768
	野(别、杂)史	248	2345
	编年	35	1435
	注(诠释)	138	1561
	政书	43	2408
	传记	19	34
	地理	166	1246
子	诸子	14	157
	儒	5	47
	佛	16	89
	道	19	178
	兵	1	40
	农	53	107
	医	3	43
	术	2	131
	杂	140	870
	说	173	941
	典	59	4344
集	集成	527	13213
	专集	10	2938

注：根据相关历史文献整理并参考部分科研成果；部分数据参考张丕远、孔昭宸等《中国历史气候变化及其趋势和影响（1）》，载《中国历史气候变化》，山东科学技术出版社，1996，第 198 页。

二　中国地方志文献中青藏高原相关记载

地方志是中国所特有的地方性史书，学界普遍认为是一地之“百科全书”，在卷帙浩繁的地方志里，记载了有关气候、天文、地理、政治、经济、文化等历史资料，是研究青藏高原相关问题不可或缺的重要资料。从种类来看，方志记事范围可分为总志、通志、郡志、府志、厅志、州志、县区志、乡镇志和村志。其特点主要是地方性、连续性、综合性和可靠性。地方性方面，无论省志、州志、府志、县志还是山志、水志等专志，都是限于某个区域的记载。从连续性看，地方志有经过一段时间就要修一次的通例，它能保存历史上关于某个地区、某种事物、某个现象的连续的完整的记载，从这些连续性的记载中我们可以找出某些社会现象和自然现象的规律性。从综合性来看，地方志大多根据当时当地的档案、访册、传志、笔记等原始材料编纂，取材广泛，内容丰富，不仅记一人一事，还包含气候、天文、地理、物产等，是综合的历史资料。从可靠性看，地方志大部分是本地人记本地事，时间相距不远，范围限于本地区，调查材料多是从当地群众中收集而来的。中国地方志传世志书数量十分庞大，至 2019 年底，据不完全统计，中国现有地方志共计 28000 多种 329656 卷（册），主要集中在国家图书馆（10000 余种）、上海图书馆（8000 余种）、南京图书馆（6000 余种）。此外，中国各高校和各省市图书馆（包括台湾、香港地区图书馆）也存量不少。这些方志中，涉及青藏高原的有 5000 余种 13000 余册（卷）。

三　各专门机构和科研教学单位的生态、气象相关资料和数据

一是国家和地方专门机构如中国气象局、国家地震局、地质矿产部、国土资源部等长期积累和收集的一手统计资料及调查报告，数量巨大。这类资料新中国成立前较为零散，新中国成立后随着国家专门机构的建立，相关研究工作逐步开展，经过 70 多年的积累，资料已有相当大的存量。二是国家科研院所，如中国科学院、中国工程院、中国社会科学院等特大型科研机构关于青藏高原的科学考察和研究积累，在广度、深度和科学性方面具有明显优势，是开展青藏高原相关研究的重要学术支撑。三是高等院校，如中国地质大学、中国矿业大学以及其他综合性大学关于青藏高原的研究，也有大量

积累。近年来高等教育中研究生培养注重实际问题研究，与青藏高原相关的学术论文不断涌现，也积累了一定数据。四是青藏高原相关杂志和媒体学术产出丰硕，储备了一些综合性的二手数据。1956～2019年，有关青藏高原的学术期刊由3份增加到180多份，这些学术期刊具有不同的研究领域和研究层次。国家层次的有《科学通报》《地理学报》《冰川冻土》《第四纪研究》等，地方层面则不计其数，各类报刊共发表青藏高原相关论文31000多篇，具体分类见表1－2。

表1－2　青藏高原主要相关研究文献状况（截至2019年底）

单位：篇

代码	种类	数量	备注
1	青藏高原总体综合研究	14896	
2	青藏现代强烈隆起专题	12061	
3	国家高原区域研究	1169	部分涉及多级阶梯和“第三极”“泛第三极”
4	气候变化	1124	
5	环境变化	908	
6	地球科学	385	
7	高寒草甸	727	
8	青藏高原地区整体研究	714	
9	青藏高原东部研究	680	
10	高山植被	556	
11	板块与构造	500	
12	地质构造与岩土分析	488	
13	柴达木盆地专题	429	
14	青海省专题	421	
15	藏北高原专题	406	
17	青藏铁路专题	382	
18	永久冻土专题	635	含多年冻土与冰川
19	羌塘高原专题	368	
20	青藏高原新生代专题	355	
21	青藏高原数值模拟专题	354	

续表

代码	种类	数量	备注
22	地球与外层空间专题	348	
23	断裂带专题	332	
24	地球科学与地理专题	331	
25	地质年代与地层分析专题	327	
26	第三纪专题	318	
27	多年冻土区专题	309	
28	地理环境与人文社会综合	301	
29	高原数值方法与建模专题	292	
30	青藏高原隆升	282	
合计		31673	截至 2019 年底

注：根据中国知网统计和中国科学院等研究机构公布数据整理而得。

四　关于考古的证据

新中国甫一成立，国家就对青藏高原进行了有序的考古发掘。截至 2010 年 8 月，西藏、青海、四川、甘肃等地已发掘古遗址、古墓葬共 8600 余处。仅西藏一地就登记文物 4283 处，新发现 3019 处。[①] 西藏的石器时代考古起步相对较晚，截至 2010 年底，共发现 144 处遗址，分布于全区 6 个地区、1 个地级市和 33 个县之内。从总体上看，西藏石器以打制新石片石器为主，均用锤击法打片，器形以砍器、砸器、尖状器为常见，这些都是我国华北旧石器时代常见的文物。青藏高原的田野考古发掘大致始于 20 世纪 60 年代，1961 年西藏地方文物机构对达孜县古墓群进行了清理。1978 年西藏文物机构与四川大学历史系对昌都卡若遗址进行了联合发掘。20 世纪 80 年代中期，国家对一批地下文物进行了抢救性的保护发掘。截至 2004 年，西藏地区发掘和抢救性清理的古遗址和古墓葬共有 97 处，其中不同时期和类型的古代遗址 19 处、古代墓葬（群）78 处。此外，对少量的佛教建筑遗

① 参见西藏自治区地方志编纂委员会《西藏自治区志·文物志》，中国藏学出版社，2012，第 2～4 页。

址做过保护性发掘，其中包括新石器时代聚落遗址 7 处，大致分布在青藏高原东部和南部的昌都、林芝及雅鲁藏布江中游和拉萨河流域，其时代为距今 5300～3000 年。出土的陶器、磨制石器、打制石器和细石器以及动物骨骼和粮食作物遗存显示，数千年前，高原东南部和雅鲁藏布江及其主要支流流域等海拔较低的河谷盆地，已有相当数量的定居聚落，当时的高原居民主要以种植业和采集业为生。部落时期的聚落遗址，则主要分布于自然条件相对宜居的山南市和康巴河谷地区。此外，在高原西部的阿里地区和北部，发掘清理的祭祀遗迹、石构居住遗址和墓葬等说明，在新石器时代之后亚隆河谷一带已经进入社会复杂化阶段，并处在部落不断兼并中。① 藏北各遗址位于西藏班戈县色林错东南岸古湖滨基岩岗丘上，1983 年曾在此采集到一批石制品，石制品包括石核、石片和石刀以及部分碎屑。②

有意义的是，发现的大量墓葬遗址和器具涵盖了旧石器时代、新石器时代和吐蕃王朝时代，形成了一个历史连环演进的文化证据链。如试掘清理的吐蕃部落时期的墓葬在青藏高原的东部、南部、西部均有分布，所出遗物和墓葬形制，显示出它们在文化因素上的特征并不完全相同，呈现既有共性又各具特色的文化风格。这不仅与青藏高原早期部落时代的经济区域类型有关，也与周边古代文化的影响有着密切关系。吐蕃王朝时期墓葬主要分布在以拉萨、山南地区为中心的雅鲁藏布江中游及支流地区和日喀则地区。从发现的大量吐蕃王朝时期墓葬来看，不仅在分布区域上相对集中，在墓葬形制上也表现出明显共性和等级区别。这表明，吐蕃王朝已经建立起一套与其王权特征相适应的丧葬制度。值得注意的是，经发掘清理的吐蕃分治时期墓葬极少，这或许与藏传佛教的传播和扩散对该地居民土葬习俗的影响有关。此外，还有少量的佛教寺院遗址，如日喀则市萨迦县的萨迦寺遗址、山南市加查县的达拉岗布寺遗址、阿里地区札达县的托林寺遗址等，通过与文献记载相互对照，发现具有相当厚重的实物证据价值。③

① 国家文物局：《中国文物地图集・西藏自治区分册》，文物出版社，2010，第 57、59 页。

② 王巍：《中国考古学大辞典》，上海辞书出版社，2014，第 133 页。

③ 国家文物局：《中国文物地图集・西藏自治区分册》，文物出版社，2010，第 59 页。

除了上述地区外，在青藏高原南部和西部，已经发现大量的先民活动遗存，它们大约距今 10 万年 ~1 万年。这些遗存包括石片工具、手斧工具、砾石工具，表明高原先民在旧石器时代就开始了规模较小但范围广泛的群居生活，并以采集植物、捕捞和猎取动物为生。[①] 进入新石器时代后，发源于黄河流域的粟作农业开始进入高原，西藏地区出现定居、制陶与种植农业。在青藏高原南部和东部，中国社会科学院考古发现，在距今四五千年前，先民就在此生活繁衍，并且创造了独具地方特色的文化。[②]

此外，在青藏高原北部，考古也取得可观的成果。1952 ~ 1957 年，青海省文物管理委员会开始大规模的考古调查和零星发掘工作。1957 ~ 1959 年，青海省文物考古部门会同中国科学院考古研究所，组织了规模较大的田野考古调查，发现了一大批不同时期的古代文化遗址、屋基和城址，并于 1959 年对柴达木盆地的诺木洪塔里遗址进行了发掘，发现了诺木洪文化遗址。1956 年，中国科学院地质研究所在青海柴达木盆地南缘格尔木河一带采集到十余件旧石器时代的遗物。[③] 石器用石锤直接打击而成，加工简单粗糙。至 20 世纪 70 年代后，青海省考古机构调查和发掘了龙羊峡水电站库区。通过对隆务河流域、青海湖环湖以及唐蕃古道的考古调查，发掘了大通县上孙家寨、乐都区柳湾、民和县核桃庄，以及龙羊峡水电站库区等，出土文物十余万件。80 年代后，又开始对青海岩画开展专题调查。截至 2007 年，青海省公布全国重点文物保护单位 4 处、省级文物保护单位 224 处。考古表明，早在旧石器时代晚期，青藏高原上就有了古代人类的活动。唐古拉山区的沱沱河沿岸、可可西里、柴达木盆地的小柴旦湖边、龙羊峡地区的黄河谷地阶地之上，均发现了早期人类活动遗物。在这些地方，采集到一大批石制品，有石核、石片、砍砸器、刮削器、尖状器等。1980 年在贵南县拉

---

① 西藏自治区地方志编纂委员会：《西藏自治区志·文物志》，中国藏学出版社，2012，第 1 ~5 页。

② 甘孜州志编纂委员会：《甘孜州志》，四川人民出版社，1997，第 1843 ~1845 页。

③ 邱中郎：《青藏高原旧石器的发现》，《古脊椎动物学报》1958 年第 2、第 3 期合刊，第 2 页。

乙亥地区的龙羊峡水库淹没区，发现了一批新石器时代遗址，出土50余件文物，有打制的石核、石叶、砍器、雕刻器及研磨器等，还有骨、骨针、赭石颜料和动物骨，经碳14测定，其年代为距今大约6750年。20世纪20年代初，在甘肃省临洮县发现了马家窑遗址，属于黄河上游新石器时代晚期文化，其分布范围十分广泛，几乎覆盖了甘肃东部、四川西北部和陕西西部的大片区域。其与仰韶文化有着密切联系，尤其是与庙底沟类型有直接的传承关系。1959年发现的诺木洪文化，表明该区域社会已步入军事民主制阶段。后来依次发现了辛店文化、卡约文化等遗址，但是这些遗址的覆盖面较小，具有局部特色。① 1982年，在柴达木盆地的小柴旦湖滨阶地的砾石层中发现了一批打制石器，碳14测出其年代为距今约3万年，② 主要包括石核、石片、碎块、碎片以及各类工具，原料有石英岩、石英、硅质岩和花岗斑岩等。石器形状多不规则，表明制作技术尚在形成阶段。③

五　关于青藏高原形成的证据

针对青藏高原的形成，相关科学研究已经取得了新的进展。有人认为：青藏高原的主体是由众多大小不一的地体和连接这些地体的缝合带或大型断裂带拼接而成的一个地体集合体。这些地体、缝合带和断裂带具有各自不同的基底、地质构造组合、古生物群等地质特征，这些地质特征反映了它们曾经来自不同的古大陆——劳亚古陆或冈瓦纳古陆。通过对高原的地质构造、古生物区系和古地磁的分析，可以得知这些地体在古生代时期位于地球的南半球中低纬度地带；到了晚古生代时期则是以东西向漂移为主；在经过三叠纪旋转运动后，从侏罗纪开始变为以南北向漂移为主。这些具有不同地质特征的地体通过地质运动，不断地汇聚、拼接。④

① 参见国家文物局《中国文物地图集·青海分册》，中国地图出版社，1996，第1~8页。

② 黄慰文：《柴达木盆地发现旧石器》，《人类学学报》1985年第1期。

③ 王巍：《中国考古学大辞典》，上海辞书出版社，2014，第132页。

④ Deway, J. F. and Hersfield, H., *Nature*, 1970 (225): 5232，转引自广东省地质学会编《山语清音——第二届地学文化建设学术研讨会文集》，羊城晚报出版社，2012，第77页。

这段论证为板块漂移学说提供了依据。但是，板块学说对于今天青藏高原的诸多问题，依然不能提供科学合理的解释。与板块学说对立的是地球膨胀说。

近代明确提出地球膨胀概念的是 O. C. Hilgenberg。S. W. Carey 在 20 世纪 50 年代之后，从长期捍卫大陆漂移学说，转向地球膨胀说，认为从中生代起，地球发生了全方位的加速膨胀。Owen 从几个方面论证了地球膨胀的必要性，提出侏罗纪时期地球半径为现值的 80% 。Dearnley 从前寒武纪造山带研究出发，提出了地球膨胀的假说。[①]

基于此，进而有人提出“地球曾发生阶段性不对称有限膨胀的设想”,[②] 而与之相关的又有“地球脉动说”竞相争鸣。Milanovsky 从大陆裂谷、海平面变化、构造岩浆活动和古地磁研究等方面提出了综合论证，并“特别强调了第三纪以来的急剧膨胀”。[③] 这些理论和假想都指向相关问题的解释，比如青藏高原形成的动力机制、高原地壳运动与宇宙星际之间的作用力关系，以及高原内部巨大的区域差异现象等，依然是目前科学理论未能解释清楚并不断探索的重大课题。上述假设、推论、反演和猜测，都是在有相关证据的基础上的有限研究，要真正揭开青藏高原的地质演进之谜，还有相当长的路程要走。

六　关于气候考古和气象历史变迁考证

青藏高原气象变迁历史源远流长，且与江河发育息息相关。目前的研究表明，大约距今 7 亿年前的元古时代，长江流域大部分地区为海水所淹没。

---

① 参见王鸿祯《地球的节律与大陆动力学的思考》，《地学前缘》第 Z2 期，1997 年第 3 ~ 4 页；又见 Dearnley R.，“Orogenicfold - belts and a Hypothesis of Earth Evolution,” *Phy Chem Earth 7*，1966，(1)：3 - 7.

② 参见王鸿祯《地球的节律与大陆动力学的思考》，《地学前缘》1997 年第 Z2 期，第 3 ~ 4 页。

③ 参见 Milanovsky EE.，“Theearth's Pulsations and Recentphase of It Sprevailing Expansion,” *Theophrastus' Contributions*，1996，(1)：81 - 102；此处引自王鸿祯《地球的节律与大陆动力学的思考》，《地学前缘》1997 年 Z2 期，第 3 ~ 4 页。

至距今2亿年前的三叠纪时期，长江流域西部仍为古地中海占据，青藏高原及其周边大部分地区，均处于海中。[①] 距今大约1.4亿年前，整个青藏高原慢慢抬升，古地中海逐步退缩。距今4000万~3000万年前，喜马拉雅造山运动加剧，长江流域西部抬升加快，东部沉降下切。大约距今300万年前，喜马拉雅山剧烈隆起，长江流域西部显著抬升并凸起。距今60万~30万年前的中更新世，青藏高原空前隆起，达古冰期与庐山冰期之间的间冰期到来后，巨大降水为古长江提供了丰富水源，导致东西古长江贯通。从海拔来看，青藏高原北部地区总体海拔超过4000米，大部分地区地貌为以流水侵蚀、冰川冰缘作用为主的高山地区，同时广泛分布着蒿草草甸草场，为牧业提供了优质的草业基础。长江源头分为正源沱沱河、北源楚玛尔河和南源当曲。

相应地，古黄河的演变也经历了漫长的过程。在距今150万~115万年的第三纪和第四纪的早更新世，在今黄河流域范围内存在许多古湖盆，这些湖盆是古黄河的水源来源。[②] 距今10万~1万年的晚更新世，古水文网发育进入转折时期。大部分湖盆消失，黄河河流进入统一的调整阶段。洪水泥沙增加，海平面抬升，河水排泄受阻，留下大禹治水的传说。黄河属太平洋水系，一般认为，青海玛多县多石峡以上地区为河源区，面积为2.28万平方公里。

从古气候演进看，青藏高原在16世纪中期、18世纪初期和19世纪至20世纪末期有三次暖期。另外有两次波动，最冷是17世纪中期，气温普遍较现在低0.5℃以上。从降水状况看，各地差异较大，但大体上可以分为18世纪中叶和后期的多雨期、19世纪后的少雨期。拉萨测候所从1935年3月开始记录天气变化。根据连续15年的年降水量与记录，较大的年降水量为

---

① 长江水利委员会综合勘测局：《长江志－2·卷一》，中国大百科全书出版社，2007，第28页。

② 黄河水利委员会黄河志总编辑室：《黄河志·卷二·黄河流域综述志》，河南人民出版社，2016，第14~15页。

1461.5毫米，其中1936年高达5034.6毫米，实属反常。[①] 这一时期，拉萨测候所记录的年降水量与极大值明显大于1961～1990年的记录值，分别是后者的1.5倍和6倍。20世纪60年代到80年代，西藏各地平均气温变化有较大的一致性，60年代最低，70年代增温较大，80年代平均气温最高，有明显的增暖趋势。以拉萨为例，20世纪50年代后期到60年代中期平均气温有所下降；60年代中期到70年代中期的10年里增温1.0℃，之后呈波动上升趋势；60年代中期到90年代中期的30年里，平均气温升高1.6℃。[②]

在温度变化的同时，降水量变化也十分明显。1959年，雅鲁藏布江流域的拉萨、泽当、日喀则一带一度出现50年代最大值，拉萨达到796.6毫米。60年代后期至80年代，拉萨、泽当一带在年平均气温升高的同时，年降水量呈现下降趋势：60年代为463.3毫米，其中，1967年的拉萨年降水量只有262.3毫米；70年代到80年代为387.7毫米，特别是1981～1983年，西藏连续3年出现大范围干旱。相反，藏北那曲的中西北部和喜马拉雅山南部的帕里等地，近40年降水呈现增加的趋势。[③]

在青藏高原的北部地区，近几百年来的主要冷暖干湿期大致分为五段：15世纪中后期为冷干期；16世纪以暖湿期为主；17世纪到18世纪前期以冷干年份居多；18世纪中期到20世纪又以暖湿为主；20世纪前期以冷干为主，中期以暖干为主。[④] 青藏高原北部地区近60年来降水呈现增加的趋势。以4月为代表的春季，大于10毫米的降水初日普遍有所提前，如青海湖东部地区，年均提前0.4天以上（表1－3）。

---

① 西藏自治区地方志编纂委员会：《西藏自治区志·气象志》，中国藏学出版社，2005，第5～6页。

② 西藏自治区地方志编纂委员会：《西藏自治区志·气象志》，中国藏学出版社，2005，第5～6页。

③ 西藏自治区地方志编纂委员会：《西藏自治区志·气象志》，中国藏学出版社，2005，第5～6页。

④ 青海省地方志编纂委员会：《青海省志·气象志》，黄山书社，1996，第15～16页。

表 1-3　青藏高原北部气温、降水量、蒸发量平均值

单位：℃，毫米

年份	年平均气温	最冷月平均气温	最热月平均气温	气温年较差	≥0℃积温	年降水量	年蒸发量
1958～1960	1.2	-12.9	13.7	26.4	1708	339.0	1889.1
1961～1970	1.0	-13.1	13.2	26.1	1737	334.0	1730.1
1971～1980	1.5	-12.5	12.9	25.4	1771	313.4	1969.1
1981～1988	1.3	-11.7	12.9	24.6	1719	349.1	1702.1

数据来源：根据西藏、青海两区气象局提供历年数据并结合相关区域地方志记载整理而得。

受青藏高原隆升影响和大气环流作用，青藏高原主体年平均气温在-2.9～11.9℃区间，其最高值出现在察隅，为11.9℃，最低值出现在藏北的安多，为-2.9℃。其中，雅鲁藏布江中游的贡嘎、加查、泽当及藏东北的八宿地区，海拔在3600米以下，平均气温超过8.0℃。藏东北的洛隆、昌都及雅鲁藏布江中段的大部分地区海拔为3600～4000米，年平均气温为5.0～8.0℃。藏东北的中西部、东部的嘉黎及藏西北的错那海拔超过4200米，年平均气温为0.0～5.0℃。

当前，学界利用地层发掘的动植物化石或沉积物等，与目前动植物群落生活环境和分布界线进行对比，推出西藏地区古代气候变迁大致经历了高原隆升初期-上新世、第四纪冰期、间冰期3个地质时期的结论。在初期，即侏罗纪和早白垩纪时，青藏高原地区很大范围还是海洋，但也有部分陆地，青藏高原大部分处于热带、亚热带的环境之中，气候比较湿热，具有热带、亚热带暖热潮湿的气候特征。后来地壳隆升，海域逐步消失，气候变得干燥寒冷起来。上新世末期，青藏高原地区海拔约为1000米，喜马拉雅山脉不超过3000米，青藏高原其他山脉也不太高，没有达到喜马拉雅山的高度，对西风带气流的阻塞和绕流作用还没有放大。随着地壳运动加剧，当高原整体隆升超过3000米时，包括喜马拉雅山的许多高大的山脉已达到4000～5000米的高度，常年积雪和冰川高度发育并扩张，不仅对气流产生巨大的影响，而且改变了降水和江河布局。在青藏高原的隆升中，高原北部冬季西伯利亚高压和高原南部夏季印度低压参与气压变化，导致西南季风发生，加剧了高原气候的干旱和寒冷。大致距今200多万年的第四纪，高原经历了一个漫长的冰期、间冰期时代，整体进入高寒时期。高原隆升中大量褶皱产生，孕育了密集的高大山系和河谷胡泊，导致高原气候复杂性加剧。进入距今大约1万年的冰后期时代，青藏高原经历了寒冷—温暖—高寒的多次变迁。距今6000～5000年出现了一个温暖期，在这个温暖的环境中，青藏高原北部孕育了古人类（猿人）。但气候并不稳定，此后又出现了一个寒冷期。近年来的研究表明，青藏高原大部分地区公元初较为寒冷，尔后逐渐变暖。[①] 可见青藏高原的气候一直是与高原隆升相应变化的，古人类的诞生正好在高原温暖的时期。由于考古资料有限，估计在这个漫长的温暖期内，还有更加活跃的生命现象和更加频繁的人类活动存在。

结合地质考古和碳测定，发现青藏高原的湖泊孕育与存在有一个奇怪的现象，那就是内陆湖泊巨大而密集，并且这些内湖基本上完全依靠冰川融水和天然降水作为水源补充。正是这个现象，为推测高原气候变化提供了机会。一般地，“湖泊水位的下降和湖泊的退缩，表明湖水来源的减少，反映出气候的变化”。[②] 有研究发现，自第四纪以来，青藏高原的湖泊“几乎是一致性的退缩，在这些湖的湖岸上，都保留着湖水退缩时留下的条条痕迹”，[③] 当前，不论是从卫星图片上看还是通过实地考察，都能清晰地发现湖水退缩后残留的层层痕迹。同时，通过这个现象可以得出，“当今的气候

---

① 参见《中国气象灾害大典》编委会《中国气象灾害大典·西藏卷》，气象出版社，2008，第1～3页。

② 参见西藏自治区地方志编纂委员会《西藏自治区志·气象志》，中国藏学出版社，2005，第22～23页；青海省地方志编纂委员会《青海省志·气象志》，黄山书社，1996，第15～16页；根据西藏、青海、四川、甘肃、云南地方气象部门提供的历年数据整理。

③ 参见西藏自治区地方志编纂委员会《西藏自治区志·气象志》，中国藏学出版社，2005，第22～23页；青海省地方志编纂委员会《青海省志·气象志》，黄山书社，1996，第15～16页；根据西藏、青海、四川、甘肃、云南地方气象部门提供的历年数据整理。

变得较过去温暖些、偏干些”。[①] 此外，有研究根据树木年轮资料进行气候分析，认为“青藏高原在公元初较为寒冷，3 世纪到 5 世纪较冷，此后则维持较长时间的相对暖期”。[②] 12 世纪以后，温度有所下降，并出现较大波动。“从最近 500 年来看，有 3 次明显的暖期：16 世纪中期、18 世纪初和 19 世纪至今，另有 2 次显著的冷期，17 世纪和 18 世纪末期，其中最寒冷的是 17 世纪中期，温度与现在比较普遍低 0.5℃以上”。[③] 20 世纪中叶以后，青海、西藏和川西北成立了气象和地质研究机构，掌握了一手资料，使西藏气候研究更加可靠和真实。研究表明，“50 年代平均气温最低，70 年代增温最大，80 年代平均气温最高，有明显的增暖趋势”。[④]

据多年历史观测，青藏高原大部分地区地下 5 厘米年平均地温为 4.1～14.4℃，其中 1 月最低，6、7 月最高。各深层温度从 11 月到次年 3 月（藏东南及边缘例外）均在 0℃以下，尤其是青藏高原北部地区，冷季地下 80 厘米平均温度亦为 4～7℃，为连续多年冻土区和岛状多年冻土区。[⑤] 近 60 年来，青藏高原北部区域气温总体呈现上升趋势。变暖的趋势总体上表现在冬季。从 20 世纪 50 年代至今的 60 余年中，冬季（1 月为观察值）月平均

---

① 参见西藏自治区地方志编纂委员会《西藏自治区志·气象志》，中国藏学出版社，2005，第 22～23 页；青海省地方志编纂委员会《青海省志·气象志》，黄山书社，1996，第15～16 页；根据西藏、青海、四川、甘肃、云南地方气象部门提供的历年数据整理。

② 参见西藏自治区地方志编纂委员会《西藏自治区志·气象志》，中国藏学出版社，2005 年 7 月第 22～23 页；青海省地方志编纂委员会《青海省志·气象志》，黄山书社，1996，第 15～16 页；根据西藏、青海、四川、甘肃、云南地方气象部门提供的历年数据整理。

③ 参见西藏自治区地方志编纂委员会《西藏自治区志·气象志》，中国藏学出版社，2005，第 22～23 页；青海省地方志编纂委员会《青海省志·气象志》，黄山书社，1996，第15～16 页；根据西藏、青海、四川、甘肃、云南地方气象部门提供的历年数据整理。

④ 参见西藏自治区地方志编纂委员会《西藏自治区志·气象志》，中国藏学出版社，2005，第 22～23 页；青海省地方志编纂委员会《青海省志·气象志》，黄山书社，1996，第 15～16 页；根据西藏、青海、四川、甘肃、云南地方气象部门提供的历年数据整理。以拉萨为例，20 世纪 50 年代后期到 60 年代中期平均气温有所下降，60 年代中期到 70 年代中期 10 年间增温 1.0℃，之后呈波动上升趋势，60 年代中期到 90 年代中期 30 年间，平均气温升高了 1.6℃。

⑤ 西藏自治区地方志编纂委员会：《西藏自治区志·气象志》，中国藏学出版社，2005，第 22～23 页。

气温升高 0.043℃每年。这与其南部的西藏大部分地区变暖的趋势大体一致（表1－4）。

表1－4　青藏高原主体地区年月平均地温

单位：℃

地区	1月	2月	3月	4月	5月	6月	7月	8月	9月	10月	11月	12月	全年
日喀则	-2.1	1.4	7.2	13.2	18.2	21.6	20.0	18.5	16.6	11.5	3.6	-1.4	10.7
昌都	-2.2	1.8	7.3	12.3	16.8	19.4	20.3	19.7	16.2	11.0	3.9	-1.3	10.4
狮泉河	-4.9	-6.1	-0.7	5.2	10.6	17.3	20.0	19.1	14.6	5.0	-3.4	-8.4	5.3
拉萨	-0.8	2.8	8.3	13.2	18.0	20.9	19.3	18.0	16.0	10.8	4.2	-0.4	10.7
泽当	0.6	0.7	9.7	13.2	18.8	21.7	20.3	19.0	17.4	13.4	6.5	-0.4	12.3
林芝	4.6	7.4	11.0	13.2	16.8	19.0	20.0	20.1	17.8	13.6	9.4	-0.4	12.3
格尔木	-4.1	-6.0	-1.1	4.3	9.1	16.2	16.9	17.2	13.1	4.9	-3.6	-9.1	4.8
海西	-2.2	2.3	6.7	11.6	17.1	19.0	208	19.9	16.5	11.4	3.3	-0.2	10.1
西宁	-2.2	1.5	6.1	11.2	16.2	20.1	19.0	17.5	15.3	10.2	2.3	-1.3	10.3
康定	-2.3	1.9	7.4	12.4	17.1	19.1	19.8	19.9	17.4	12.2	3.3	-1.2	8.1
马尔康	-2.4	2.1	7.9	12.9	18.8	19.9	20.1	20.9	18.7	12.9	3.6	-1.8	9.1

数据来源：根据西藏、青海、四川气象部门提供历年数据并结合相关区域地方志整理而得。

从大气环流变化看，由于高原大地形作用，高原地区和高原以西、以东地区基本气流的季节变化各不相同。冬季影响高原及其临近区域的基本气流主要是对流层副热带西风带、极地西风带和平流层西风带。这些气流在强度上与地理位置上有着明显的季节变化：沿90°E上的副热带西风激流，11月至次年3月最偏南，强度最强（59米/秒），一直盘踞在28°N～30°N，4月其强度减弱，11～12月回到原来的位置，在拉萨附近强度加强，分别为49米/秒和55米/秒。一年中4～6月中心北移最快，9～11月南撤最急。随着副热带西风带及其激流的季节性南北移动，极地西风带、热带东风带也做相应的、几乎是同步的南北摆动，但是摆动幅度不同，高原地区最为明显。[①]气候、气温变化导致自然灾害频发（表1－5）。

① 西藏自治区地方志编纂委员会：《西藏自治区志·气象志》，中国藏学出版社，2005，第7页。

表 1-5　一个世纪来青藏高原雪灾变化

年份	发生地
1901 年	那曲地区雪灾
1907 年	折、偏、桑三地雪灾
1920 年	都兰县雪灾
1924 年	民和县雹灾
1926 年	西宁、波错、加查雪灾
1928 年	堆门士、堆丘仓雪灾
1929 年	贡居部落雪灾
1934 年	日喀则地区雪灾
1940 年	都兰县雪灾
1942 年	门源县雪灾
1945 年	共和县雪灾
1948 年	都兰、兴海雪灾
1949 年	甲错地区雪灾
1950 年	亚东降雪
1953 年	达日地区雪灾
1955 年	果洛州雪灾
1956 年	那曲特大雪灾
1960 年	青藏高原北部大雪灾
1961 年	天峻县雪灾
1964 年	都兰、乌兰雪灾
1965 年	果洛雪灾
1967 年	达日地区和山南地区暴雪
1968 年、1973 年	青海湖东部、帕里雪灾
1970 年	青藏高原普遍雪灾
1974 年	果洛雪灾
1975 年	甘德县雪灾
1977 年	青海湖雪灾
1982 年	青海大部分地区雪灾
1983 年	青海大部分地区雪灾
1984 年	玉树地区雪灾
1985 年 10 月	青藏高原北部大部分地区雪灾，南部西藏的安多、聂荣、双湖、巴青、班戈、申扎等地雪灾
1986 年	改则、措勤、革吉以北地区雪灾
1987 年	聂拉木、亚东、定日、吉隆、岗巴、定结雪灾

续表

年份	发生地
1988 年	那曲、聂拉木、定日等雪灾
1989 年	错那县雪灾
1990 年	日客则、昌都地区雪灾
1991 年	日喀则、昌都地区雪灾
1992 年	土日、当雄、错美等地雪灾
1993 年	工布江达、那曲、浪卡子、洛扎、隆子等地雪灾
1994 年	日喀则、洛扎、错那的等地雪灾
1995 年	尼木县、日喀则、那曲、山南等雪灾
1996 年	仲巴、萨嘎、错美等地雪灾
1997 年	那曲、阿里、浪卡子、洛扎、错那等地雪灾
1999 年	山南地区雪灾
2000 年	错那、洛扎等雪灾
2001 年	山南等地雪灾

资料来源：根据西藏、青海、四川气象部门提供的历年数据并结合相关区域地方志整理。

此外，雹灾也频繁发生。1904～2000 年，青藏高原共发生雹灾 113 起，其中 60% 的雹灾发生在 20 世纪 90 年代以后。雨雪灾害也频繁发生。

七　现代科学研究手段的推广和使用为青藏高原相关问题研究带来机遇

关于青藏高原巨大体量的测定，科学界采用了 GPS 测量手段。GPS 意为“授时与测距导航系统——全球定位系统”，又称“全球卫星定位系统”。1973 年起，国外发达国家率先开始使用该方法。GPS 借助 24 颗沿距地球 1.2 万公里高度轨道运行的NAV－STAR－GPS 卫星，持续地向地球目标发回精确的时间及位置，形成强大的地球地理信息系统数据源。通过匹配的地面接收及智能化数据处理系统，建设起以空间卫星为基础，具有在海陆空进行全方位实时三维导航与定位功能的无线电导航与定位系统，为地球表面及近地空间站提供全天候、全范围空间定位和授时服务。其基本原理是，通过地面接收的数据，确定卫星在太空的位置，并根据无线电波传送的时间来计算它们之间的距离，结合这些卫星的相对距离，根据数学原理计算出观测点的三维位置，以实现定位。该系统最大的科技和商业优势在于，GPS 用户不受数量限制，可以容纳各种需求的用户。我国规模化采用 GPS 是在 20 世纪 90 年代以后。此前传统的测量受限于地形、气象、时间、季节等诸多自然条件，且成本较高。GPS 及其相关技术的引进，大大提高了工作效率，降低了工作成本。相关资料显示，1990 年，国家测绘局在青藏高原建立国家一等水准点和国家一等、二等三角点标 A、B 级点 100 点，其中西藏境内布设 61 点，平均点距约为 300 公里。1998 年，国家“八五”重点科技攻关项目——全国高精度、多分辨率 GPS 空间定位网通过验收。该网包括 1992 年建成的 GPSA 级网 33 点和 1990 年建成的 GPSB 级网 818 点，共 851 个点，构成全 GPS 空间定位网。这表明该技术已在国家测绘领域得到广泛应用。1998 年起，国家地震局、国家测绘局、中国科学院、总参测绘局四部门联合在全国范围内布点“中国地壳运动观测网络工程”。其中青藏高原布点达到 100 余处，基本站点包括珠峰北、唐古拉山、五道梁、尼玛、然乌、狮泉河等，区域网点更为广泛。

此外，中科院相关单位采用遥感定位（Remote Sensing）和地理信息系统（Geography Information Systems）等手段，获取了青藏高原相关一手数据，对于全面完成青藏高原的科学研究布点具有十分重要的基础性意义。[①] 截至 2018 年，青藏高原两省区和四州（四川甘孜、阿坝，云南迪庆和甘肃甘南）共计建立 GPS 系统观测点 1000 余个、气象台站 1000 余个，其他相关科学观测点近千个。应该说，青藏高原科学观测的基本网点已经建成，基本的科学研究条件已粗具规模。

此外，为探索地壳运动和地震规律，国家级科研机构在青藏高原布局了网状的流动地震监测台站，这为地壳运动和地震监测提供了基础性的便利

① 董广辉、刘峰文、陈发虎：《不同空间尺度影响古代社会演化的环境和技术因素探讨》，《中国科学：地球科学》2017 年第 12 期，第 1383 ~ 1394 页；周玉杉：《基于多源遥感数据的青藏高原及其周边区域冰川物质平衡变化研究》，《地理与地理信息科学》2019 年第 4 期。

条件。

现代科技手段的推广应用，极大地推动了青藏高原相关科研的进程，为青藏高原相关问题的研究提供了新的机遇。尽管这些探测或观测还不够全面，探测和观测的角度和细致程度也有区别，但是，青藏高原总体科学考察已经进入了一个新时代。

第三节　岛状环境早期聚落形态

一　考古提示的人类早期聚落分布

人是群居动物，从开始就以聚落作为生存空间，并延续至今。考察人类聚落的形成，对于揭开青藏高原泛江河源区人类活动之谜具有重要意义。根据考古发现，距今 10 万 ~1 万年前，青藏高原已经确切存在人类活动。青藏高原北部的小柴旦遗址和南部的早期部落时代遗址，表明了这种活动的存在方式和时间。在青藏高原北部，考古发现距今 23000 年的旧石器时代，唐古拉山沱沱河沿岸、可可西里、小柴旦湖等地已经有先民从事采集狩猎活动。进入新石器时代后，人类的活动范围逐步扩大。进入象雄时代，青藏高原的人类活动达到了一个峰值。这个时期，人的活动力和对环境的影响力也空前提高，在西藏的象雄一带出现了独特的文化现象。公元前 845 年，诺木洪文化的居民在诺木洪、香日德一带开始从事农牧业生产，已能建造房屋，冶炼铜器。[①] 进入 9 世纪后，相关地区出现了局部战争和王朝更替。随着铁器被广泛使用，生产能力空前提高，人口也得到了进一步繁衍。当然，人类在青藏高原的活动范围不是没有选择性的，而是由点到线、由线到面逐步扩大的。在今天的西藏东部和东南部，以及中部的拉萨、山南和日喀则一带，发现了大量人类活动遗迹。再往北，在阿里和那曲，乃至在青藏高原北部的

① 海西蒙古族藏族自治州地方志编纂委员会：《海西州志 · 卷一》，陕西人民出版社，1995，第 13 页。

齐家文化、辛店文化、卡约文化、诺木洪文化遗迹，都大量地展示了古代先民在青藏高原活动的历史。这些活动遗迹，呈现不规则的点、线、面分布，意味着人类活动范围的自然拓展轨迹和择居法则演变。

从流域来看，青藏高原北部属于黄河的源头区域，青藏高原南部和东南部的大片地方则分属于长江和雅鲁藏布江源头区域。但是，这些地方人类早期活动似乎没有完全按照流域来划界。比如北部的齐家文化距今约4000年，既具有齐家文化的元素，也具有马厂文化的元素。这些与后来的辛店文化和卡约文化等，都显示了农业文化的源头意义。而在南部的东嘎—皮央文化遗存中，发现了大量的大麦（青稞）及蔬菜种子，这说明该地已经进入了农业文明时期。人类从动物化时代逐步进入有组织的耕作阶段，经历了一个较为漫长的历史过程，在这个过程中，人类不断地总结与自然环境打交道的经验教训，并运用于生产生活中，相应地对环境产生极大的影响。尤其是规模化的种植、养殖和定居，对植被、河流和相关的其他生态环境都产生了深刻的影响。当然，在冷兵器时代，这种影响是渐进的。

在青藏高原东南部通往中部的昌都一带，早期的先民活动遗迹更加明显。卡若遗址中有房屋遗址7座。半地穴石墙房屋为半地穴砾石墙建筑，有方形、长方形两种。“如此粗大的柱洞分布在穴底中央，说明这种建筑可能为楼层建筑，上层住人，下层饲养牲畜”。① 这种人畜同住、人上畜下的居住习惯，在西南其他地方也能见到，比如乌江流域的古夜郎一带，也有干栏式的建筑，同样是人畜同住、人上畜下。这样的居住建筑，大致出于人畜相互依存与抵御自然风险和猛兽侵袭的生存需要。同时，考证发现，“发端于卡若遗址的晚期碉房式建筑，后来成为高原藏族民居建筑的鼻祖。最值得注意的是，在川西北高原上的讲嘉绒方言的藏族，他们祖祖辈辈居住的房屋，从其建筑方式、布局、使用的建筑材料等方面与卡若房屋遗址相比较，虽然历经几千年的岁月，却没有多少改变，有500余年建筑历史的古代碉房建筑，完

① 侯石柱：《西藏考古大纲》，西藏人民出版社，1991，第54页。

全与卡若文化一脉相承”。[①] 这种现象可以继续扩展到雅鲁藏布江谷地的曲贡文化带。在那里，同样发现了数量不少的打制石器，如石斧、石刀等，也就是说，青藏高原东部和东南部早期人类活动的范围是极其广大的，也印证了那个时候相关地区气候条件的相近和人类生活习惯的趋同与互参。可见，青藏高原东部或东南部的广大地区，人居文化的趋同性和互参性影响广大而深远。

从现今文化地理格局看，青藏高原东部尤其是东北部显然是农耕文化进入的主要通道。3500～4000年前，小麦种植从西亚传入青藏高原东部和东北部一带，当时青铜冶炼和人类用火的增加，对相关地区的植被构成较明显的破坏。[②] 人类活动加剧，直接导致了全新世后期北方沙漠化向东和南部拓展。2000多年来，人类无节制的生产生活行为导致黄土高原地区大面积的原始云杉林全面湮灭。这些遗迹在考古遗存和科学考察的碳测定中一再得到提示和验证。而近100年中人为开荒和植被破坏，使这一带林地、草地和灌木林再次遭受破坏。[③] 这种破坏对气候环境产生了不可逆的影响。人类活动改变了环境，环境制约人类发展。这样，迫使黄土地的人们在农业生产中进行了适应性调整，农业生产由多样化进入相对单调化时期，农牧业品种也相应更加单一。

二　聚落形成的基本条件

水土条件是聚落形成的必要自然条件。一定的水土条件与人类活动和聚落形成高度相关。青藏高原土地总面积287216.45万亩，除冰川、水面、城镇等面积以外，土壤源面积为262311.156万亩，占高原总面积的91.3%。区域土壤共分9个土纲、28个土类、67个亚类、362个土属和2236个土

---

① 罗布江村、蒋永志：《雪域文化与新世纪》，四川民族出版社，2001，第32页。

② Li X. Q., Sun N., Dodson J, et al., “The Impact of Early Smelting on the Environment of Huoshiliang in Hexi Corridor, NW China, as Recorded by Fossil Charcoal and Chemical Elements.” Palaeogeography Palaeoclimatology Palaeoecology, 2011, 305 (1-4): 329-336.

③ 郭正堂等：《末次冰盛期以来我国气候环境变化及人类适应》，《科学通报》2014年第30期，第2937～2939页。

种，是全国土壤类型最多的地区之一。就西藏来看，高山土纲是青藏高原的独特类型，也是西藏土壤资源的主体，有 8 个土类、25 个亚类，面积 215794.12 万亩，占西藏土壤资源总面积的 75.1%。淋溶土纲为 4 个土类、7 个亚类。[①] 受喜马拉雅造山运动及青藏高原隆升影响，大致 250 万平方公里的范围内形成了巨大的青藏高原岛状土壤带，西藏全境几乎处于这个土壤带上。这个土壤带在地层抬升进程中，分别形成了海拔 1000 米以下、海拔 1000～2000 米、海拔 2000～3000 米、海拔 3000～4000 米、海拔 4000 米以上的不同土壤带。这些土壤带分属不同的海拔和土壤类型。第一类是海拔 1000～2000 米地带，大致为石质土，多河滩峡谷；第二类是海拔 2000～3000 米地带，大致为砖红土、红土、黄土、水稻壤等；第三类是海拔 3000～4000 米的台地，广泛分布着高山草甸土、高山草原土、高山沙漠土等类型；第四类是在海拔 4000 米以上的高原主体，主要是高山草原土、高山寒漠土、高山草甸土等。上述土壤类型中，第四类面积最为广大，大约为研究区域土壤总面积的 76.7%；[②] 其次是第三类土壤，面积大约占研究区域总面积的 32.35%；再次是第三类土壤，其面积占研究区域的 10% 左右；第四类最少，占研究区域面积不到 10%。[③] 在四类土壤中，可耕地面积主要集中在海拔 3000 米以下，总面积不超过 15%，[④] 并且多高山峡谷，土壤虽好但不易耕种，大大限制了人类集中从事较大规模的生产生活活动。这也是青藏高原长期以来没有像中原或欧洲平原那样形成繁荣而持久强劲的农业经济

① 参见《西藏自治区志・农业志》编纂委员会《西藏自治区志・农业志》，中国藏学出版社，2014，第 9～11 页；青海省地方志编纂委员会《青海省志・国土资源志：1986～2010》，青海人民出版社，2019，第 41～43 页。

② 参见《西藏自治区志・农业志》编纂委员会《西藏自治区志・农业志》，中国藏学出版社，2014，第 9～11 页；青海省地方志编纂委员会《青海省志・国土资源志：1986～2010》，青海人民出版社，2019，第 41～43 页。

③ 参见《西藏自治区志・农业志》编纂委员会《西藏自治区志・农业志》，中国藏学出版社，2014，第 9～11 页；青海省地方志编纂委员会《青海省志・国土资源志：1986～2010》，青海人民出版社，2019，第 41～43 页。

④ 参见《西藏自治区志・农业志》编纂委员会《西藏自治区志・农业志》，中国藏学出版社，2014，第 9～11 页；青海省地方志编纂委员会《青海省志・国土资源志：1986～2010》，青海人民出版社，2019，第 41～43 页。

带的重要原因。而奇特的是，在青藏高原隆升过程中，形成了若干条块圈层和盆地交错的格局，这些不同的地理单元和土壤单元中，气候条件千差万别，其中不乏优质的土壤气候条件，是人类生存的基本因素，为局部人类繁衍和区域文化发育提供了条件。由于人类长期的作用和改造，土质条件、物种演化都发生了改变。在高原东北部的农牧交错带和高原东南部的横断山区，有陡峭的山峰也有部分平缓地。平地大多是河流冲击成的小平原，坡度一般为3°~6°，河谷气候明显，适合耕种，但往往面积不大。而在海拔1800~2200米的缓坡地上，坡度大致为8°~16°，土壤发育为灰钙土和栗钙土，表层具多孔状结皮层，剖面分化较差，有机质含量较低，盐酸泡沫反应强烈。可以肯定，这些地方是人类早期聚落形成的主要区域之一，近年发掘发现，存在人类活动遗迹。①

正是由于不同的地形和区位形成了不同的地理单元，导致这些单元具有不同的降水条件和水土涵养条件，成为泛江河源区居民早期活动区域的自然格局。一般而言，青藏高原东部、东南部和南部分别受太平洋、印度洋暖湿气流影响和高原隆起的阻挡，降水量远远大于高原其他地方。这种现象尤其是进入第四纪后新生代以来，非常明显。但海洋暖湿气流到达2000米后迅速上升，在上升到海拔3000米左右时遇冷形成降水。这样的降水条件，导致大面积的荒漠草原植被发育，其土壤发育为棕钙土。而在这些地方的一些盆地和平地区域，降水量更加充沛，形成大面积的草甸草原景观，其土壤发育成黑钙土。这类土壤土层较厚，有机质含量较高，剖面分化良好。而在高原北部、东北部和西北部的一些地方，形成了部分绿洲，这种景观是地下水长期作用于土壤，加之人类活动的长期改造形成的，属于干旱地区农业土地类型。

---

① 研究地出土了土灰堆、大量炭屑、石制品和骨骼残片。石制品数量不多，主要包含几件细石叶，并不足以全面反映石器的技术特征；遗址中用火现象明显，出现多个炭屑密集区，分布集中，厚度为2~3cm不等；破碎的动物骨骼推测应为敲骨吸髓所致，有烧烤痕迹，难以鉴定种属，以此推测古人类在此宿营期间有烧烤食物的行为。参见孙永娟《青藏高原东北部晚更新世以来史前人类活动年代学研究及其环境意义》，中国科学院研究生院（青海盐湖研究所）博士学位论文，2013，第44~49页。

由于上述原因，青藏高原种植业主要在水热条件较好的河谷地带发展。雅鲁藏布江的河源地段水源充足、牧草丰美。其中游干流及主要支流拉萨河、年楚河的中下游河谷是宽阔的“一江两河”地区，地形平缓，耕地连片，是青藏高原自然条件最好、农业经济最发达的地区之一，也是藏族历史文化的重要发祥地。这一地区的代表性文化是以拉萨曲贡遗址为代表的曲贡文化。属于曲贡文化的遗址还有拉萨市的德隆查、山南市的邦嘎和昌果沟遗址，以及分布在林芝市巴宜区、墨脱县的新石器考古遗存。① 考古提示了先民活跃而又不封闭的生活图景：早在四五千年前，青藏高原的先民们已经逐渐脱离了渔猎采集活动，从事作物种植、家畜饲养和渔业活动。这一地区的种植业以青稞、小麦、粟、豌豆等为主，起初可能受到起源于中原的粟作农业文化的影响，随后也可能受到西亚麦作文化的影响。②

尽管青藏高原东部和南部的其他考古发现还没有为这种说法提供有力证据，但是，与昌都一带考古成果互证，可以推测早期的人类活动与当地地理条件是密切相关的。有研究认为：青藏高原是大江大河的发源地，水源主要是冰雪融水，水面资源丰富，是世界有名的高原湖群，共有大小湖泊 1000 多个，占全国湖泊面积的 48.4%。卡若遗址靠近澜沧江，至今渔产丰富，但是在遗址中并未发现钓钩、鱼镖、网坠等捕鱼工具，也未发现鱼骨，这是与西南其他新石器时代遗址的不同之处。③

不过，本书认为，这种观点对于当地独特的狩猎或渔猎经济研究显然是一种局限。在古人类活动中，渔具的发明不是单一的，渔猎手段也相当广泛。一是渔猎工具的制作，材料多种多样，如果是不便于保存的材料，自然随时间的流逝而消失，或许这里的先民根本就没有使用过钓钩之类的工具。在今天这一带的捕鱼活动中，驱赶、手抓和竹编筛网捞捕等方式依

---

① 参见沈志忠《青藏高原史前农业起源与发展研究》，《中国农史》2011 年第 3 期，第 16 ~ 19 页；同时参见西藏自治区文管会《西藏考古工作的回顾——青藏高原史前农业起源与发展研究》，《文物》1985 年第 9 期，第 8 页。

② 参见沈志忠《青藏高原史前农业起源与发展研究》，《中国农史》2011 年第 3 期，第 16 ~ 19 页。

③ 参见沈志忠《青藏高原史前农业起源与发展研究》，《中国农史》2011 年第 3 期，第22 页。

然存在。因此，不能纠结于有没有捕鱼工具来思考早期人类的渔猎活动。至于鱼骨之类的遗迹，更是不应在纠结之列。一是这一带水域自然条件不可能产生较大的鱼种，也就不可能有较大而坚硬的鱼骨；二是古人类在烹饪技术还不发达的时候，一般使用简单的明火烤食，细小的鱼骨经过火烤再经过古人强大的牙齿咀嚼，抛弃的鱼骨在其他动物、微生物的二次和三次消化分解后消失，即便是较大的鱼脊柱经过敲骨吸髓和烤制，也能够食用掉。绝大部分鱼骨荡然无存。

与地貌和水源格局同样有意义的是土壤元素的构成。有研究发现，“磷作为植物生长的必需营养元素，参与细胞分裂，物质及能量合成，在植物生长发育过程中发挥重要的作用”。[①] 青藏高原各类土壤磷的分布和含量也成为生物存在和发展的基本条件。这些因素在相关研究中也得到了证实。人类史前活动的最初选择与聚落形成，莫不与气候、土壤发生密切关系。[②] 经过漫长的历史时期，青藏高原气候发生了很大变化，一些地方生物资源减少或改变，不像今天的样子，这从更多的农业考古发现中也得到了同样的印证。高原东北部地区受黄河上游地区的史前文化影响比较大，二者史前农业发展历程基本一致。比较独特的史前文化是高原东南部地区和南部地区，目前比较清晰的史前文化是东南部地区的昌都卡若文化和南部地区的拉萨曲贡文化。[③]

卡若遗址中出土了穿孔石刀、剖面呈五边形的石凿、条形石斧和条形石锛等较为精细的磨制石器、骨器和陶器。这些石器基本反映了当时人类社会发展的技术水平。从骨器来看，锥、镶嵌细石叶的刀梗，精制的骨针等，加上同时出土的炭化粟米及大量动物骨骼，基本上反映了当时农业与畜牧混合

---

① 参见王琳《青藏高原东部红原地区 7380 年以来环境变迁》，华东师范大学硕士学位论文，2017，第 31、38、40 页；郭颖《青藏高原不同植被类型土壤磷分布特征及影响因素》，天津师范大学硕士学位论文，2017，第 10～21、第 30～37 页。

② 〔德〕安可·海因：《青藏高原东缘的史前人类活动——论多元文化“交汇点”的四川凉山地区》，张正为译，李永宪校，《四川文物》2015 年第 2 期，第 44～45 页。

③ 参见沈志忠《青藏高原史前农业起源与发展研究》，《中国农史》2011 年第 3 期，第 16～19 页。

经济的雏形。在陶器方面，主要是砂质陶，从绘制和刻画的纹样看，具有中原文化的部分特征，兼具长江中下游文化元素。比如一些陶器上的刻划纹、锥刺纹、附加堆纹，以及黑色彩绘的几何形，都显示了这方面的文化兼容性。值得注意的是，昌都靠近横断山区，也就是学界所谓的“民族文化走廊”，可能在很早的时候存在人类流动的情况，这与高原东北部很相似。①

综上，不论是从考古来看还是从现今人类活动的传统来看，在青藏高原整个具有人类活动的历史空间内，都存在大量的人类活动遗迹。所以初步断定，青藏高原是人类早期农业、早期生活的理想地，其中一些较为封闭的空间也是躲避战争和瘟疫的良好场所。

三　不同自然条件下人类生存方式差异及其互动

饮食习惯与食物结构是不同地域人们一个较为明显的区别。饮食习惯和食物结构决定营养结构，营养结构决定体质状况，体质状况决定行为习惯，行为习惯决定社会样态。学界在研究动物的时候基本上是根据食物结构进行分类的，如草食动物、肉食动物、杂食动物等。食物结构的不同形成了食物链，构成生物社会的存在样态。因此在成熟的语言文字还没有发明之前，按人的食物结构进行的分类，大致可以作为不同民族（人种）划分的一个重要标准。

就中国而言，主要分为南方民族和北方民族。南方大部分地方气候温暖湿润，大部分民族喜食稻米，故围绕水稻的种植和加工食用形成了一套稻作文化。而北方大部分地方干旱寒冷，大部分民族喜食粟黍，围绕粟黍的种植、加工和食用形成了粟黍文化。北方草原广大，还有寄生于动物之上的民族或者人种，他们主要通过家禽家畜的饲养获取肉奶食物，同时通过狩猎获取食物，也少量种植粟黍等植物作为辅助食物。长期不同的饮食摄入和食物依赖，形成了特色化的消化加工系统，进而形成人类在体质上的区别。一般

① 参见沈志忠《青藏高原史前农业起源与发展研究》，《中国农史》2011 年第 3 期，第 16 ~ 19 页。

而言，在远古时代，人类食物加工方式极其落后，自身消化受到限制时，从动物身上获取营养，不失为一种明智之举。这种以进食动物肉奶和狩猎野物为主要生存方式的人群，摄入的蛋白质和热量远远高于食用粟黍和水稻等植物的人群。本书暂时将食用动物奶肉为主的食物结构称为“二次消化”或“二次方消化”，因为它获取的能量高于其他方式；把摄入植物和植物果实为主的食物结构称为“一次消化”或“一次方消化”。这样长期进化后，在体质上出现了明显的分化：食用动物奶肉为主的“二次方消化”民族强悍高大，体力充沛；摄入植物为主的民族细腻而精致。今天不同人种体质上的明显差别，似乎在远古就已经有了分野。

在长江和黄河两大流域中，分明可以见到这种情况：黄河流域人群以种植粟黍为主，属于历史上的粟黍文化或粟作文化；长江流域人群以种植水稻为主，属于历史上的水稻文化或稻作文化。相对于粟黍而言，水稻对于人类消化系统具有更容易吸收的优势。加之气候条件优势，故长江流域的人群繁衍较快。营养物和营养对于人类的作用方式是单个进行并发挥群体效用的。而在这两大文化之外的广大草原地带，存在以获取动物肉奶为主的第三种文化，亦即草原文化。通过肉奶的摄入，草原人群单个强壮起来，但是严酷的自然环境极大地限制了人群的繁衍；谷物的摄入使人体得到一定程度的营养满足，温暖宜人的环境为人类繁衍提供了条件。这样形成了一个梯度结构（表1－6）。

表1－6　不同人群体重与热量摄入情况

营养物 摄入人群	日摄入热量 （一个单位相当于1000大卡）	体重（一个单位相当于30千克）	体能 （马力）	畜力使用 程度（%）
稻作人群	2个单位	2个单位	0.2	10
粟作人群	2.5个单位	2.5个单位	0.25	20
草原人群	4～6.25个单位	3～4个单位	0.4～0.6	80

注：从上述值看出，三大人群日摄入热量、体重与体能降序排列依次是草原人群、粟作人群、稻作人群。

长江文明以稻作文化为主，黄河文明以粟作文化为主，草原文明以游牧文化为主，三种文明应该是同源的，发展上应该是分流的。有研究依据中国北方新石器时代植物考古、骨骼碳同位素和碳十四测年的研究进展，并与古环境记录中黑炭研究进行对比，梳理了中国北方新石器时代粟黍农业强化和扩张的时空过程，及其对环境的可能影响。结果显示，距今10000～7000年前，中国北方整体处于原始粟黍农业阶段，距今7700年前在内蒙古东部出现最早的粟黍农业经济的迹象；7000～6000年前，粟黍生产中心转移至关中地区，是粟黍农业建立的过渡时期；6000～4000年前，粟黍农业在中国北方广泛扩张，推动了新石器晚期文化的繁盛和人口的显著增长。[①]

这大致能够印证多元文化同源论。“甘青地区的环境考古研究表明，距今8000～7300年大地湾一带栽培作物中黍数量较少，出现频率较低，并且个体较小。而距今6400年之后的半坡时期农作物出现频率空前提高，籽实饱满，说明在由大地湾一期文化向仰韶文化过渡过程中，规模栽培黍成功实现了向农作物过渡”，并且，出现粟黍文化与稻作文化交融的局面。由于该区“全新世中期气候较为湿润，为仰韶文化时期和常山下层文化时期农业生产提供了水热条件”，进而“出现了喜热植物水稻”。[②] 问题在于，本来起源于北方的粟黍作物是怎样到达长江、黄河源头交汇处的？学界有研究表明，在历史上存在一个“气候温暖湿润的全新世中早期”，距今6000～4000年，在“气候条件的驱动和黄土高原粟作农业发展的压迫”下，史前人类“进入青藏高原东北和东南部的低海拔河谷地带并定居，从事以粟作农业为主的经济活动，而麦作农业的传入推动史前人类距今3600年前开始常年定居在青藏高原高海拔地区”。[③] 这样，古人类“粟黍农业人群在距今5200～3600大规模扩散并定居至青藏高原东部河谷海拔2500米以下地区，而以种

① 参见董广辉等《中国北方新石器时代农业强化及对环境的影响》，《科学通报》2016年第26期，第2913页。

② 安成邦等：《甘青地区史前农业发展与环境变化》，《中国地理学会百年庆典学术论文摘要集》，中国地理学会，2009，第105页。

③ 张东菊等：《史前人类向青藏高原扩散的历史过程和可能驱动机制》，《中国科学：地球科学》2016年第8期，第1007页。

植大麦和放牧羊、牦牛为主要生计方式的农牧混合经济人群在距今3600之后进一步向高海拔地区扩张并永久定居至海拔3000米以上地区”。[①] 人类在青藏高原定居后，长江、黄河源头地区的原始农业得到了发展。在后来的气候变迁和农业扩散中，人类又向青藏高原周边扩张，其中也向长江流域和黄河流域扩张。当然，这种扩张不是单向的，而是波浪似的，既有圈层的拓展，也有往复的互动。“从旧石器时代开始到新石器时代，华北地区的人群就不停地向西部青藏高原、新疆和中亚地区迁徙，这些西部高原上的人群同时又不停地穿过横断山区和河西走廊迁回到中原黄河流域和长江流域的故土上”，并且“这种迁徙运动是互相的、持续不断的”。[②]

从上述情况可以看出，之所以农业文明基本上沿着长江、黄河两大流域拓展，不仅与地质、地貌、土壤和气候条件密切关联，也与水源条件具有千丝万缕的联系。农业文明的孕育发展，同时也带动了粮食加工工具的出现和粮食加工活动的发展。这种活动带来的多重效应在后面还将继续讨论。

第四节　泛江河源区生态系统和社会系统互动

一　青藏高原居民及其移动

近来有研究指出，农作物的培植和农业社会的形成，对于泛江河源区的生态系统产生了重要影响。大麦、小麦的大面积种植，是人类生产活动的重要内容。大约在距今4000年前，海拔2500米～3000米的范围是人类活动的主要地区。这段时间，作为补充的家畜——羊也从西亚地区传入青藏高原北部地区。[③] 因此，距今4000～3400年，上述农畜产品成为青藏高原社会

① 参见陈发虎、刘峰文等：《史前时代人类向青藏高原扩散的过程与动力》，《自然杂志》2016年第4期，第239页。

② 参见龙西江：《论藏汉民族的共同渊源——青藏高原古藏人“恰穆”与中原周人“昭穆”制度的关系》，《战略与管理》1995年第3期，第60页。

③ Dodson J. R., Li X. Q., Zhou X. Y., et al., “Origin and Spread of Wheat in China”, *Quaternary Science Reviews*, 2013, 72: 108 - 111.

的主要生存食物。[①] 其间，该区域气候恶化加剧，原始农牧业技术条件落后，导致食物来源和产量极不稳定，为了扩大生活来源和生存范围，人类向气候条件较为稳定的海拔3500米附近迁徙，并逐步定居下来，造成今天这一海拔区域居民聚集的奇观。气候条件恶化和人类对于生产活动的拓展本能，使得农牧业交错的混合经济得到启蒙和发展。这种发明并不是青藏高原居民的专利。大量研究表明，在全球范围内，农牧交错带多种经济发展的案例比比皆是。而青藏高原居民选择这种生产生活方式，既是对全球生产经验的接受，也是对生存环境的适应性改变和对生产技术的自我发展。

青藏高原居民迁入的科学发现，为解答泛江河源区社会发育相关问题找到了钥匙。从历史看，青藏高原隆起的几百万年间，受本身的气候条件限制，大多数地区不适合人类生产生活和定居。到了旧石器时代，青藏高原隆起进入相对稳定期，东亚、东南亚、南亚受“泛第三极”气候区影响，特别是青藏高原阻挡东南风、南风后，在“泛第三极”区域形成的温度、湿度变化，导致了生物群落和人居聚落的有机互动，进而导致青藏高原东北部、东部、东南部迁入和聚集了来自不同方向的人类。这些人类大致来自几个方向。一是中原地区，确切说是黄河上游和中游地区。迄今发现的马家窑文化、裴李岗文化、齐家文化和仰韶文化的很多遗迹，都与青藏高原发现的很多文物具有高度一致性或相关性。二是北部——蒙古地区。从草原文明的发生发展和蒙古文化扩张的历史考察中，不难发现一个事实，那就是这种草原文化在过去的5000~10000年中，基本上以“泛第三极”为活动中心。草原文明时代是蒙古文化的活跃期和扩张期，当然，与其共演的文化尽管还有中原文化、长江流域文化、印度文化和西域—两河流域文化，但是草原文化的基本特性决定了其不可遏制的扩张性，因而其先民成为青藏高原最早居民的重要来源之一。三是西部，主要是中亚——两河流域。由于地理位置和交通通道的原因，两河流域与中国西域和河西走廊次第经历了干冷—湿热交

① M. M. Ma, G. H. Dong, E. Lightfoot, H. Wang, X. Y. Liu, X. Jia, K. R. Zhang, F. H. Chen, “Stable Isotope Analysis of Human and Faunal Remains in the Western Loess Plateau, Approximately 2000 cal BC,” *Archaeometry*, 2014, 1 (Supp 1): 237-255.

替的不同时期，落后的逐水草而居的生活方式，驱使人们从西部向东部缓慢迁徙，历经长期的历史过程，综合了种植业特别是黍、麦的适应性种植得到稳定推广后，来自西部的人类与来自东部黄河中上游的人类逐步融合，最后在青藏高原定居。四是南部——喜马拉雅山南麓一带。这里有大部分来自印度高原的先民后裔，在历经多次自然环境和社会发育变化后，逐步向高原迁徙，最终在青藏高原定居下来。上述四个主要来源构成了青藏高原四个不同的文化圈——卫藏、康巴、安多、察隅。这个历史过程不能简单理解为上述四个文化圈的居民就是来自四个方面人类的后裔。在漫长岁月中，人类经历了多次自然社会变革的洗礼，历经了多次聚合与分裂，最后形成了四种风格不同的地方社会文化圈层。当然，一般地认为青藏高原有三大文化圈，即卫藏、康巴、安多，但是事实上，青藏高原并不是一个简单的藏文化圈，而是一个多元的文化共演平台。比如南部的察隅一带，无论是从文化源头上，还是从生产生活方式上，乃至从体质人类学上看，都与上述三大圈层具有很大的不同。再如在青藏高原北部青海湖流域、东部甘南和东南部的岷江流域、安宁河流域，存在很多与上述文化具有较大差异的文化因子，并且这些文化的载体——当地居民——并不承认他们的先民就属于上述三个文化圈。因此，青藏高原的文化界定还需要从多族交融和多元文化共演的角度进行细细考证厘清。

近来发现，藏北高原纳木错湖扎西岛洞穴内的岩画，大多数用红色矿物颜料绘制图像，少数图像用黑色矿物颜料绘制，技法有线和平涂两种，不见刻凿法。岩画内容有动物，人物，自然物、符号等；人物形象有骑者、巫师等；自然物有树木、太阳、云朵等，此外还有塔、经幡、弓箭、各类号等；所表现题材丰富多彩，有射猎、围猎、放牧、捕鸟、斗兽、顶鹿、舞蹈、战争及佛教的吉祥物等，其与亚洲中部高原各地区的岩画艺术有着密切的关联。[①] 同时发现，“西藏岩画的性质与内蒙古、新疆以及拉达克等地发现的岩画具有相似之处，可能均反映了古代游牧民族的生活、原始宗教及其他方

① 国家文物局：《中国文物地图集·西藏自治区分册》，文物出版社，2010，第19~20页。

面的情景，其流行的年代从岩画内容上看跨度较大，可能从吐蕃部落时期一直延续到吐蕃王朝晚期佛教流行于西藏高原之后。西藏岩画有的与石丘墓共存，说明两者之间或有一定联系，还有些岩画地点距离吐蕃部落时期的居住遗址不远，也反映出两者之间可能存在着一定的关联”。[①] 这种关联，也从文化渊源上提供了实证线索。

二　青藏高原并不封闭

青藏高原与周边的交流互动，是随着时间的推移逐步加强的。比如从文化交流的角度看，反映出吐蕃时期更多的共同特征。

在西藏高原东部的昌都地区、中部的拉萨与林芝地区、南部的山南与日喀则地区、北部的那曲地区发现了近百处属于这一时期的古墓群，墓葬总数在千座以上。这些墓葬对于认识吐蕃王朝时期的丧葬礼仪制度、宗教与风俗、墓营建和陵园布局建筑技术，以及与周围文化的交流影响等方面，均具有重要的意义。[②]

不仅如此，“藏王陵墓在地表均建有高大的梯形封土，封土四周采用夯土筑墙，墓地中残存有两通石碑和一对石狮，在其中一座被认为是松赞干布陵墓的封土顶部建有晚期的祭殿，由此表明藏王陵墓的陵园制度可能受到中原唐代陵墓制度的深刻影响”。[③]

当然，近年来有研究认为，青藏高原东北是人类进入高原定居的主要通道，这大致是从地理要素上看的。

从地形上看，青藏高原西北最高，并以帕米尔—天山—昆仑山—祁连山与低海拔干旱盆地形成巨大高差和天然屏障，南部高耸的喜马拉雅山脉和深切河谷与南亚形成天然樊篱，东部陡直的龙门山和多条深切峡谷形成交通阻碍。相对而言，青藏高原东北部地形相对和缓，从黄土高原西缘缓缓抬升，通过河湟谷地、青海湖盆地、共和盆地逐步进入青藏高原面，形成古人类进

① 国家文物局：《中国文物地图集·西藏自治区分册》，文物出版社，2010，第19～20页。
② 国家文物局：《中国文物地图集·西藏自治区分册》，文物出版社，2010，第20页。
③ 国家文物局：《中国文物地图集·西藏自治区分册》，文物出版社，2010，第20页。

入高原的最佳通道，这也是历史时期人类进入青藏高原腹地的主要通道（唐蕃古道），以及农牧业文化交流的主要通道。[①]

从地理环境与历史文化变迁的结合看，这个推断不无道理。同时，要注意一个不可否认的事实，那就是青藏高原存在多个文化单元，在文化进程中存在共演现象。青藏高原的石器时代考古起步相对较晚。距今 4000～5000 年前的藏东昌都卡若遗址属于新石器时代遗址，而拉萨曲贡遗址地处青藏高原腹心地带，是拉萨河谷首次发掘出土的新石器时代遗址。它的发现确立了不同于卡若文化的另一种西藏史前考古文化。昌都小恩达遗址从文化面貌上来看可能属于卡若文化类型，遗址中出土有早期的石棺葬。[②]

同样，古格王国遗址则是西藏地方分治时期的一处都城遗址，反映了西藏分裂时期不同的地方政权统治中心的面貌。阿里日土岩画和当雄扎西岛岩画的技法和内容与北方草原文化有着较为密切的联系。这些依据，共同印证了青藏高原文化的起源、交流与互动的史实。有学者认为“藏族文化是以藏南谷地的世居文化为基础，同时吸收和融合中华大地上北方草原地区的原始游牧文化和胡系统的游牧民族、中原地区的原始仰韶文化和氐羌系统的民族而形成的”，[③] 这也代表了对青藏高原文化形成的早期认识。

上述观点是从近期发现的文物遗址做出的推断，此外，还有一些值得深入的地方。一是迄今发掘的广度和深度远远不能支撑科学研究。二是单从地理现状看，似乎比较能够支撑上述观点，但是从青藏高原人类文化痕迹看，既有黄河上游文化的因素，也有中亚文化的因素，还有印度文化的因素，这种历史现象不可能是单方面因素造成的，很可能是多方面因素共同作用的结果。

在青藏高原北部和东部一带，人类活动更加频繁。据相关报告，截至 2010 年，已发掘不同时代、不同类别的文化遗存达 3700 余处。从东北部

① 张东菊等：《史前人类向青藏高原扩散的历史过程和可能驱动机制》，《中国科学：地球科学》2016 年第 8 期，第 1007～1023 页。

② 国家文物局：《中国文物地图集·西藏自治区分册》，文物出版社，2010，第 56～57 页。

③ 格勒：《藏族早期历史与文化》，商务印书馆，2006，第 85 页。

看，就有旧石器时代遗址 1 处、新石器时代遗存 47 处、青铜时代遗址 64 处、历代城址 3 处、岩画 7 处、古代建筑 36 处、石窟寺 5 处、近现代史迹 6 处、其他遗迹 4 处。

新石器时代和青铜器时代遗址包括马家窑文化（含石岭下类型、马家窑类型、半山类型、马厂类型）、齐家文化、卡约文化、辛店文化、诺木洪文化，它们主要分市于青海省海东市各农业县及海南、海北、海西、黄南等自治州的部分地区。其中以海东各县分布数量最多，也特别密集。这些遗址有的文化内涵比较单一，但更多的是多种文化、多种内涵共存一地，并且一般保存完整。[①]

上述遗址是该地区早期人类活动的重要实证。此外，西藏那曲地区安多县布塔雄曲春秋时期石室墓共出土动物遗存 210 件，目前可鉴定标本数为 83 件，代表的最小个体数为 8 个，至少代表了狗、家马及羊这三类哺乳动物。该墓葬是迄今为止藏北第一例有绝对年代测定数据的石室墓，以羊、马为基本组合的动物墓葬清楚地显示了其游牧生活状态，其中包含的遗物也体现出一些同川西北高原等地区石室墓出土遗物相近的文化因素，其在殉牲的种属组合及埋葬位置等方面，“也同川西北高原甘孜吉里龙石室墓呈现出较高的相似性”。[②] 可见，在早期石器时代青藏高原北部地区同川西北及滇西北高原等地区的文化交流实际上可能已扩大到藏北更广大地带。

而在青藏高原东南部的康巴地区，也出现过早期的石器文化。从对吉里龙、中伍日玛、中谷、卡萨湖等地的考古看，石器时代人类已经在这里有过频繁活动。单从这些遗址的物证看，尚不能分出具体的人群属于当今哪个民族的祖先。但就这些文化分布的区域性特征看，农业文化的痕迹较为鲜明。学界在研究农业文化和游牧文化的发展和起源时，对于其前后发生的时间顺序有过论述。根据林耀华“农村公社是历史上以农业为主进入

① 国家文物局：《中国文物地图集・青海分册》，中国地图出版社，1996，第 9 页。

② 张正为等：《藏北安多布塔雄曲石室墓动物遗存的鉴定分析》，《藏学学刊》2015 年第 1 期。

阶级社会的民族都存在过的社会结构，少数民族则相应地存在过游牧公社”的推断，[①] 卡沙湖石棺文化属于康北游牧文化遗存。不仅如此，通过对与之相毗邻的甘孜县仁果乡吉里龙村 8 座墓葬的发掘，同样发现了一批有价值的材料。[②] 根据这些材料发现“卡沙湖墓地的球形腹双耳罐的形态介于吉里龙墓地同类器的Ⅰ、Ⅱ式之间”，亦即至少在春秋战国时期，康北就已经出现了较大规模的游牧活动。考古学者结合自然气候条件，通过文物分析发现“这里平均海拔在 4000 米左右，南北向的高山峡谷与河流相间，气候与植被呈垂直分布，动植物资源和水力矿产资源十分丰富，自古以来就有人类在这片高寒之地生息、繁衍”。[③] “与康北游牧相并行的，还有其他文化，如康南的巴塘一带的扎金顶文化遗存”。[④] 而在红原一带的广袤草地，早在 4000 ~ 5000 年前已经有人的生产、生活活动。尚未发现这种活动与岷江文化流域同期定居的证据。在青藏高原东部、东南部和南部等，存在草地、河谷等不同自然地理单元之间的显著差别。如康北、康南等高海拔地带，以及阿坝地区的草地腹地，“历史上产生并长期存在着游牧活动，而在康南河谷地带、岷江中上游，以及其他河谷宜农耕地带，存在农耕聚落，这些聚落随着人口增多而逐步发展成邑镇，与游牧活动发生着必然的联系”。[⑤] 青藏高原，尤其是东部和东北部，有两种文化在一段时期内占据着主导地位，一个是藏文化，另一个是蒙古文化。藏文化、蒙古文化在早期的纷呈以及它们之间的联系或互动，目前尚无足够的研究成果详加阐释，但至少从唐代开始，文献已经有了明确的记载。尤其是到了元代，蒙藏文化显示出极强的互联互动关系。由于藏传佛教以其独到的生

① 林耀华：《原始社会史》，中华书局，1984；转引自四川省文物考古研究所：《四川考古论文集》，文物出版社，1996，第 113 页。

② 四川省文物考古研究所：《四川考古论文集》，文物出版社，1996，第 187 页。

③ 四川省文物考古研究所：《四川考古论文集》，文物出版社，1996，第 193 页。

④ 文艳林：《多元文化共演与经济社会变迁：川西北牧民定居调查》，社会科学文献出版社，2018，第 56 页。

⑤ 文艳林：《多元文化共演与经济社会变迁：川西北牧民定居调查》，社会科学文献出版社，2018，第 56 页。

态理念参与了青藏高原文明发展进程，故在这种互动中，藏传佛教得以成为强劲的纽带。藏传佛教不杀生的理念贯穿农业生产，表现为对生物食物链的重视。教义认为在自然状态下，物种之间的相生相克是一种平衡，通过食物链得以完成。病虫害就是食物链平衡的具体表现。特别是康区及以西的居民，在农业生产中对青稞的长势、抵抗病虫害的能力以及最终的产量等都认为是由“谷神”决定的，于是对“谷神”的祭祀十分盛行，因此，他们对虫害相当宽容。当然这里有个重要的背景，那就是稀少的人口和丰富的可食物产，不至于使人们在某种庄稼受病虫害时而挨饿，这为原始生态农业发展提供了较为充分的条件。同样，在蒙古人中间，依然流行这一理念。

蒙古族游牧经济构筑了气候环境、土壤营养库、生物多样性、人的社会的复合生态系统，是历史条件下能量流动与物质循环高效和谐的优化组合。游牧经济可以保持草原自我更新的再生机制，维护生物多样性的演化，满足家畜的营养需要，保障人类的生存与进步。[①]

尽管这种行为或意识并没有与宗教直接挂钩，但人类在不自觉中形成的生态观念左右着自己的行动。

人类虽然没有对生态系统进行根本上的改造，却能巧妙地对之加以积极利用，牧民们可以在尽量长的时间里通过有规律的转场而把畜群放牧在生态系统的能源输出口青草地上，从而以较大的活动空间来换取植被系统自我修复所需时间。[②]

这种行为的直接结果就是生态环境在一定程度上得到了很大的保护和延续。从上述遗迹和文化互动现象来看，青藏高原所谓的岛状生态环境在形成与变迁过程中并不完全是孤岛一座，而是在文化、生态等人类的各种活动中与高原内部和外部发生着千丝万缕的联系与互动关系。

---

① 乌日陶克套胡：《蒙古族游牧经济及其变迁研究》，中央民族大学博士学位论文，2006，第41页。

② 林耀华：《民族学通论》（修订本），中央民族大学出版社，1997，第90页。

三 泛江河源区自然生态系统的辐射效应

（一）长江水源区的水稻文化辐射效应

有研究表明中国的云南山地是水稻的起源中心，水稻由云南向四周传播。

从20世纪50年代开始，在长江中游的屈家岭文化中就发现了水稻遗存，到70年代在浙江河姆渡文化遗址中发现大量的稻谷遗存和农具，年代早至公元前四五千年，是当时所知年代最早的稻作农业证迹。到了80年代，湖南的彭头山和湖北的城背溪文化中有一系列遗址出土了稻谷遗存，年代提前到了公元前六七千年。特别是河南贾湖的裴李岗文化遗址中也发现了大量年代相当的稻谷遗存，并且经过鉴定，断定是已经完全成熟的栽培稻——粳稻，于是学术界提出了水稻长江流域起源说。[①]

稻作起源于水系发达的长江流域，不是偶然的。长江流域天然独特的气候形成了丝绸文化、瓷器文化、玉作文化、漆作文化。这些文化都需要一定的自然和经济支持才能延续发展。在适宜的气候环境和综合发展的社会条件支持下，独具特色的稻作文化产生就顺理成章。有研究表明，长江流域的文化分为上、中、下游三大圈。上游圈的特征与中下游圈的特征相比较，存在较大差异。由于三峡的地理分割，产生于云南一带的稻作文化，传播到青藏高原自然要比传播到长江中下游更为方便。这样的结果就是长江上游的稻作文化先于中下游稻作文化发生。随着稻作技术的传播和种植范围的扩大，距今3000～3300年，中下游开始出现稻作文化。这些稻作文化经过往复交流，以及流域内、流域之间的互动，逐步成为泛江河源区的一大特征。相应地，长江流域的瓷器、丝绸、茶马、玉器、漆器等文化逐步发展起来，这些文化与稻作文化存在千丝万缕的内在联系。

（二）黄河水源区的粟黍文化辐射效应

黄河源于青海省玛多县多石峡以上地区，其河源区面积为2.28万平方

① 参见严文明《农业发生与文明起源》，科学出版社，2000，第91～103页。

公里，是青海高原的一部分，属湖盆宽谷带，海拔在4200米以上。盆地四周，山势雄浑，西有雅拉达泽山，东有阿尼玛卿山（又称积石山），北有布尔汗布达山，以巴颜喀拉山与长江流域为界。湖盆西端的约古宗列，是黄河发源地。[①] 最早有关黄河源的记载是战国时代的《尚书·禹贡》，有“导河积石，至于龙门”之说。所指“积石”，在今青海省循化撒拉族自治县附近，距河源尚有相当距离。唐太宗贞观九年，侯君集与李道宗奉命征击吐谷浑，兵至星宿川（即星宿海）达柏海（扎陵湖）望积石山，观览河源。唐穆宗长庆元年刘元鼎奉使入蕃，途经黄河河源区，得知黄河源出紫山（今巴颜喀拉山）。元代至元十七年（1280年），世祖命荣禄公都实历时4个月，查明两大湖的位置，并上溯到星宿海，之后绘出黄河源地区最早的地图。清康熙四十三年（1704年），命拉锡、舒兰探河源。探源后他们绘有《星宿河源图》，并撰有《河源记》，指出“源出三支河”东流入扎陵湖，三条河均可当作黄河源。康熙五十六年（1717年），遣喇嘛楚尔沁藏布、兰木占巴等前往河源测图。乾隆年间齐召南撰写的《水道提纲》中指出：黄河上源三条河，中间一条叫阿尔坦河（即玛曲）是黄河的“本源”。1952年黄河委员会组织黄河河源查勘队，进行黄河河源及从通天河调水入黄可能性的查勘测量，历时4个月，确认历史上所指的玛曲是黄河正源。1978年青海省人民政府和青海省军区邀请有关单位组成考察组，进行实地考察，提出卡日曲作为河源的建议。1985年确认玛曲为黄河正源，并在约古宗列盆地西南玛曲曲果树立黄河源标志。[②]

关于黄河源区早期文化，一般认为，基本上是“在旱地粟作农业的基础上发展起来的”。考古发现，“距今六千多年前，黄河流域就已经种植粟、黍等旱地作物。以后逐渐增加了小麦、大豆、高粱和稻谷的栽培，但产量不多。”大约直到汉代以前，都是以粟和黍为主要粮食作物的。农业的发生对

① 参见黄河水利委员会黄河志总编辑室《黄河志·卷二·黄河流域综述》，河南人民出版社，2016，第23页。

② 参见黄河水利委员会黄河志总编辑室《黄河志·卷二·黄河流域综述》，河南人民出版社，2016，第24页。

人类社会生活产生了全面的影响：技术进步、经济发展、人口增加、文化生活的内容大为丰富。这样的情况与中下游有着密切关联。大约距今7000年，黄河中游出现了仰韶文化，略晚，黄河下游产生了大汶口文化，其水平与仰韶文化不相上下，从而初步形成了东西对峙的两个文化中心。从仰韶文化和大汶口文化的前期聚落和公共墓地情况来看，可知那时是以血缘为基础组成社群的。人们在经济生活和社会关系上基本是平等的，同一地区的社群之间也看不出明显的差别。但从仰韶文化和大汶口文化的后期开始，社会生产有了较大的发展，石器、玉器、陶器等的制造比以前有了明显的进步。[①]

距今5000年前开始，黄河流域进入龙山时代，这时“手工业生产有了更大的进步，并且向专业化方向发展。新出现了制铜工业，陶器生产中普遍采用了快轮技术，陶器制作更加精美且数量大增，漆木器和丝绸等手工业生产也已发展起来”。[②]

（三）青藏高原与江河流域以及流域之间的互动

如前所述，长江、黄河两大源区在源头上存在同区性和互联性，在文化上存在互动，那么这种源区的同区性和互动性是否扩大到两大流域的中下游呢？先看黄河流域源区与中下游的关系。

21世纪初在青藏高原东北缘发现的喇家遗址，印证了长江、黄河上游文化圈之间的互动性。有研究认为，喇家遗址发现的漆器，是与长江流域交流的结果。比如一些反映竹编工艺的器物等，应该是受南方长江流域的影响；[③] 又如齐家文化红陶双耳杯类似的器形见于岷江上游早期石棺葬遗存中。[④] 有资料说三星堆遗址的一些玉料有可能来自新疆和田，[⑤]“如果说资料鉴定无误，那么和田玉的传播路线显然经过了黄河上游。齐家文化在该区域

---

① 参见严文明《农业发生与文明起源》，科学出版社，2000，第83页。

② 参见严文明《农业发生与文明起源》，科学出版社，2000，第83页。

③ 参见叶茂林《青藏高原东麓黄河上游与长江上游的文化交流圈——兼论黄河上游喇家遗址的考古发现及重要学术意义和影响》，《中华文化论坛》2005第4期，第55页~59页。

④ 参见叶茂林等：《四川汶川县昭店村发现的石棺葬》，《考古》，1999年第7期，第29~35页。

⑤ 参见赵殿增、李明斌《长江上游的巴蜀文化》，湖北教育出版社，2004，第206页。

是玉器文化最重要的载体，是联系和田玉料和玉器使用者之间的桥梁和纽带”[1]，何况“营盘山遗址的一些文化现象在喇家遗址附近的胡李家遗址里，就能够找到一定的联系”。[2]

不仅如此，在长江、黄河中下游，两大流域的相互交流联系更加明显。有研究认为，“会理出土的铜鼓在形制上几乎与云南石寨山同类物别无二致，但会理另一地点发现的6口有着石寨山装饰风格的编钟，却是明显‘中原式’造型”[3]。有人认为，还有大量证据表明两大流域的互动性长期以来没有中断过。

中原地区龙山时代的主要炊器是鬲，长江流域则主要是鼎。后来随着商周势力的扩展，鼎鬲终于合流而成为一种所谓鼎鬲文化。有趣的是鬲一直仅仅作为普通的炊器，且多以陶为之；而鼎则演变为国家的重器，成为代表贵族等级身份的礼器，多用上好的青铜为之。一些铜器上的花纹如饕餮纹和云雷纹等也都是首先出现于良渚文化而后为商周文化所继承和发展的。[4]

就长江、黄河和两大流域中下游发掘的文物来看，长江下游的良渚文化同黄河下游的大汶口文化就有十分密切的关系。它们都以鼎、鬲、壶为基本的陶器组合，某些陶器的形制也很相似，且都以石钺为主要武器。在良渚文化的遗址中可以见到背水壶等大汶口文化所特有的器物，在大汶口文化的遗址中也可以见到鼎等良渚文化所特有的器物。大汶口文化陶缸上的刻划符号曾经多次在良渚文化的玉器上出现。这说明在龙山时代，长江下游同黄河下游的文化关系要比它同长江中游的关系密切得多，相似或相同的因素也多得多。并且，长江中游的屈家岭—石家河文化同黄河中游的仰韶晚期与中原龙

---

① 参见叶茂林《黄河上游新石器时代玉器初步研究》，《东亚玉器》1998年7月，第56页。

② 参见叶茂林《青藏高原东麓黄河上游与长江上游的文化交流圈——兼论黄河上游喇家遗址的考古发现及重要学术意义和影响》，《中华文化论坛》2005年第4期，第55页。

③ 〔德〕安可·海因：《青藏高原东缘的史前人类活动——论多元文化“交汇点”的四川凉山地区》，张正为译，李永宪校，《四川文物》2015年第2期，第44～45页。

④ 参见严文明《农业发生与文明起源》，科学出版社，2000，第96页。

山文化之间也有非常密切的关系。[1]

鉴于这种发现，可以得出“长江和黄河是分不开的，它们是你中有我，我中有你”的结论，甚至可以认为“只有中国文明或者作为它的核心的大两河文明，而没有单独的长江文明或黄河文明”。[2] 当然，长江与黄河流域之间的交流联系，并不是整齐划一的，在不同的时空状态下是有差别的。而“长江中游的屈家岭—石家河文化同黄河中游的仰韶晚期与中原龙山文化之间也有非常密切的关系。例如，在黄河中游的一些遗址中，就不止一次地发现屈家岭石家河文化所特有的高柄杯、蛋壳彩陶杯和描钵等器物”。至于“石家河文化中的中原龙山文化因素就更多了，以至于有人认为在石家河文化晚期，曾经有一支中原龙山文化的人大举入侵长江中游”。[3]

此外，旋转磨盘的发明和推广使用，在长江、黄河中下游得到普及，证明了江河流域的互动至少跨越了千年。石磨盘在河北、河南、两广、两湖、江浙、京津以及陕西等地大量出土，而且自汉代后形制越来越相近或相同，足以证明长江、黄河流域文化存在极强的互动性。比如从旋转石磨看，最早的磨齿零乱粗糙，导致被磨物堵塞磨孔，且研磨率不高。到了东汉以后，逐步在磨盘上进行了分区并开了辐射线式的磨齿纹路，从湖北、北京、山东、湖南、陕西、河南、江苏等省市出土的文物看，这种进步基本上是同步的，印证了东汉、三国时期最流行的磨齿形态。隋唐以后，石转磨进一步发展，形成了八区斜线形磨齿的所谓太极形制。这种形制的磨纹，细密兼顾、纵横有序、排列得当，大大提高了研磨效率，此后 1000 多年得到极大的推广使用，延续至今。

两大流域文化共同发育，同时也与发源于青藏高原本地的文明互动。长江中游与黄河中游的文化关系要比前者同长江下游或长江上游的文化关系密切得多，相似的程度要大得多。不仅长江、黄河流域是高度关联的，青藏高原与长江、黄河文明的发育起源也是高度关联的。

---

① 参见严文明《农业发生与文明起源》，科学出版社，2000，第 96 页。

② 参见严文明《农业发生与文明起源》，科学出版社，2000，第 98 页。

③ 参见严文明《农业发生与文明起源》，科学出版社，2000，第 98 页。

距今11000～6000年，随着太阳辐射继续增强，来自印度洋和太平洋的季风越来越强，特别是距今9000～6000年这一时期，水热组合匹配达到最佳。适宜的气候为人类提供了更多的资源，而细石叶工艺的兴起，使人类获食能力增加，适应范围进一步向边缘环境扩张，在气候环境最好的时期达到青海湖地区。①

同样，青藏高原周边人类也向高原移动，造成青藏高原与周边的文化互动。粟黍农业人群在距今5200年～6000年前，大规模扩散并定居至青藏高原东部河谷海拔2500米以下地区，而以种植大麦和放牧羊、牦牛为主要生计方式的农牧混合经济人群在3600年前进一步向高海拔地区扩张并永久定居至海拔3000米以上地区。②

同样地，尽管导致人类向不同地区移动的关键因素是气候，但是人类聚居形成是综合因素作用的结果。气候变化对史前人类向青藏高原扩散的不同阶段的影响存在差异，暖湿气候促进了旧石器人群和粟黍农业人群向高原扩散，而青铜时代早期气候的恶化很可能加速人类生产模式的转变，间接促进青藏高原农牧混合经济的兴起。新石器和青铜时代欧亚大陆农业传播带来的农业技术革新，是促成人类大规模永久定居在青藏高原的最主要因素。③

此外，相关历史学、人类学、考古学、民俗学等大量研究表明，从起源上看，江河文化有天然的渊源；从发展进程看，二者具有同步共演的轨迹；从发育结果看，二者有异曲同工之妙。概而言之，长江和黄河在文化上的联系千丝万缕，二者长期互动、从不间断，中国文化就是江河文化共演共进的结果。

① 参见孙永娟《青藏高原东北部晚更新世以来史前人类活动年代学研究及其环境意义》，中国科学院研究生院（青海盐湖研究所）博士学位论文，2013，第103页。

② 参见陈发虎等《史前时代人类向青藏高原扩散的过程与动力》，《自然杂志》2016年第4期，第235～243页。

③ 参见陈发虎等《史前时代人类向青藏高原扩散的过程与动力》，《自然杂志》2016年第4期，第235～243页。

第二章

泛江河源区岛状自然环境变迁及其自然生态地位

第一节　自然因素与环境变迁的对应关系和耦合度

一　青藏高原隆升与气候响应

青藏高原近800万年来剧烈隆升，成了除南极、北极外的地球“第三极”。当今青藏高原以其巨大的体积呈“岛状”耸立于欧亚大陆中部，形成了类似屋脊的欧亚大陆的高程中心，这个中心向四周发育了密如蛛网的河流和星罗棋布的胡泊。对于以水为生命之源的人类社会而言，这里成为名副其实的生态中心。其高耸的地理特点，从根本上改变了高原本身及相关地区的大气环流。如与同纬度的中国东部地区相比，对流层厚度要少400米左右，形成了独特的青藏高原气候。向东阻挡了太平洋西海岸东来的温暖湿润空气，造成了中国西部地区面积巨大的干旱和沙漠地区。向南面阻隔了来自印度洋的暖湿气流，导致高原及其北部高寒和干旱区域的广泛存在。从风动力学来看，在大气动力和光照热力作用下产生的大气流动，受到高山阻挡而改变方向和速度，使高原成为地球上同纬度风速最快、风力最大的地区。在风力和海拔影响下，形成特干特冷地区，进而使高原呈现出大陆性气候和海洋性气候兼容的特征。从海洋气候角度看，具有太阳辐射强、日照时间长、气温偏低、年温差小的特点；从大陆性气候看，具有空气稀薄、气压低、氧气少、日较差大、积温少、雨季和干季分明、夏季多冰雹、气候类型复杂的特点。[①] 大约距今3500年，青藏高原气候恶化。有研究模拟青藏高原隆升过程对于中国气候的影响，结果表明，青藏高原隆起过程是十分复杂的，有3次隆起和2次夷平过程，但前2次隆起不到海拔2000米。最后一次隆起开始于3.4MaB.P.，约在2.5MaB.P.到达海拔2000米以上，该时期中国大陆降水增加，但气候继续变冷。随着高原继续隆起，虽然气候继续变冷，降水却由前期的增加变为减少，还出现随后的第四纪大冰期。高原北侧沙漠开始形成，中国黄土也于2.6MaB.P.前后开始发育。因而青藏高原隆起到海拔2000~2500米（亦即相当于现代高度一半）也是一个对气候变化有重要影响的时期。最后一个时期是现代青藏高原，它平均海拔已达4000米以上，[②] 其结果除了"在正常情况下季风不能越过高原到达中国西部而使降水减少外，还存在青藏高原继续隆起后形成与周围地区的热力差异，这种热力差异使中国西部地区降水迅速减少"。研究还发现，青藏高原隆升超过一个"临界线"后，[③]"中国地区气温明显变冷，青藏高原地区变冷20~25℃，中国东部变冷10~15℃，西北部变冷25℃。其中，自古代到青藏高原隆起初期，中国西部地区变冷5℃，东部地区变冷5~10℃，而自高原隆起初期到现代，青藏高原地区变冷15~20℃，中国东部变冷10℃"。[④] 不仅如此，青藏高原隆升还对季风变化产生重大影响：受海陆分布和海陆热力差异的作用，冬季开始出现弱的中纬东北风和比较明显的热带东北季风，高空出现弱的两支西风急流及东亚沿岸弱的东亚大槽；夏季则出现弱的低空西南季风和高空反气旋；但此时的西南季风只在中国沿海可以深入大陆，并且高空反气旋存在多

① 参见郭正堂等《末次冰盛期以来我国气候环境变化及人类适应》，《科学通报》2014年第30期，第29~39页。

② 参见陈隆勋等《青藏高原隆起及海陆分布变化对亚洲大陆气候的影响》，《第四纪研究》1999年第4期，第314~327页。

③ 参见陈隆勋等《青藏高原隆起及海陆分布变化对亚洲大陆气候的影响》，《第四纪研究》1999年第4期，第318、319页。

④ 参见陈隆勋等《青藏高原隆起及海陆分布变化对亚洲大陆气候的影响》，《第四纪研究》1999年第4期，第318、319页。

个中心。这表明高空副热带高压带弱。高原隆起至现代高度一半时，由于青藏高原隆起的作用，夏季低空出现了明显的西南季风并可以深入中国大陆，由西南风转向的东南风可以深入中国西部地区。高空副热带高压带中反气旋中心已开始稳定到高原上空。冬季东亚地区的低空西北季风和东北季风已十分明显，高空两支西风急流和东亚大槽也已形成。①

这种变化，不仅对亚洲季风气候区总体产生了重大影响，还对具体地区产生了深刻而具体的影响。通过模拟高原隆升与古代气候的关系，总体可以看出青藏高原隆起对中国气候影响主要是起了变冷作用，在隆起初期到隆起至现代高度一半期间，中国地区，（尤其是西部地区）降水大量增加，但继续隆起后中国地区降水除云南、贵州和四川地区外，反而迅速减少，尤其是中国西北地区。②

也有研究表明，青藏高原隆升给周边尤其是中国大陆带来的气候变化，主要表现在四个方面。第一，中国大陆由受行星风系控制转变为受季风控制。第二，气候变化除纬度效应外，还出现强烈的非纬度的区域性变化，造成强烈的南北向差异和东西差异，在此两方面综合作用下，形成三大气候区——东部的东南季风区、西南部的西南季风区、西北部的内陆干旱区。第三，青藏高原和高大山系，除整体干旱、严寒和区域性气候变化外，还形成了垂直气候带。第四，在中国大陆第四纪以来气候的时间变化上，一方面随冰期、间冰期及冷期、暖期交替发生较长时间尺度的变化；另一方面随冬夏交替发生短时间尺度的变化，冬季和冰期阶段，西北部和西南部地区极端寒冷、干旱，东部地区气温也低于同纬度其他地区，夏季和间冰期阶段，东部地区较其他同纬度地区相比要炎热多雨，西北部和西南部地区仍十分干旱。③

---

① 参见陈隆勋等《青藏高原隆起及海陆分布变化对亚洲大陆气候的影响》，《第四纪研究》1999 年第 4 期，第 318、319 页。

② 参见陈隆勋等《青藏高原隆起及海陆分布变化对亚洲大陆气候的影响》，《第四纪研究》1999 年第 4 期，第 318、319 页。

③ 参见张立海等《青藏高原隆起对中国地质自然环境影响》，《青藏高原地质过程与环境灾害效应文集》2005 年 11 月，第 36 ~ 38 页。

这些变化导致“新生代时期中国大陆气候由时空比较稳定的温暖气候逐渐变化为寒冷多变的气候”，并且“这一变化始于上新世，早更新世逐渐发展，中晚更新世和全新世急剧发展，目前尚在继续演化之中”。[①] 有人从生物演化的角度研究发现，距今2202万年前，亚洲古季风开始之前雨太多，说明干旱之后，阔叶树和针叶树增多，乔木植物很多。之后又是干旱时期，而且石膏堆积，特别是临夏盆地动物化石记录十分丰富，为渐新世巨犀动物群，即陆地上最大的犀牛、中新世铲齿象动物群。[②]

生物的演化是气候响应的直接证据。在不同的历史时期，生物具有不同的氧化特征和演化进程。这是近年来学界通过物证和反演推测的基本结论。距今800万年前，由于干旱事件，三趾马动物群从森林型变为草原型，木本植物变成草本植物，大量篙、藜科植物出现，木本植物含量减少，天水盆地也有了明显的变化。[③]

但是物种演化与环境变迁是漫长而复杂的，仅就少数物种和有限尺度做出判断为时尚早。要全面了解高原隆升和气候变化，尚需要更加细致的考证。青藏高原隆升带来的气候响应是全球性的。

二　大气变化特征

事实上，青藏高原大气环流对于欧亚大陆气候的影响是异常显著的（图2－1）。

从5月500hpa位势高度对地温差图看，正回归中心有五个，分别是巴尔喀什湖与贝加尔湖之间、整个高原、乌拉尔山以西附近、鄂霍次克海附近、阿拉斯加湾附近；从5月热原型回归图看，负回归中心有五个，即整个高原、黑海附近、西西伯利亚、日本以东洋面、东太平洋的副热带地区。这

---

① 参见张立海等《青藏高原隆起对中国地质自然环境影响》，《青藏高原地质过程与环境灾害效应文集》2005年11月，第38页。

② 参见李吉均《青藏高原隆升与晚新生代环境变化》，《兰州大学学报》（自然科学版）2013年第2期，第155~162页。

③ 参见李吉均《青藏高原隆升与晚新生代环境变化》，《兰州大学学报》（自然科学版）2013年第2期，第155~162页。

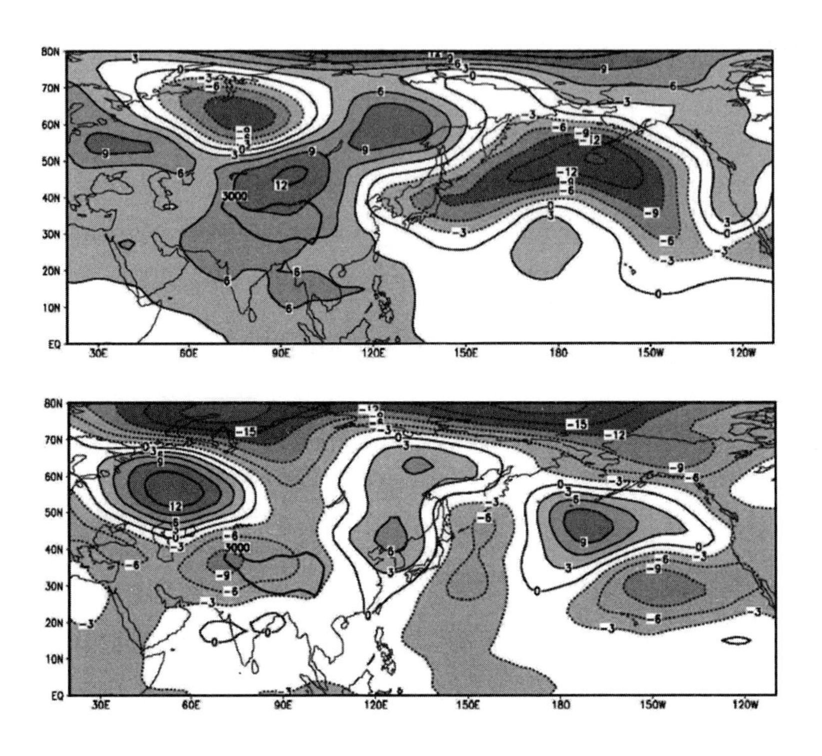

图 2－1 青藏高原及邻近地区 2016 年 5 月 500hpa 位势高度对地温差（上）及热原型回归（下）

注：北京林业大学测绘与 3S 技术中心提供。

样欧亚高纬度地区呈现异常环流中心分布特征。[①] 这样的格局，导致整个地球气压带和温差带，均受到青藏高原大气环流的影响，尤其是北半球影响更为显著。这是在青藏高原隆升过程中，来自东面和南面的两大暖湿气流与来自西部和北部的干冷气流在高原上空碰撞后，产生的显著大气物理现象。通过建构实验室模型和重构气候变化数据，可以更加清晰地观测到气流和气压的宏观、微观形态及其作用。明显地，青藏高原热力作用会影响全球气候，青藏高原具有加热气泵效应。在实验室模拟对青藏高原完全加热，除了高原

① 李萍云：《春末夏初青藏高原对欧亚大气环流的影响》，中国气象科学研究院硕士学位论文，2019，第 20～21 页。

地区有上升运动外，周围地区（阿拉伯海、孟加拉湾）的空气都会流到高原上，从而会增强上升运动，形成辐合；当对高原顶部不加热而保留侧面加热时，仍然可以将周围大气抽吸到高原上，形成很强的上升运动，而未加热的顶部就没有上升运动；当只对高原顶部加热时，上升运动只发生在顶部，周围大气不受任何影响。由于对高原的侧面加热，低层大气会带着水汽向上运动从而形成云和降水。[①]

同时，青藏高原和海洋的共同作用对气候产生直接的周期变化影响。南亚高压的位置分别在东、西两个方向上空出现时，造成的降水分布也不一样。而南亚高压中心位置的这种变化主要就是由青藏高原的加热作用改变形成的，异常高压中心形成后就向西移动并逐渐消失，过一段时间之后，又会有新的异常高压中心生成，再向西移动，如此反复做准双周振荡，我国出现夏季一段时间多雨，一段时间少雨的现象。[②]

因此，说青藏高原是控制大气环流的要害，在于“它通过全球能量和水分循环影响着区域和全球的气候及其变化”。[③]

三　水系变化特征

水是人类存在的基本条件，水系是人类活动的基础。水资源除了为人们生存提供必要的条件外，还有重要的改变气候和交通通信等功能。就青藏高原整体来看，水系的分布较为独特，区域差异较大。高原中北部和北部较大的水体除了冰川冻土和终年积雪外，就是内流河和内陆湖。高原中南部、西部除了冰川冻土和终年积雪外，外流河和内流河同时存在。而东部绝大部分是外流河。这种水系发育和流向上的不同，体现为对自然、社会的影响发生重大差异。高原中北部和北部，水系封闭发育，基本是内流河与内陆湖，以

① 吴国雄：《青藏高原对我国天气气候影响有多大》，《中国气象报》2004年4月10日，第1版。

② 吴国雄：《青藏高原对我国天气气候影响有多大》，《中国气象报》2004年4月10日，第1版。

③ 吴国雄：《青藏高原对我国天气气候影响有多大》，《中国气象报》2004年4月10日，第1版。

小柴旦为中心，其周边500公里范围内明显地出现大面积干旱区和无人区。而把尺度继续向北和西放大到1000公里，更大范围的内流河区域和大沙漠就出现了；按此法继续放大到2000公里，这个效应就更明显了。青藏高原北部分别被大西伯利亚无人区、蒙古沙漠、塔里木沙漠包围。相应地，在高原中南部和西部，以拉萨为中心其周边500公里半径尺度范围内人口相对密集，水域较多。而向南、向西、向东继续扩大到半径1000公里的尺度，出现了人口稠密的区域，依此法再扩大到半径2000公里的尺度，这个现象就更为明显了。这种水系变化对周边的自然地理产生极为深刻的影响。一方面，在广大范围内没有持续不断的大量外流河存在，当地水源补充相对有限，出现大面积和长时间的干旱在所难免；另一方面，因为地表缺少大量的水体滋润，加剧了干旱。在强大而干燥的气流作用下，泥土随风流动，并随着气流改变流向。可见，水系和气流对地貌变化产生重大影响。

有研究表明，在青藏高原还未隆起时，从古代陆和海到现代海陆和海，表面温度已改变，“只有在中国南部和四川等地降水有少量的增加，其余地区均未有明显变化，这表明某阶段的降水明显增加并不发生在这两个时期之间，亦即海陆和SST变化并未影响中国降水”；[①] 青藏高原隆升至现代高度一半时，除中国西北的北部降水略有减少外，其余地区降水有很大增加，降水增加中心主要集中在青藏高原、东经80°以东的中国西部和中部，以及华东和中南地区，同时，中国西北地区的东部（包括甘肃、青海、宁夏和内蒙古西部）以及现今戈壁沙漠地区降水也有所增加。[②]

从青藏高原隆升至现代高度一半到现代高原时期的年降水量差值分布来看，整个中国西部（包括青藏高原地区）降水明显减少，东部大部分地区降水也减少，只有云南、贵州和四川降水仍在增加，这些地方是中国水资源最丰富、最集中的地区。这些降水变化，导致了青藏高原水系孕育和水储量

① 参见孟宪萌等《长江流域水系分形结构特征及发育阶段划分》，《人民长江》2019年第3期，第50页。

② 参见陈隆勋等《青藏高原隆起及海陆分布变化对亚洲大陆气候的影响》，《第四纪研究》1999年第4期，第318、319、322页。

的改变。可以看出，青藏高原隆升变化对其内外环境发生的关键作用。在这些变化中，影响周边生态的大江大河，如长江、黄河、雅鲁藏布江等开始形成并逐步发育。

在围绕水系发育与变迁的研究中，各种分析方法都展示了长处，其中一个就是物源分析法。物源分析法是“古水系重建的重要方法之一，它可以提供母岩区的位置和性质，判断古陆或侵蚀区的存在，分析古地形起伏，恢复古河流体系，并已成为盆地分析、古地理分析和古地貌分析不可或缺的内容和方法”。[①] 相应的碎屑分析、常量元和重矿分析，印证了古河道在地表变化中被新河道夺袭而形成古河道改道、断流和干涸的情况。这种分析在研究青藏高原南北变化中得到了较好运用：高原中部和北部明显比南部和东部更古老，在北部很多断流改道的痕迹都表明这里曾经是河流发育的区域。地表运动或变化带来新河流发育和旧河流改道，进而使北部形成了大量的内流河和干旱地带。在这些流域和干旱地带，依然能够发现古河床的沉积物和流向痕迹。古河流一般较为短小，流量也相当有限，有断流的趋势。这一点，同时发源于青藏高原同一区域的长江、黄河表现得更为充分。黄河是发源于江河源区的古老河流，历史上它主要是东西流向，没有那么曲折婉转。“但经过漫长的地表变化后，黄河开始变得曲折不堪，水量极不稳定，在大量泥沙的作用下，不仅改道频繁，而且季节变化很大”。[②] 这种现象很大程度上就是青藏高原北部河流的真实写照。与之相应，几乎同源同流向的长江水系，却表现出蓬勃的奔流态势，“在年径流量、梯度、曲折度等方面，都与黄河显示出极大的反差”。[③] 这种基于不同地表变化背景的水系表现，能清晰地展现出水系历史变化的规律。

---

① 参见李勇等《青藏高原东缘晚新生代成都盆地物源分析与水系演化》，《沉积学报》2006 年第 3 期，第 309 ~ 315 页。

② 参见黄河流域概况编纂委员会《黄河流域概况》，河南人民出版社，2017，第 14 ~ 16 页。该书认为，黄河孕育于 150 万年前，从河流的孕育看似较长江为晚，但从流经的地表结构变化看，却较长江流域时间跨度大。

③ 参见孟宪萌等《长江流域水系分形结构特征及发育阶段划分》，《人民长江》2019 年第 3 期，第 58 ~ 59 页。

而青藏高原南部的吉隆内流水系，则与黄河河源区水系表现出不同的特征。这里处于喜马拉雅山南麓，南部被巨大的山系所阻挡，北部被高山高原所隔开，噶杂曲、聂拉木河等不能越过屏障与雅鲁藏布江汇合，形成了一个较为封闭的内流区域，这种内流环境的水系较少受到外面影响，而更多地受气候变化影响。

在西藏中部、西部和北部地区存在面积广大的内流流域。这种巨大的内流流域与高原地质地貌密切关联。从河流发育和流向看，一般地，外流河河源有多种水源，如地下水、岩石裂隙水、冰川融化水、湖泊浸润水等；而内流河水源较为单一，更多的是湖泊浸润水和冰雪融化水，在流程上很难走远，形成有限的内流区域。但是，这些看似毫不关联的内流河，其实是与当地气候密切关联的。最大关联就是降水和气温。这种现象在全球其他地方也存在，比如非洲干旱地区，近年来内流河断流的频率增加，与气候关联密切。

印度河主源发源于中国喜马拉雅山凯拉斯峰西北。这里终年积雪，水源主要是冰雪融水。印度河在中国境内称为狮泉河，进入印度后，向西北进入巴基斯坦，然后注入阿拉伯海。近年来受气候变暖影响，狮泉河流域水位下降，沙化严重，导致水土流失，已经引起了相关地区和部门的高度关注。

青藏高原的周边除了少数大江大河与印度、缅甸等地相通外，其余总体上是封闭的内流河。这种情况是分区域的。西藏西部阿里、日土一带和中南部拉萨一带分别有狮泉河和雅鲁藏布江从西部和东部通向巴基斯坦和印度。这些河流似乎是有湍急的地方。湍急的河道是通过地质地形运动发生的改变。也就是说，在过去某个时候，河道的格局不是当前这样的。在河道平坦的时空状态下，人类应该是沿河道拓展其生存空间的。

有人把青藏高原水系分为外流和内流系统进行了研究，认为外流水系主要集中在东、西、南部，其中东部外流水系最为发达。源于青藏高原的外流水系可划分为印度河扇水系、孟加拉扇水系、安达曼海水系和中国海水系；汇入内陆盆地的水系为塔里木盆地水系和河西走廊水系，高原内部以昆仑山为界分为南部的高原内流水系与北部的柴达木盆地内流水系。[①]

从水系的空间特征上看，“青藏高原的北部为内陆盆地水系，高原的东、西和南部为外流水系，外流水系在高原的东部所覆盖的面积最大”。[②]这也可以作为上述推断的一个印证。从南北河流发育走向看，不难发现一个显著差异，那就是青藏高原北部河流梯度较东、南、西部小，而东、南、西部的水系梯度排列又是降序的。这个现象说明，青藏高原的剧烈隆升与水系的发育是呈正态相关的——隆升越是剧烈的地方，水系发育程度越高。因此“地表过程与水系响应”论的推断，也得到了部分印证。[③] 当然，在“不同性质的构造作用下，其构造地貌生长特征及其水系响应方式有很大不同”，[④]在青藏高原南北水系的比较中，这种现象特别显著。

同样，青藏高原隆升对于固态水和湖水的影响也是显著的。有研究表明，“气候环境变化的多种效应，首先反映在青藏高原地区。从冰川发育情况看，青藏高原一直是中国陆地冰川主要发育区。第四纪后，伴随全球气候变化加剧和高原急剧隆起，冰川活动的规模在反复消长中不断扩大，到晚更新世的珠穆朗玛冰期”，[⑤]“冰川活动仍十分强烈，特别是高大山系的冰川规模达到前所未有的程度”。[⑥] 全新世时期，虽然全球气候进入温暖的冰后期，

---

① 朱利东：《青藏高原北部隆升与盆地和地貌记录》，成都理工大学博士学位论文，2004，第25页。

② 朱利东：《青藏高原北部隆升与盆地和地貌记录》，成都理工大学博士学位论文，2004，第25页。

③ 有人认为“地表过程对构造的活动性及其活动方式极为敏感，对于不同性质的构造活动地表水系也必然表现出不同的响应”。参见贾营营等《青藏高原东缘龙门山断裂带晚新生代构造地貌生长及水系响应》，《第四纪研究》2010年第4期，第56页。

④ 参见付碧宏等《青藏高原大型走滑断裂带晚新生代构造地貌生长及水系响应》，《地质科学》2009年第4期，第1343～1363页。

⑤ 参见张业成《青藏高原隆起及其对中国地质自然环境影响的探讨》，《地质灾害与环境保护》1993年第1期，第20页。

⑥ 如察隅河谷晚更新世早期冰川长达200公里以上，嘉黎县西北的麦地卡盆地发育了3600平方公里的盆地式冰川；在理塘与稻城之间形成了近3000平方公里的冰盖；参见中国科学院青藏高原综合科学考察队《青藏高原隆起的时代、幅度和形式问题》，科学出版社，1981，第52～63页；同时参见张立海等《青藏高原隆起对中国地质自然环境影响》，《青藏高原地质过程与环境灾害效应文集》2005年11月，第36～38页。

但喜马拉雅山、冈底斯山、喀喇昆仑山、唐古拉山、昆仑山、念青唐古拉山等高大山脉的“冰力活动并没有停止，一直到现今阶段仍在继续进行”。[①]晚更新世以后，由于青藏高原大幅度隆起，“降水急剧减少，导致湖泊萎缩，湖水咸化，如班公湖、羊卓雍湖、马法木错等陆续由外流变为内注；奇林湖（色林错）等一批湖泊解体，并逐步进入盐湖阶段”。[②] 众所周知，青藏高原冰川消融水是各大江大河源头地下水源的重要补充形式，但是冰川消融加速和地下水源干涸加剧进程很快，近一个世纪以来，这种变化更加明显。康藏高原东部绝大部分雪山常年雪线从海拔 3000 米上下已经退到海拔 3800 米，很多地方已经达到 4000 米以上。很多内陆湖（高原湖泊）萎缩干涸和冰川消融，已经成为青藏高原水体变化的显著现象。

大量研究表明：青藏高原地区特有物种与其近亲分化多发生在晚中新世和上新世期间，并在第四纪期间种内分化加速，物种多样性增加。这些不同类群在分化时间上的巧合可能反映出高原物种进化受到同一地质事件的影响。这些特有物种的起源时间暗示青藏高原晚中新世和上新世期间隆升导致地貌与气候发生巨大改变。第四纪以来物种的加速分化和形成可能是冰川作用的结果。[③]

可见，青藏高原隆起不但引起了水系变化，还引起了生物种类、种群分化、进化的连锁反应。而物种的分化与进化，反作用于高原环境。作用与反作用的强度可能因高原局部环境的不同而有所差别，一般地，在物种活动密集的地方，可能更加显著。

---

① 中国科学院青藏高原综合科学考察队：《青藏高原隆起的时代、幅度和形式问题》，科学出版社，1981，第 52～63 页；同时参见张立海等《青藏高原隆起对中国地质自然环境影响》，《青藏高原地质过程与环境灾害效应文集》2005 年 11 月，第 36～38 页。

② 中国科学院青藏高原综合科学考察队：《青藏高原隆起的时代、幅度和形式问题》，科学出版社，1981，第 52～63 页；同时参见张立海等：《青藏高原隆起对中国地质自然环境影响》，《青藏高原地质过程与环境灾害效应文集》2005 年 11 月，第 36～38 页；又见张业成：《青藏高原隆起及其对中国地质自然环境影响的探讨》，《地质灾害与环境保护》，1993 年第 1 期，第 20 页。

③ 刘佳：《晚新生代天水盆地孢粉记录的气候变化与青藏高原隆升》，兰州大学博士学位论文，2016，第 109～110 页。

第二节　自然因素对环境变迁过程的作用方式、作用强度和结果

一　地壳运动对青藏高原的影响

有研究表明，“青藏高原的隆起，控制了晚新生代以来东亚季风的形成与发展，从而使中国乃至整个亚洲的气候环境发生了巨大变化”。[①] 有关研究显示，在第三纪时期，黄赤交角与当代有很大的不同。

在第三纪时期，地轴与黄道面交角大约为40°，太阳辐射能够更多地进入高纬度地区，因此全球气候比较温暖，亚热带气候带可达北纬35°～45°，暖温带可达北纬45°～50°。[②]

与今日不同的黄赤交角，对地质地貌产生了巨大影响。在第三纪时期，亚洲东部板块相对稳定，广大的亚洲中部和南部基本上是起伏较为平缓的“准平原”，因此，“除沿海地带出现局部性季风环流外，广大区域为行星风系控制”。[③] 中国范围内基本上气候较为稳定。

全国陆地可大致分为5个区域：东北区域为湿润暖温带，华北区域为湿润的暖温带—亚热带，准噶尔盆地—内蒙古高原为干旱暖温带，塔里木盆地—长江中下游地区为干旱半干旱亚热带；青藏高原—华南沿海地区是热带亚热带。[④]

但到晚第三纪末期，“全球气候开始变冷，气候带增加，各带之间冷

① 参见张立海、刘凤民等《青藏高原隆起对中国地质自然环境影响》，《第四纪冰川与第四纪地质论文集》（第四集），地质出版社，1999，第231～284页。

② 参见张立海、刘凤民等《青藏高原隆起对中国地质自然环境影响》，《第四纪冰川与第四纪地质论文集》（第四集），地质出版社，1999，第231～284页。

③ 参见张立海、刘凤民等《青藏高原隆起对中国地质自然环境影响》，《第四纪冰川与第四纪地质论文集》（第四集），地质出版社，1999，第231～284页。

④ 参见张业成《青藏高原隆起及其对中国地质自然环境影响的探讨》，《地质灾害与环境保护》1993年第1期第20页；又见张立海、刘凤民等《青藏高原隆起对中国地质自然环境影响》，《第四纪冰川与第四纪地质论文集》（第四集），地质出版社，1999，第231～284页。

暖、干湿变化加大，与此同时，海陆热力差异加强，因此在全球范围内开始出现原始的古季风环流”。[①] 这个时候，在气候变化影响下，地质地貌出现了很大变化，对我国地质变迁产生了重大影响。主要表现在两个大的方面：一方面各地区“准平原”化遭到日益严重破坏，地貌形态趋于复杂化、多元化；另一方面，青藏地区在全部成陆后开始向高原发展，其时大部分地区高程达海拔2000米以上。

海拔高度的改变，引起了连锁反应。“一方面使中国大陆气候带（特别是冬季气候带）开始南移，另一方面已显雏形的青藏高原对夏季风开始产生愈益明显的阻滞作用，使西北地区开始出现全年干旱的气候特征。”[②] 有研究显示，那时已经出现古季风环流，中国大陆在晚第三纪气候继承了早第三纪时期温暖的特征，南北温差不大，但是已经出现气候带南移，区域气候变化趋于复杂多变的现象，中国气候带从过去的5个大区变为6个大区域。

东北地区仍为湿润的暖温带；海河、黄河下游地区为不湿润的温带—亚热带：西北干旱暖温带除包括西北大型盆地和高大山系外，进一步向东扩展到黄土高原地区；藏滇地区为湿润的温带—亚热带；长江中下游和江南丘陵的大部分地区为湿润的亚热带气候区；东南沿海和台湾、海南地区为湿润的热带—亚热带。[③]

可见，天体运动变化导致黄赤交角变化，进而对地球产生重大影响。主要表现在地质构造变化、地壳运动变化、地震火山活动变化，以及资源分布变化、气候变化等方面。[④] 这些变化深刻影响了地球进化历史和人类活动历史。

---

① 参见张立海、刘凤民等《青藏高原隆起对中国地质自然环境影响》，《第四纪冰川与第四纪地质论文集》（第四集），地质出版社，1999，第231~284页。

② 参见张立海、刘凤民等《青藏高原隆起对中国地质自然环境影响》，《第四纪冰川与第四纪地质论文集》（第四集），地质出版社，1999，第231~284页。

③ 张立海、刘凤民等《青藏高原隆起对中国地质自然环境影响》，《第四纪冰川与第四纪地质论文集》（第四集），地质出版社，1999，第231~284页。

④ 李德威：《关于大陆构造的思考》，《地球科学——中国地质大学学报》1995年第1期，10~18页；高成：《青藏高原南部下地壳向北流动的依据》，中国地质大学博士学位论文，2014，第30~32页。

二　太阳和星际活动对青藏高原的影响

尽管当前对于地壳运动变化成因的分析百家争鸣，但是对于地球自转产生影响的认识却有趋同倾向。研究发现，地球自转等对青藏高原的影响是十分直接而显著的。公认的是“地壳运动是由地球自转速度变化造成的”。当地球自转速度变快时，经度方向上惯性力增量是从两极指向赤道的；纬度方向上超岩石圈断裂两侧产生强大的拉张作用，而两个超岩石圈断裂之间的板块产生强大挤压作用。由于软流圈的扁率增大，赤道（低纬度）地区地势升高，两极（高纬度）地区地势降低。当地球自转速度变慢时，经度方向上惯性力增量从赤道指向两极；纬度方向上超岩石圈断裂两侧产生强大的挤压作用，而两个超岩石圈断裂之间的板块产生强大拉张作用。同时由于软流圈的扁率减小，赤道（低纬度）地区地势降低，两极（高纬度）地区地势升高。地球随日球绕银心点公转时地球自转速度产生周期性和定时性变化，导致全球地壳运动出现周期性和定时性的规律。地球自转速度变化时软流圈的扁率统一形变，使地壳运动出现定向性和统一性的规律。地球自转速度的变化除了受地球在轨道公转时日地及银（心）地（心）之间的距离控制外，还受着轨道偏心率、黄道倾斜、岁差运动及章动等多种因素的综合影响。①

相关研究显示，尽管太空运动是一个巨大的系统，相互产生着联系和影响，但是对地球产生直接和重大影响的主要是太阳以及太阳与地球之间的距离和交角。地球气候和地质变化的主要动力来源是以太阳为核心的太阳系运动合力。因此，青藏高原在这个运动体系中，经历了漫长的第一纪、第二纪、第三纪和第四纪，尤其是到了更新纪晚期以来，随着地日关系变化产生巨大变化，基本形成了今天的面貌。

① 王善思：《地壳运动的动力学机制及运动规律形成机理》，《青藏高原地质过程与环境灾害效应文集》，地震出版社，2005，第322~327页。

三　降水的作用与青藏高原环境变化

从宏观和总体看，青藏高原是一个巨大的水体。研究表明，“从古代到现代，中国降水增加并不发生在从古海陆及 SST 到现代海陆和 SST 的变化时期，而是发生在青藏高原隆起时期”,[①] 一个引人注目的现象是在青藏高原整个隆起时期中，只有在隆起开始至隆起到现代高原高度一半期间，降水是增加的，隆起一半以后降水反而减少。因而，对中国降水变化而言，青藏高原开始隆起到隆起至现代高度一半是一个十分重要的时期，有人称这个时期的高度为“临界高度”。[②]

学界认为降水发生如此重大变化的原因，除了已提出的该时期有利于气流爬坡并使季风越过高原到达西部而发生降水的动力原因外，“还应该有热力原因”，也就是在青藏高原隆起到现代高度一半以前，高原与周围邻近地区尚未形成明显的热力差异。而当高原继续隆起以后，除了爬坡降水减少的动力作用外，此时高原与邻近地区已形成明显的热力差异，造成夏季高原气流上升并在周围地区下沉，高原自身形成独特的高原季风环流，阻止南侧的印度夏季风进入高原，使热带季风强对流发生在北纬 23°附近的印度季风槽中。只有当印度季风槽破坏，从正常位置推进到高原边缘而与高原季风系统相关，印度发生季风雨中断，青藏高原才能有南侧的夏季风进入，引起降水。[③]

于是，有人以此推测，“中国西北地区在高原隆起到现代高度一半前并不缺乏降水。现代的西北干旱区（如塔克拉玛干沙漠）应发生在青藏高原隆起到现代高度一半以后，中国黄土的堆积也应发生在此时期之后”。[④] 但

① 王善思：《地壳运动的动力学机制及运动规律形成机理》，《青藏高原地质过程与环境灾害效应文集》，地震出版社，2005，第 322 ~327 页。

② J. E. Kutzbach, W. L. Prell, and Wm. F. Ruddiman, “Sensitivity of Eurasian Climate to Surface Uplift of the Tibetan Plateau,” *The Journal of Geology* （1993：177 －190）。

③ 参见陈隆勋等《青藏高原隆起及海陆分布变化对亚洲大陆气候的影响》，《第四纪研究》，1999 年第 4 期，第 314 ~ 319 页；又见陈隆勋、朱乾根等《东亚季风》，气象出版社，1991，第 189 ~191 页。

④ 参见陈隆勋等《青藏高原隆起及海陆分布变化对亚洲大陆气候的影响》，《第四纪研究》1999 年第 4 期，第 314 ~319 页。

随着研究手段的改进和数据的丰富与扩充，有研究认为考察青藏高原降水作用还需“依据不同类型（营养梯度或盐度）的湖泊，开展包括浮游植物、浮游动物和底栖动物等的种群结构、丰度等基础数据采样调查，分析不同类群生物对环境和空间变异的响应，以及在不同环境条件影响下的进化差异，探明水生生物群落组成和多样性组成沿海拔、盐度、温度等环境梯度的变化格局，明确湖泊生态系统结构对气候变化和人类活动的直接和间接响应过程与机制”,[①] 以确定降水与水系形成之间的确切关系，确定生物与降水之间的确切关系。同时应当研究“青藏高原气候变化对湖泊变化影响过程的时空差异”，在湖泊水量、透明度和盐度变化的基础上,[②] 通过考察“流域尺度的湖泊水量、透明度和盐度变化与气温、降水、蒸发、冰川变化、冻土变化的大数据关系”，分析相同变化时段的不同空间区域和不同类,[③] 并进一步“分析具有相似湖泊类型不同时段内湖泊水量、透明度和盐度变化的差异以及影响这些差异的气象要素变化”,[④] 得出更加科学和接近事实的结论。

四　水系变化对青藏高原的影响

长江正源沱沱河发源于青藏高原唐古拉山脉中段各拉丹冬雪山群姜根迪如峰西南侧，雪线位于 33°25′～31°N 和 91°6′E 之间。沱沱河出山后北流转东，沿途汇集 11 条较大的一级支流，在囊极巴陇东处与长江南源当曲汇合。沱沱河全长 346 公里，流域面积 17600 平方公里。沱沱河源头的各拉丹冬、尕恰迪如岗和岗钦等雪山一带，现代冰川发育，其冰川形态类型有冰斗冰川、悬冰川、山谷冰川、平顶冰川以及过渡型冰斗悬冰川、冰

① 参见鞠建廷等《“亚洲水塔”的近期湖泊变化及气候响应：进展、问题与展望》,《科学通报》2019 年第 27 期，第 2796～2806 页。

② 参见鞠建廷等《“亚洲水塔”的近期湖泊变化及气候响应：进展、问题与展望》,《科学通报》2019 年第 27 期，第 2796～2806 页。

③ 参见鞠建廷等《“亚洲水塔”的近期湖泊变化及气候响应：进展、问题与展望》,《科学通报》2019 年第 27 期，第 2796～2806 页。

④ 参见鞠建廷等《“亚洲水塔”的近期湖泊变化及气候响应：进展、问题与展望》,《科学通报》2019 年第 27 期，第 2796～2806 页。

斗等。各拉丹冬雪山群外流水系众多，面积巨大，呈“前碛垅发育，并有冰核前境存在和冰舌下游段支冰川与主冰川脱离等情况，沱沱河流域冰川近期继续处于小冰期后的周期性衰退之中”。[①] 1978 年发现冰川有明显的消退缩，1976 年考察时的冰洞在两年后已完全消融无存。[②] 有研究表明，青藏高原地区的水体变化及其原因“不仅具有空间的分异，也在不同的时间段具有明显差异”，[③] 并认为“尽管冰川融水补给仅占总补给量的 8.55% ~11.48%，但冰川融水增加对湖泊总补给增量的贡献率则高达 52.86%，显示气候变暖引起的冰川融水增加是引起近年来纳木错湖面迅速扩张的主要原因”。[④]

五　地热活动对青藏高原的影响

研究表明，喜马拉雅地块地标热流值高得惊人，冈底斯—拉萨地块地表热流值异常，冈底斯—拉萨地块的低温为最高，其次是喜马拉雅地块，整个青藏高原地标热流值表现出南高北低的特征。[⑤] 南部活动块体具有高而变幅大的热流值。有人根据全国多个实测地热数据研究了深度低热值、热岩石圈厚度等，认为青藏高原南部热流值很高，同时地壳中、上部流变学强度很低。[⑥] 有人根据均衡原理制约的热计算得到中国西部岩石圈的温度分布。[⑦]

---

① 长江水利委员会水文局：《长江志・水系》，中国大百科全书出版社，2003，第 39 ~40 页。

② 长江水利委员会水文局：《长江志・水系》，中国大百科全书出版社，2003，第 39 ~40 页。

③ Zhang G.，Yao T.，Shum C. K.，et al.，“Lake Volume and Groundwater Storage Variations in Tibetan Plateau's Endorheic Basin,” *Geophys Res Lett*，2017，44：5550 –5560.

④ 参见鞠建廷等《“亚洲水塔”的近期湖泊变化及气候响应：进展、问题与展望》，《科学通报》2019 年第 27 期，第 2796 ~2806 页；第 138 页。

⑤ 白嘉启等：《青藏高原地热资源与地壳热结构》，《地质力学学报》2006 第 3 期，第354 ~362 页；李延河：《同位素示踪技术在地质研究中的某些应用》，《地学前缘》1998 年第 2 期，第 106 ~122 页。

⑥ 汪洋等：《中国大陆热流分布特征及热构造分区》，《中国科学院研究生院学报》2001 年第 18 期，第 51 ~58 页；高成：《青藏高原南部下地壳向北流动的依据》，中国地质大学博士学位论文，2014，第 29 ~30 页。

⑦ 参见高成《青藏高原南部下地壳向北流动的依据》，中国地质大学博士学位论文，2014，第 29 ~30 页。

大量地热产生了地热水——温泉。青藏高原地热分布与活动断层展布密不可分，特别是青藏高原南北向正断层系统，温泉基本沿着断层附近线性展布，在南北空间上，表现出南部温泉多、水温高，北部相对温泉较少、水温略低的特征，其中最典型的就是亚东羊八井当雄谷露热水带。有人对西藏阿里地区的温泉进行了详细的研究，认为其分布受断陷盆地控制，主要受南北向、北东向、北西向断裂控制，与地质构造特征具有明显的相关性。[①] 有研究表明，青藏高原腹地较大的热水带分布在亚东谷露地堑、申扎谢通门地堑、当惹雍错古错地堑和桑日错那地堑。[②] 结合地球物理特征可知，温泉的分布特征也是下地壳流动的地表响应，因此，青藏高原南部的下地壳流动方向也是由南向北。[③]

第三节　人类活动加剧对生态环境的扰动

一　追求单纯经济效益前提下对生态环境的忽视

（一）原始森林砍伐

从时间纵向维度看，在 20 世纪初之前，人类活动基本上以世居族群为主在当地产生影响。到了 20 世纪后，大量的非世居族群涌入，使得人类对青藏高原环境的影响发生了深刻变化。由芒康山系—沙鲁里山系—折多山系—龙门山系—邛崃山脉组成的横断山系构成了康藏高原的特殊地质地貌，是青藏高原东南的屏障。这些山系同金沙江、雅砻江、大渡河、岷江等水系所组成的康藏高原构成了青藏高原东南部的主体。当地的总体特征是河流密布、山势雄伟、地势陡峻、水激谷深。在太平洋暖湿季风和印度洋暖湿气流

① 参见廖忠礼等《西藏阿里地热资源的分布特点及开发利用》，《中国矿业》2005 年第 8 期，第 43 ~ 46 页。

② 赵元艺等：《西藏谷露热泉型铯矿床年代学及意义》，《地质学报》2010 年第 2 期，第 211 ~ 220 页。

③ 高成：《青藏高原南部下地壳向北流动的依据》，中国地质大学博士学位论文，2014，第 29 ~ 30 页。

的双重作用下，加之高山峡谷的封闭，生成山体顶部终年寒冷、中部温凉干爽、底部河谷区温暖湿润的立体气候特征。这种条件下的植被类型分布大体是谷底以杂草和灌木为主，中部以云杉、红杉、冷杉、铁杉等高大乔木为主。受局部气候因子的影响，这些乔木有时呈现出条块分布的特征，而总体上是沿着水系呈“整体沟头沟尾分布”。所谓整体沟头沟尾分布，就是指在气候条件大致相同的较大江河流域内，乔木分布具有连续性、延伸性的普遍特征。如距今4000年至20世纪中期，昌都地区的金沙江流域，甘孜藏族自治州的雅砻江、大渡河流域，以及阿坝藏族羌族自治州岷江流域和凉山彝族自治州木里河流域等地广泛分布着云杉、冷杉等原始森林。这些面积大约为40万平方公里的高原河谷气候区，森林覆盖率一度达到了70%以上，构成长江上游防护林的主体。同时，与之临近的雅鲁藏布江中下游森林区地处雅鲁藏布江两岸的高山峡谷区域，因受到来自印度洋暖湿气流的影响，原始森林极其茂密，因交通和地理屏障，大部分至今保存完好。藏东南高山峡谷地区，人均木材蓄积量高于全国平均水平，是西藏和我国西南地区重要的用材林和薪炭林基地。而“在亚东、林芝和昌都几片森林采伐基地，对森林资源缺乏科学管理，重采轻育或采伐程度过大，抚育更新迟缓，局部地方还出现了乱砍滥伐现象，森林面积减少，乔木林演变为灌木林，灌木林演变为草地，水土流失加剧，生态环境恶化”。① 这严重威胁到长江中下游重大水利工程和生态安全，进而威胁到中国南方的经济社会稳定发展。四川、西藏、青海等地先后发布了天然林限制和禁止采伐、保护林地、落实森林法等一系列政策文件，大体稳住了森林破坏导致的生态恶化势头。②

---

① 西藏自治区土地管理局：《西藏自治区土壤资源》，科学出版社，1994，第30页。

② 参见四川省人民政府《关于停止天然林采伐的布告》（1998年8月2日）；四川省人大常委会《四川省天然林保护条例》（1999年1月29日）；西藏自治区人民政府《西藏自治区森林防火实施办法》（1997年8月8日）；西藏自治区人民政府《西藏自治区森林保护条例》（1982年8月26日）；西藏自治区人民政府《西藏自治区林地管理办法》（2009年6月12日）；中共青海省委、青海省人民政府《关于保护森林发展林业的若干补充规定》（1981年6月3日）；青海省人民代表大会常务委员会《青海省实施〈中华人民共和国森林法〉办法》（1996年1月26日）。

（二）水利设施修建

青藏高原东南部具有特殊的地理位置和地势条件，横跨第一、第二和第三阶梯，[①] 大江大河密布，落差巨大，水能蕴藏量极其丰富。据初步统计，2019 年，西南地区水能蕴藏量为 2.7×10^{8} 千瓦，占全国的 40% 左右。[②] 其中可开发装机容量为 1.76×10^{8} 千瓦，约占全国可开发装机容量的一半。[③] 全国十大水电基地中，云、贵、川、渝占一半以上。水能主要集中在金沙江、雅砻江、大渡河、澜沧江、怒江、乌江等大江大河流域。这六大河流的理论蕴藏量为 1.9×10^{8} 千瓦，可开发装机容量为 145×10^{4} 千瓦，占西南地区可开发装机容量的 80% 以上。[④] 据不完全统计，西南地区主要大江大河装机容量在 5 万千瓦以上的水电工程设施有 3532 个，其中 10 千瓦以上的 412 个，在全国装机容量最大的 32 座新建水电站中，青藏高原东南部有 27 座，

---

① 第一阶梯是青藏高原，第二阶梯是云贵高原和川西山地草地，第三阶梯主要是川西平原（四川盆地、安宁河谷为主体的平地）。

② 根据四川省志编纂委员会《四川省志·水电志》，方志出版社，2012，第 178 页；青海省地方志编纂委员会《青海省志·水电志》，青海人民出版社，2009，第 145 页；《大河放歌》编委会《大河放歌——黄河上游水电建设实录》，青海人民出版社，2009，第 12 页；《西藏自治区电力工业志》编委会《西藏自治区电力工业志》，民族出版社，1995，第 13 页。《西藏年鉴》编纂委员会《西藏年鉴（2015）》；《西藏年鉴》编纂委员会《西藏年鉴（2016）》；西藏自治区地方志办公室《西藏年鉴（2017）》；西藏自治区地方志办公室《西藏年鉴（2018）》；西藏自治区地方志办公室《西藏年鉴（2019）》；青海省地方志编纂委员会《青海年鉴（2015）》；青海省地方志编纂委员会《青海年鉴（2016）》；青海省地方志编纂委员会《青海年鉴（2017）》；青海省地方志编纂委员会《青海年鉴（2018）》；青海省地方志编纂委员会《青海年鉴（2019）》；四川年鉴社《四川年鉴》（2015）、《四川年鉴》（2016）、《四川年鉴》（2017）、《四川年鉴》（2018）、《四川年鉴》（2019）等提供的水电部分数据整理。

③ 参见罗怀良：《试论西南地区水能开发与经济持续发展》，《西南师范大学学报》（哲学社会科学版）1997 年第 4 期，第 8 第 28 页；侯奎等《开发和建设西南能源基地的战略意义》，《自然资源学报》1992 年第 3 期，第 34 页；王腾等《基于网络治理的我国西南地区国际河流水能开发跨境合作机制研究》，《重庆理工大学学报》（自然科学）2016 年第 4 期，第 21 页。

④ 参见罗怀良《试论西南地区水能开发与经济持续发展》，《西南师范大学学报》（哲学社会科学版）1997 年第 4 期，第 8 第 28 页；侯奎等《开发和建设西南能源基地的战略意义》，《自然资源学报》1992 年第 3 期，第 34 页；王腾等《基于网络治理的我国西南地区国际河流水能开发跨境合作机制研究》，《重庆理工大学学报》（自然科学版）2016 年第 4 期，第 21 页。

占84%，其中，雅砻江、金沙江、大渡河流域有22座，占68%。这些大型水利设施从短期经济效益上看，可加速地方经济发展，但又带来严重的生态问题。除了一般的移民、植被淹没、湿度环境改变、物种灭失等问题外，更为主要的后遗症是大型水电工程对于地壳造成的潜在威胁。有研究表明，大型水利工程对于地质构造的影响是显著的。

岩体中的节理裂隙在大气降水或者库水浸泡、涨落的影响下，裂隙充填物的抗剪强度急剧降低，岩体将失稳。岸坡岩土体的各项物理力学性质直接决定塌岸的程度，所以说岸坡岩土结构是影响塌岸程度和塌岸范围的主要内在因素。相同条件下，各种岩土岸坡具有不同的抗剪强度、抗冲刷能力和崩解性，它们对塌岸的范围、速度和类型都具有一定的控制作用。岩体的风化、卸荷作用是影响岩质库岸稳定的重要因素，岩体风化卸荷作用发育得越强烈，岩质库岸的塌岸程度和范围就越大。水库蓄水后水的浸泡作用主要表现为通过软化及泥化作用，降低土体强度；通过干缩、湿胀与崩解，破坏土体结构；通过孔隙水压力效应，减小岩土体在破坏面上的有效正应力。在库水长时间的浸泡下，土体稳定性相应降低，部分蓄水前处于临界状态的崩滑体将会失稳变形，蓄水前就不稳定和正在变形的崩滑体将加剧变形。地下水作用主要表现为当水库水位高于地下水位，地表水补给地下水，致使土石层迅速充水，从而导致土层底部浸水，强度降低，进而造成库岸的侵蚀与坍塌。①

在修建大型特大型水电站与地震和其他地质灾害的关系问题上，还需要更多的探索。

表2-1　中国装机容量最大的32座新建水电站排序

电站名称	所属流域	装机容量(万千瓦)	年发电量(亿度)
大渡卡	雅鲁藏布江	2250	988
白鹤滩	金沙江	1700	
溪洛渡	金沙江	1600	602.4

① 参见刘涛《高地震烈度区大型水电工程对岩土工程性质的影响研究》，西南交通大学硕士学位论文，2011，第47页。

续表

电站名称	所属流域	装机容量(万千瓦)	年发电量(亿度)
背崩	雅鲁藏布江	1386	571
汗密	雅鲁藏布江	1100	
乌东德	金沙江	1050	
向家坝	金沙江	1020	387
龙滩	红水河	775	307.47
糯扎渡	澜沧江	630	187.1
锦屏二级	雅砻江	585	239.12
小湾	澜沧江	480	242.3
马吉	怒江	420	190
拉西瓦	黄河	420	189.7
松塔	怒江	420	102.23
锦屏一级	雅砻江	360	159.6
瀑布沟	大渡河	360	166.2
希让	雅鲁藏布江	360	147.9
二滩	雅砻江	330	
构皮滩	乌江	330	170
观音岩	金沙江	300	96.67
两河口	雅砻江	300	122.4
索玉	雅鲁藏布江	300	110
葛洲坝	长江	280	
楞古	雅砻江	271.5	157
八玉	雅鲁藏布江	263.7	117.8
大岗山	大渡河	260	
长河坝	大渡河	260	114.5
古水	澜沧江	260	108
泸水	怒江	260	
官地	雅砻江	240	127
金安桥	金沙江	240	117.76
金安桥	金沙江	240	110.43
梨园	金沙江	240	107.03
叶巴滩	金沙江	228.5	102.8
旭龙	金沙江	222	100.22
鲁地拉	长江	216	102
石硼	澜沧江	213	126
如美	怒江	210	105
亚碧罗	黄河	210	90.6

续表

电站名称	所属流域	装机容量（万千瓦）	年发电量（亿度）
古贤	怒江	210	70.96
鹿马登	雅砻江	200	100.9
孟底沟	大渡河	200	90.69
双江口	金沙江	200	83.41
阿海		200	88.77
拉哇		200	86.99

资料来源：参见中国水电网 http://www.slsdw.com/xueshu/list.aspx? id=392019 年 2 月 3 日 16 点 02 分；同时参见张博庭《中国水电 70 年发展综述——庆祝中华人民共和国成立 70 周年》，《水电与抽水蓄能》2019 年第 5 期，第 23 页；陈昂等《中国水电工程生态流量实践主要问题与发展方向》，《长江科学院院报》2019 年第 7 期，第 12 页；《2018 年中国水电发展趋势探讨》，《中国水能及电气化》2018 年第 3 期，第 15 页。

（三）土壤维护管理失当和不合理的土地开发

地处青藏高原的西藏在 20 世纪以前，是一个相对封闭的社会空间，其农业基本上是传统的刀耕火种。就是新中国成立后很长一段时间，其农业也是缓慢发展的。“农业资源类型复杂，地域分布极不平衡，人民在开发利用土壤资源的过程中，积累了丰富经验，但由于对自然条件认识不足，一度忽视了对草地的科学管理和利用，虽然牲畜头数有所增加，但畜牧业生产经济效益还不高，草地普遍存在着不同程度的超载过牧现象，尤其冷季草地过牧更为严重，致使土壤结构变差，易受侵蚀和沙化，全区沙化草地已达 1.7 亿亩，占全区草地总面积的 14.1%。西藏现有耕种土地 680 万亩，人均耕地面积高于全国，而单产和人均粮食占有量则低于全国水平，宜耕土壤资源利用不够合理和充分，生产水平低、效益不高。”① 这些低效农业在西藏发展是不平衡的，藏南一江两河流域，是西藏种植业历史悠久、集约化程度较高的主要农牧区，生产活动频繁，对土壤资源影响强烈，由于连作面积大、重用轻养、农作物以单一粮食作物为主，土壤肥力下降，缺素突出且分比例失调，低产耕地约占该农区耕地面积的 1/3。海拔较高的坡麓洪积台地与向阳

① 西藏自治区土地管理局：《西藏自治区土壤资源》，科学出版社，1994，第 29～30 页。

缓坡地耕地，土层薄、质地轻粗、有机质含量低、风蚀水蚀较重，种植业生产极不稳定。半农半牧区部分新垦农田，主要是西藏东部和北部，由于不合理的顺坡耕作，破坏了原地表植被，既不耐旱，又不保收，还加重了地面水土流失，表土被冲刷，生态环境恶化。西藏森林面积仅占总土地面积的9.2%。由上可见，不合理地开发土壤资源，特别是荒草毁林、盲目开荒和过牧过伐等，既破坏了西藏宝贵的土壤资源，促使生态环境恶化，也强烈地干扰了近代成土过程，成为影响西藏土壤正常发育和理化属性的活跃因素。[①] 这种情况在青藏高原的其他地方也是常见的。

二　生态破坏加剧

（一）工业污染和植被破坏

由于青藏高原极其庞大，为了集中说明问题，本书选取具有代表性的茫崖地区进行集中考察。该地区近70年来，尘土、粉尘对空气造成污染，风多、尘土大。全地区历年平均大风日109天（8级），全年平均沙尘暴日11天左右，空气浮尘含量增加数十倍。矿物质粉尘污染主要有石棉粉尘污染和芒硝粉尘污染两种。当年矿区除国家建材局石棉矿和地方国营石棉矿外，尚有新疆若羌县石棉矿及新疆生产建设兵团农二师石棉矿，采矿队共有10多个，高峰时期居住人口1.6万人。当地一度石棉粉尘污染严重，整个矿区被笼罩在白色粉尘之中，地表层常落有一层白灰色的石棉粉尘。据有关部门对矿区污染点的观测，有两个点大气飘尘含量超标2000倍；三个点超标500～1000倍，面积约18平方公里；12个点超标100499倍。矿区患“石棉肺”病的职工占总人数的4.59%，可疑患者占9.29%。在80名受检儿童中，“石棉肺”病可疑患者占78.5%。随着生产量的不断扩大，污染面积扩大，污染程度也有所加深。

1985～1986年和1989～1990年，芒硝产品畅销，全地区盲目生产，管理混乱，弃贫采富、滥挖乱采十分严重，大面积的地表保护壳被揭开，无水芒硝裸

① 西藏自治区土地管理局：《西藏自治区土壤资源》，科学出版社，1994，第29～30页。

露，刮风时，芒硝随风飘起，铺天盖地，对大气造成严重污染。据观测，无水芒硝飘至当金山口和马海、大柴旦等地上空。青海石油局多种经营公司、茫崖化工厂等单位的石灰窑、元明粉加工车间都建在城镇的上风口处，由于没有环保措施，使空气粉尘含量增加数十倍，城镇居民呼吸道疾病发病率较高。

原油开发是茫崖地区的主要污染源。20 世纪后期，井场、沟壑、低尘地均有面积不等的积油，最大的积油坑有积油 1000 余吨。严重污染人畜生活环境。花土沟是新兴的石油工业基地，由于环保措施跟不上，加上供排水系统不完善，炼油、发电、化验、锅炉等生产单位所排放的废气、废水、废渣等超标有害物质，直接污染城镇环境。城镇工业生产和生活所用燃料，几乎全是渣油和原油。由于花土沟地区海拔高、空气稀薄、氧气不足，所烧渣油或原油氧化不充分，经常黑烟滚滚，笼罩天空，冬季尤为严重。据测算，花土沟镇平均每天排放二氧化碳和二氧化硫等物质约 2 吨，工业废水 6000 多吨，工业废渣 2 吨左右，生活垃圾约 12 吨（表 2－2）[①]

表 2－2 茫崖地区部分工业企业污染物排放情况

单位	废气				
	排放量（米^3/年）	主要污染物（吨/年）			
		烟尘	SO_2	NO	CO_2
青海石油局	16338.1	1716.9	736.3	1680.4	9.73
茫崖石棉矿	5.75	5.9	45.6	41.8	石棉矿粉尘 900

单位	废水				废渣		
	净化处理（吨）	排放量（吨）	排放去处	其中污染物（吨/年）	排放量（吨/年）	堆存量（10 吨）	占地面积（平方米）
青海石油局	0	228.6	戈壁滩	水中油 17.15	机械加工废渣 776	225	5000
茫崖石棉矿	0	沙滩 40		沙滩	矿渣 1350000	1250	10000

资料来源：茫崖地方志编纂委员会：《茫崖行政区志》，青海民族出版社，2003，第 132 页。

① 茫崖地方志编纂委员会：《茫崖行政区志》，青海民族出版社，2003，第 132 页。

植被的破坏，导致土壤盐碱化、土地沙化和草原退化。原尕斯草原水草丰美，是优良牧场。进入 20 世纪 60 年代，草原环境发生变异，生态失调。一是 1958 年，在“变牧业区为农业基地”口号的鼓动下，该区大搞开荒造田活动，破坏了大面积的天然草场资源。据有关资料记载，阿拉尔牧场近 7 万亩优质草场被深翻造田，至今植被仍未恢复；代尔森草场被开垦的 3 万亩草场，因灌溉不合理，导致地下水位上升，土壤严重盐渍化，数万株野生白刺被毁。二是由于没有相应的防治措施，鼠害严重，破坏了植被。三是长达 20 多年的茫崖、若羌两县之间的草场纠纷一直未得到妥善解决。两地相互争牧、抢牧，超载放牧，只放不养，只牧不建，以及乱砍乱烧，致使草场严重退化，使一些草场地面表土裸露，植被覆盖率下降。四是尕斯草原诸河流发源于西南部山区，绿洲和水源地高差大，沿河流域多无森林植被覆盖，河水流速快，含沙量大，如遇山洪暴发，河水带动大量泥沙石块给草场带来沙积灾害。五是草场被戈壁沙漠包围，流动沙丘占较大比重，常有沙丘埋没草场的现象。史料记载，尕斯山北麓山前地带，曾是广阔的绿茵草地，到 20 世纪中期已形成柴达木盆地内最大的沙漠区。

（二）野生动物数量剧减

茫崖地区南部、西部的高山峡谷和尕斯草原的绿洲草地，自古以来就繁衍生息着大量大型野生动物，种类有 20 多种，有些野生动物属国家一级保护动物。

由于长期的盲目的滥捕乱杀，区内野生动物分布范围不断缩小，数量逐年减少，有些珍稀动物濒于灭绝。虽然各级政府多次颁发保护野生动物的政策法规，查处了不少非法偷猎野生动物的事件，但猎杀野生动物的现象时有发生。污染和气候变化也造成大量动物死亡。[①]

现代武器的使用所造成的动物消失和生态破坏超过了历史上任何时期。1904 年，英国人第一次将现代武器运用于侵略中国西藏，大量的炸药、火器出现在了原始的青藏高原，在随后的一个世纪中，这种扰动就没有停止下来。

① 参见茫崖地方志编纂委员会：《茫崖行政区志》，青海民族出版社，2003，第 131 页。

有研究表明，枪支在作为传统农牧业的补充——狩猎经济发展与边界争端及冤家械斗中，得到很快普及。至新中国成立之初，当地枪支已经有了相当可观的数量。这时枪支作用以保卫财产和狩猎为主，不过也正向战争武器过渡。

青藏高原的枪支最早是以民间私有物的形式存在于社会的。近现代青藏高原，民用枪支首先被当作财产保卫和生产补充的工具。青藏高原地广人稀，农牧区除人烟稀少的自然村寨群落外，散落原野的单家独户也不少。这种情况很易遭受外来侵害。同样，广大的牧场依然面临这样的危险。枪支在这种情况下不仅需要，而且必要。在社会需求不断增强的情况下，青藏高原的枪支市场也就悄然产生了。一些商人与本地人组成的枪支贩运和销售群体从中牟取暴利，进一步推动了枪支的泛滥。历史上康定县农牧民和藏族商人，由于狩猎生产和自卫需要，多数有自备明火枪或快枪的习惯。明正、鱼通土司统治时实行土兵制度，凡有战事发生，土兵又需要自备枪支口粮，应征出征作战，所以藏族人民中，持枪者极为普遍。同样，在玉树、迪庆、昌都等地，也有武器装备自备之类的习俗。

当地居民在对濒临灭绝野生动物的大量捕杀行动中，绝大部分采用了枪支，尤其是管制枪支。据不完全统计，1980～2013 年，仅甘孜藏族自治州就发生猎杀野生动物案件 130 余起，涉案涉枪人员 1700 余人，猎杀野生动物 8900 余只（头），其中重特大案件 89 起。一些国家级保护动物如麝、白唇鹿、猕猴、水鹿、岩羊、雪豹、金雕、黑熊、西藏野驴、黑颈鹤、中华秋沙鸭等遭到猎杀。一些虽然不属于国家保护动物但属于珍稀动物食物链重要环节的动物也遭到猎杀，导致动物食物链循环短缺或中断，为物种延续和生态发展带来严重隐患。

（三）草场退化沙化和鼠害加剧

在青藏高原生态核心区的三江源区域，草场空前退化和植被覆盖率锐减。天然草场是三江源地区自然植物的主体。高寒草甸场和高寒沼泽草场占三江源地区可利用草场的 86%。近年来，三江源地区优质草场退化，主要表现为草原上黑土滩、虫害、鼠害、毒杂草面积逐年扩大。三江源地区黑土滩面积合计 47083.176 平方千米，虫害区面积合计 3024 平方千米，鼠虫害混合区面合计5797.926平方千米，毒杂草面积合计11681.199平方千米。[①]黄河源地区合计沙地面积5525.089平方千米，长江源地区合计沙地面积3909.505平方千米。[②]

该地区草场正以每年20%的速度退化和沙化，1980～1994年10多年间，草地破坏约320万亩。这就为喜好开阔环境的高原鼠兔提供了生存空间。鼠兔数量剧增，使本已退化的草场退化得更加严重。三江源地区约有草场21亿亩，其中可利用的草场面积约有1.6亿亩。近年来，鼠害的频繁发生造成草场退化面积逐年增加，1998年鼠害面积为3381.26万亩，占了可利用草场面积的19.34%。其中曲麻莱县和玛多县的鼠害尤为严重。据统计，由于高原鼠兔和高原田鼠的肆虐，玛多县鼠害面积已达1368万亩，占全县可利用草地面积的近50%；草地破坏面积达203.04万亩，占全县草地面积的60.8%，主要分布在畜圈、退化的山顶、坡地、滩地和河漫滩。冬春放牧地受害面积达6538万亩，占鼠类破坏面积的78.8%，占全县冬春草地面积的11.13%。巴颜喀拉山北麓的4个乡（扎陵湖乡、黑河乡、黄河乡、清水乡）草地是以莎草科植物为优势种的草甸草地，植被类型单一，退化面积大，鼠害严重，受害草地面积14307万亩，占全县受鼠害草地面积的68%。而花石峡、黑海等乡是以高寒干草原类草地为主的禾草草地，以被高原鼠兔破坏为主，受害面积6671万亩，其中多为冬春草地以及公路两侧植被稀疏区，占该区受害面积的90%以上。[③]

---

① 相关数据根据课题组调查并结合当地统计和环保、国土部门提供的资料整理。玛多县统计局：《玛多县2016年国民经济和社会发展统计公报》；三江源生态保护和建设数据来自县三江源办；林业数据来自县林业局；整理数据来自国家社科基金规划项目“一个世纪以来青藏高原泛江河源区岛状生态环境变迁研究”调查统计案卷（QH15BMZ099201608180012）。

② 相关数据根据课题组调查并结合当地统计和环保、国土部门提供的资料整理。玛多县统计局：《玛多县2016年国民经济和社会发展统计公报》；三江源生态保护和建设数据来自县三江源办；林业数据来自县林业局；整理数据来自国家社科基金规划项目“一个世纪以来青藏高原泛江河源区岛状生态环境变迁研究”调查统计案卷（QH15BMZ099201608180012）。

③ 相关数据根据课题组调查并结合当地统计和环保、国土部门提供的资料整理。玛多县统计局：《玛多县2016年国民经济和社会发展统计公报》；三江源生态保护和建设数据来自县三江源办；林业数据来自县林业局；整理数据来自国家社科基金规划项目“一个世纪以来青藏高原泛江河源区岛状生态环境变迁研究”调查统计案卷（QH15BMZ099201608180029）。

（四）气候变化加剧

有研究表明，珠穆朗玛峰北侧气温在近 40 年中，上升了 0.9℃，而其间全球气温才上升 0.4℃。造成这种变化的原因是人为登山运动迅猛发展。

1966 年之前人类登上珠峰峰顶者仅为 20 人，而 1966～1999 年，人类登上珠峰峰顶者达到 1142 人次以上，其中，同一天登顶珠峰的人数最多为 81 人，那是 1993 年 5 月 10 日。①

因此，“尽管气候变化是其他环境变化的主要驱动因素，但其他环境因素，特别是人类活动的影响在受到气候变化驱动的同时，也影响着区域环境和气候变化过程”。② 如小柴旦湖和茫崖地区近一百年来的人类活动，对这一区域和周边地区产生了重大影响。从 1956 年到 2016 年的 60 年里，年平均气温升高了 3℃，相对湿度降低了 6%，年总降水量减少了 13 毫米，年水蒸发量增加了 97 毫米，年总日照时间增加了 129 小时，年无霜期增加了 33 天。整个气候朝着变暖、变干旱方向发展。③

气候变化加剧，导致灾害频发。1949～2019 年，青藏高原各类自然灾害总计超过 9000 次。其中，西藏发生 5000 多次，青海发生 4000 多次。据统计，在新中国成立至 2019 年的 70 年间，青藏高原共发生各类自然灾害约 9890 次，造成 1200 多人和 128 万头（只、匹）牲畜死亡，减产粮食 114 亿公斤，其中气象灾害 8843 次，占灾害总数的 90%。而干旱、洪灾、冰雹和雪灾等与降水有关的气象灾害仍是主要灾害，共发生 910 次，占全省灾害总数的 7.5%，④ 其主要灾害如下。

---

① 参见高登义《全球变暖与地球三极生态环境变化》，《自然杂志》2012 年第 1 期，第 18 页；周正《探险珠峰》，鹭江出版社，2006，第 124 页。

② 参见陈德亮、徐柏青、姚檀栋等《青藏高原环境变化科学评估：过去、现在与未来》，《科学通报》2015 年第 32 期，第 3025～3035 页。

③ 相关数据参见茫崖地方志编纂委员会《茫崖行政区志》，青海民族出版社，2003，第 34～138 页；《大柴旦镇志》编纂委员会《大柴旦镇志》，中国县镇年鉴社，2002，第 58～119 页。

④ 参见《中国气象灾害大典》编委会《中国气象灾害大典·青海卷》，2007，第 1～3 页；《中国气象灾害大典》编委会《中国气象灾害大典·四川卷》，2006，第 1～6 页；《中国气象灾害大典》编委会《中国气象灾害大典·西藏卷》，2008，第 1～4 页；根据近年青海省气象局、西藏自治区气象局和四川省气象局提供的资料整理。

一是雪灾。雪灾也是青藏高原主要灾害之一。1949～2002年，青藏高原各地区共遭受大面积雪灾792次，平均每年14.8次。最多的是1992年，全年共发生雪灾18次。在发生的大面积雪灾中，受灾牲畜超过400万头（只、匹）。仅仅在1990～1999年，藏北地区因雪灾死亡的牲畜达29万头（只、匹），占牲畜死亡总数的41%，直接经济失达4亿元。

二是旱灾。西藏从有数据记录的1959年起，截至2012年的54年中，受旱面积在5000公顷以上的年份就有19年，平均每2.8年一次。整个青藏高原受旱面积在1万公顷以上的年份有33年，平均每1.6年一次。1959年，山南地区的隆子、贡嘎等4个县有80%的作物受旱，绝收面积达55.36公顷。2001年入春后，阿里地区降水稀少，导致狮泉河、象泉河、孔雀河的水量减少，全区近6%的湖泊水位下降，宜农区大部分泉眼流水细小或干涸。①

三是虫灾。虫灾也是青藏高原的主要自然灾害之一。虫灾平均每17年一次，据历史档案《灾异志霜虫灾篇》记载，清道光二十八年（1848年），“贡嘎地区遭受严重霜灾，粮食颗粒无收”；同治二十三年（1884）年，“墨竹工卡地区及切嘎与叟协瓦庄稼遭受严重虫灾，一升（计量单位）未收”。1956～2012年，造成较大面积额无收的虫灾发生过4次。②

四是雹灾。雹灾也是青藏高原主要灾害之一。青藏高原的冰雹虽然影响范围较小，但因多发生在农作物的生长成熟期，加上强度大，经常与狂风、强降水相伴，有时还可能引发山洪、泥石流等次生灾害。从有记录的清嘉庆二年（1797年）至1949年的153年里，发生严重雹灾的年份有32年，平

① 参见《中国气象灾害大典》编委会《中国气象灾害大典·青海卷》，2007，第1～3页；《中国气象灾害大典》编委会《中国气象灾害大典·四川卷》，2006，第1～6页；《中国气象灾害大典》编委会《中国气象灾害大典·西藏卷》，2008，第1～4页；根据近年青海省气象局、西藏自治区气象局和四川省气象局提供的资料整理。

② 参见《中国气象灾害大典》编委会《中国气象灾害大典·青海卷》，2007，第1～3页；《中国气象灾害大典》编委会《中国气象灾害大典·四川卷》，2006，第1～6页；《中国气象灾害大典》编委会《中国气象灾害大典·西藏卷》，2008，第1～4页；根据近年青海省气象局、西藏自治区气象局和四川省气象局提供的资料整理。

均4.8年就有一次较大雹灾，清同治三年（公元1861年），冰雹大如鸡蛋。①

五是洪灾。洪涝灾害也是青藏高原主要灾害之一。洪涝主要是由暴雨引发的气象灾害，在青海东部、川西北高原、西藏南部农业区和甘肃牧区多有发生，同时还可诱发泥石流、山体滑坡、塌方等次生灾害。夏季，受印度季风等影响，降水集中，占年降水总量的80%以上。其中低涡切变线的出现常给高原地区带来强降水，引发一些洪涝灾害。②

第四节　青藏高原生态环境变迁及其“生态放大效应”

一　青藏高原的隆升对于亚洲和世界气候的“触发器”作用

青藏高原的岛状生态环境发挥了“触发器”的作用，这一点是毋庸置疑的。有研究基于冰楔假型和原生沙楔证据，如“青藏高原东北部倒数第二次冰期的气温比现在低12℃以上，末次冰期最盛期低11℃以上。高原上冰期的降温幅度明显大于同纬度的其他地区”，进而得出“青藏高原对气候变化的放大作用在其本身也有表现”的结论。③ 同样，有人研究了“青藏高原隆升与亚洲大陆强季风气候的耦合效应、黄土高原的阶段性抬升、构造变形及其构造侵蚀效应”，结果表明，“青藏高原的隆升引起多种黄土地质灾害。黄土高原的构造抬升导致侵蚀基准面下降，为重力侵蚀、沟谷

---

① 参见《中国气象灾害大典》编委会《中国气象灾害大典·青海卷》，2007，第1~3页；《中国气象灾害大典》编委会《中国气象灾害大典·四川卷》，2006，第1~6页；《中国气象灾害大典》编委会《中国气象灾害大典·西藏卷》，2008，第1~4页；根据近年青海省气象局、西藏自治区气象局和四川省气象局提供的资料整理。

② 参见《中国气象灾害大典》编委会《中国气象灾害大典·青海卷》，2007，第1~3页；《中国气象灾害大典》编委会《中国气象灾害大典·四川卷》，2006，第1~6页；《中国气象灾害大典》编委会《中国气象灾害大典·西藏卷》，2008，第1~4页；根据近年青海省气象局、西藏自治区气象局和四川省气象局提供的资料整理。

③ 参见潘保田、邬光剑《青藏高原东北部最近两次冰期降温幅度的初步估算》，《干旱区地理》1997年第2期，第17~18页。

溯源侵蚀和流水侵蚀提供了有利条件”，[①] 而那些“地形突变带、活动断裂带及地震活动带等稳定性条件差的黄土分布区，是黄土侵蚀性地质灾害最剧烈的地区”。[②] 如果说上述研究成果涉及青藏高原对于本身及其周边广大地区的历史气候的惯性影响作用和扩张效应的话，那么青藏高原对于气候的影响还表现在对整个亚洲气候影响的放大作用上。近年来的研究结果表明，“发生于 11 ~ 10 ka BP 的新仙女木降温事件呈全球性变化，青藏高原在这一事件中气候与环境也发生了急剧变化。由于青藏高原巨大的高度和脆弱的冰冻圈结构，新仙女木事件的敏感性和作用被放大了，这对同纬度地区和全球产生极大的影响”。[③] 研究认为，青藏高原主体位于亚热带，“接受较强的太阳辐射（是高纬度地区的 4 倍多），巨大的面积和高度对全球大气环流产生强烈而明显的机械和热力学作用”，[④] 由于高海拔的冷却作用，形成了同纬度地区最大的冰冻圈，但因所处的位置和热力作用，冰冻圈的结构非常不稳定和具有敏感性，并使得高原上气候和环境的不稳定性增大，生态系统比较脆弱。“当新仙女木事件的急剧降温出现时，高原的冰冻圈结构发生巨大变化，从而激发影响到大范围的气候和环境变化，使冷却幅度增大。高原的急剧降温会使高原的冷高压系统加强，在内陆产生极干旱的气候，使动植物也发生巨大变化。大量物种减少或消失灭绝，湖面下降，部分出现成盐作用。而在环流改变下出现湿润的地区，积雪增多，冰雪消融减弱，冰川扩大前进”。[⑤] 这些事实表明，不仅“青藏高原对新仙女木事件具有放大作用”，而且“青藏高原对全球气候起

---

① 参见马润勇、彭建兵、袁志东、邸海燕《青藏高原隆升的黄土高原构造侵蚀效应》，《地球科学与环境学报》，2007 年第 3 期，第 280 页。

② 参见马润勇、彭建兵、袁志东、邸海燕《青藏高原隆升的黄土高原构造侵蚀效应》，《地球科学与环境学报》，2007 年第 3 期，第 280 页。

③ 参见沈永平、刘光秀、施雅风、张平中《青藏高原新仙女木事件的气候与环境》，《冰川冻土》1996 年第 3 期，第 219 页。

④ 参见沈永平、刘光秀、施雅风、张平中《青藏高原新仙女木事件的气候与环境》，《冰川冻土》1996 年第 3 期，第 224 页。

⑤ 参见沈永平、刘光秀、施雅风、张平中《青藏高原新仙女木事件的气候与环境》，《冰川冻土》1996 年第 3 期，第 215 页。

有‘触发器’的作用”,[①] 触发了地壳和环境等多重变化，放大了周边气候响应。

二　青藏高原生态环境变化对于周边的深刻影响

同样，在对新仙女木事件的研究中发现，“青藏高原以急剧降温的寒冷为特征，使高原的冰冻圈加强，加上区域的冷干、冷湿差异，对地貌景观及自然地理状况产生很大影响”。[②] 在这一事件的背景下，各地的环境特征表现出同样的区域差异，这些差异体现在生物物种变化、水文变化、地貌变化和生态系统整体变化上。比如祁连山—青海湖—若尔盖盆地一带，由于北方高压和西风北支气流加强，气候干燥，降水稀少，积雪减少，湖面下降。大风把沙及尘埃从沙漠戈壁及荒漠带中吹向天空，空气浑浊，荒漠面积扩大，耐旱植被增多而植被覆盖率下降，生物量减少。2010 年在若尔盖一带调查发现，湿地面积较 70 年前减少了 60%，土壤沙化面积增加了 45% 以上。西昆仑山—各拉丹冬—西大滩一带，积雪可能增多，消融减弱，冰川前进，河川径流减少。而在生态互补上正好掩盖了这个事实——“由于冷湿的气候使蒸发量减少，湖泊变化不大”。[③] 但是，在高原内部的松西错—色林错—兹格塘错一带，“由于冷干的气候特征，湖面下降明显，面积缩小，湖水盐度增大，碎屑物增多；湖面冰封时间延长，大量水生生物减少或死亡灭绝，有机质含量减少。而内陆河流水量减少，蒸发增加，耐干旱植物增多，呈现出一片干旱荒漠景观”。[④] 同样地，在西藏南部—藏东南—喜马拉雅山地区，“由于寒冷稍湿，湖面变化较小，但因水体较冷，大量水生生

---

① Kuhle M., “Subtropical Mountain and Highland Glaciation as Ice Age Triggers and the Wanning of the Gacial Periods in the Pleistocene,” *Geojournal*, 1987, 14 (4): 1 – 29.

② 参见沈永平、刘光秀、施雅风、张平中《青藏高原新仙女木事件的气候与环境》，《冰川冻土》1996 年第 3 期，第 216 页。

③ 参见沈永平、刘光秀、施雅风、张平中《青藏高原新仙女木事件的气候与环境》，《冰川冻土》1996 年第 3 期，第 223 页。

④ 参见沈永平、刘光秀、施雅风、张平中《青藏高原新仙女木事件的气候与环境》，《冰川冻土》1996 年第 3 期，第 223 页。

物，如介形类生物减少或消失，在浅滩中出现大量水生植物"，而在山体上积雪面积增大且保存时间延长，冰川前进，冰川消融减弱，河川径流减少。诡异的是，这种生态影响"由于温度和林线下降"，导致一些地方"草原景观扩大，"[①] 进而导致人们被表象所误导，一些人误认为生态变化向好。这种生态变化的微妙影响，只有通过系统综合的考察，才能得出正确的结论。

如前所述，青藏高原的生态变化不仅对内部影响巨大和直接，对周边的影响同样巨大而深刻。黄土高原是中原文明的发祥地之一，在青藏高原隆升过程中，深受影响，主要表现为"青藏高原的隆升引起多种黄土地质灾害"。[②] 原因在于"构造变形使黄土产生构造裂隙、节理，增大了黄土的侵蚀速率，促进了黄土的坍塌和滑坡等侵蚀性地质灾害的发生"，[③] 进而导致黄土高原成为"地形突变带、活动断裂带及地震活动带等稳定性条件差"的地区，成为发生"黄土侵蚀性地质灾害最剧烈的地区"。[④] 不仅如此，青藏高原的隆升，造成了其西部和北部几个大圈层的沙漠化和荒漠化加剧。第一圈层的塔里木盆地、柴达木盆地，第二圈层的准格尔盆地、帕米尔高原等，以及第三圈层的蒙古高原、中亚西亚干旱区，由于青藏高原的阻挡，来自东部太平洋和南部印度洋的暖湿气流难以到达，出现了面积巨大的沙化戈壁滩景观，不仅改变了生态环境和生物多样性，也极大地改变了人类生存的空间格局。不仅如此，青藏高原对于其东部和南部区域的影响同样是巨大的。东部的四川盆地在青藏高原重要组成部分横断山褶皱带的挤压中，形成不同于北部的洼地，早期干湿不均，生态极其脆弱。而横断山区高密度的褶

① 参见沈永平、刘光秀、施雅风、张平中《青藏高原新仙女木事件的气候与环境》，《冰川冻土》1996 年第 3 期，第 223 页。

② 参见马润勇、彭建兵、袁志东、邸海燕《青藏高原隆升的黄土高原构造侵蚀效应》，《地球科学与环境学报》，2007 年第 3 期，第 289 页。

③ 参见马润勇、彭建兵、袁志东、邸海燕《青藏高原隆升的黄土高原构造侵蚀效应》，《地球科学与环境学报》，2007 年第 3 期，第 289 页。

④ 参见马润勇、彭建兵、袁志东、邸海燕《青藏高原隆升的黄土高原构造侵蚀效应》，《地球科学与环境学报》，2007 年第 3 期，第 289 页。

皱导致气候的垂直分布和多种生物的密集聚合，成为世界物种宝库。喜马拉雅山南部一带，印度洋暖湿气流受高原阻挡后在这里形成回旋气流，降水充沛，形成亚热带山地湿润季风气候带。

三　青藏高原“生态放大器效应”

大量研究表明青藏高原的四大造山运动，导致世界气候响应。一是喜马拉雅运动阶段，受印度板块碰撞，“青藏高原开始自南而北的递进式挤压隆升，隆升效应向北扩展，形成包括祁连山地区在内的青藏高原新构造板块，并使鄂尔多斯盆地抬升”。① 二是青藏运动阶段，使鄂尔多斯地块发生构造形变与抬升，“青藏高原进入周缘造山造貌主阶段，且伴随临夏东山古湖被切穿和消失，黄河诞生”。② 三是昆黄运动阶段，随着喜马拉雅山的大幅度隆升，高原古湖泊逐步消亡或向北移位，导致黄土高原又进入新一轮抬升期，“黄土高原现代地貌格局基本形成”。③ 四是共和运动阶段，青藏高原隆升到平均海拔约4000米的现代高度，导致黄河现代水系格局形成。

这四大造山运动，导致全球范围的气候响应事件发生。一是对“东亚地面行星风系的影响与季风效应启动”。④ 因喜马拉雅山脉和冈底斯山脉的形成，以夏季风为主的亚洲季风初现，在“改变了东亚地面原先的行星风系”的同时，受高原南部隆起山脉的影响，“亚洲内陆源区风尘和冬季风搬运物质量增大”。⑤ 二是“印度季风和东亚季风效应增强，亚洲干旱化程度

① 参见李吉均、方小敏、马海洲等《晚新生代黄河上游地貌演化与青藏高原隆起》，《中国科学·地球科学》1996年第4期，第316~322页。

② 参见李吉均、方小敏、马海洲等《晚新生代黄河上游地貌演化与青藏高原隆起》，《中国科学·地球科学》1996年第4期，第316~322页。

③ 参见马润勇、彭建兵、袁志东、邸海燕《青藏高原隆升的黄土高原构造侵蚀效应》，《地球科学与环境学报》，2007年第3期，第289页。

④ 参见施雅风、李吉均、李炳元等《晚新生代青藏高原的隆升与东亚环境变化》，《地理学报》1999年第1期，第10~20页。

⑤ Guo Z. T., William F. R., Hao Q. Z., et al., “Onset of Asian Desertification by 22 Myr ago Inferred from Loess Deposits in China,”, *Nature*, 2002, 416 (6877): 159-163.

加剧、干旱区域扩大，中国风尘堆积开始”,[①] 并在青藏运动开始时，“形成黄土高原风尘堆积雏形”。[②] 三是对全球气候变化的放大与驱动作用。研究表明，“青藏高原对其周边乃至全球的气候环境效应更为强烈，甚至具有驱动机与放大器的效用”。[③] 这些效用导致了“亚洲内部冬夏季风效应增强，亚洲内陆荒漠、戈壁化范围扩展加速，黄土高原风尘沉积速率加快”，同时还导致“青藏高原自身干旱化增强，并成为全球气候变冷、北半球大冰期发生和东亚季风发展的驱动源”。[④] 高原隆升的“远程效应”，还促进了秦岭山脉的强烈隆升，使其对南北方气候环境的差异屏障作用更为显著。[⑤] 四是“对亚洲现代季风效应的增强”起到了放大效应。“西北地区干旱化及主要沙漠的进一步扩张，使青藏高原周边地区新的黄土体系形成；气候变化主导周期进一步缩短，且青藏高原的更高海拔与冬季风大面积积雪使蒙古高压、青藏冷高压获得大发展，东亚冬夏季风强度迅速增强”。[⑥] 尤其是“末次冰期以来，青藏高原的屏障作用，加剧了中国西北地区的冬季风与干旱效应”，而“夏季（或温暖的间冰期），青藏高原热源效用，强化了中国东南部区域的夏季风环流”。[⑦] 受青藏高原现代地貌格局影响，“全新世以来中国

---

① An Zhi sheng, J. E. Kutzbach, W. L. Prell, et al., “Evolution of Asian Monsoons and Phased Uplift of the Himalaya - Tibetan Plateau Since Late Miocene times,” *Nature*, 2001, 411 (6833): 62 - 66.

② 马润勇、彭建兵、门玉明等：《逆冲断层发育的力学机制研究》，《西北大学学报》（自然科学版），2003 年第 2 期，第 196 ~ 200 页。

③ 马润勇、彭建兵、门玉明等：《逆冲断层发育的力学机制研究》，《西北大学学报》（自然科学版），2003 年第 2 期，第 196 ~ 200 页。

④ 马润勇、彭建兵、袁志东、邸海燕：《青藏高原隆升的黄土高原构造侵蚀效应》，《地球科学与环境学报》，2007 年第 3 期，第 290 页。

⑤ 马润勇、彭建兵、袁志东、邸海燕：《青藏高原隆升的黄土高原构造侵蚀效应》，《地球科学与环境学报》，2007 年第 3 期，第 290 页。

⑥ 马润勇、彭建兵、袁志东、邸海燕：《青藏高原隆升的黄土高原构造侵蚀效应》，《地球科学与环境学报》，2007 年第 3 期，第 290 页。

⑦ 马润勇、彭建兵、袁志东、邸海燕：《青藏高原隆升的黄土高原构造侵蚀效应》，《地球科学与环境学报》，2007 年第 3 期，第 290 页。

西部气候的干湿交替呈逐级波动增强趋势”。[①] 在一个世纪以来的尺度中，青藏高原的气候变化与中国江河中下游的生态变化、水文变化和灾害发生具有直接的联系。根据选点记录的青藏高原和长江中下游近70年气温变化关联考察，青藏高原选点变化0.5℃，江河中下游选点平均变化2℃。有研究表明，“1983～2012年，青藏高原是气候变化的敏感区域，气候变幅更为显著。青藏高原地区98个气象站点观测数据表明，1982～2012年平均气温升高幅度达到1.9℃，[②] 是全球平均升温幅度的2倍。青藏高原选点降水变化1毫米，江河中下游降水变化4毫米以上”。[③] 而青藏高原地震，周边其他地方也相继发生地震。[④] 这种此起彼落的生态响应，本书称之为第三极“生态放大器效应”。

---

① 相关论述参见陈发虎、吴薇、朱艳等《阿拉善高原中全新世干旱事件的湖泊记录研究》，《科学通报》2004年第1期，第1～9页。

② Chen B., Zhang X., Tao J., et al., “The Impact of Climate Change and Anthropogenic Activities on Alpine Grassland over the Qinghai－Tibet Plateau,” *Agricultural & Forest Meteorology*, 2014, 11, 189～190；参见：鞠建廷等：《“亚洲水塔”的近期湖泊变化及气候响应：进展、问题与展望》，《科学通报》2019年第27期，第2796～2806页。

③ Stocker D Q., *Climate Change* 2013: *The Physical Science basis.* An overview of the Working Group I Contribution to the Fifth Assessment Report of the Intergovernmental Panel on Climate Change, 2014 (18): 191；参见鞠建廷等《“亚洲水塔”的近期湖泊变化及气候响应：进展、问题与展望》，《科学通报》2019年第27期，第2796～2806页。

④ 参见西藏自治区地方志编纂委员会《西藏自治区志·气象志》，中国藏学出版社，2005，第4页；分别参见施雅风等《中国气候与海面变化及其趋势和影响·中国历史气候变化》，山东科学技术出版社，1996，第24～45、198～257页；《中国气象灾害大典编委会》《中国气象灾害大典·西藏卷》，气象出版社，2008，第1～7页；《中国气象灾害大典·青海卷》，气象出版社，2007，第1～4页；《中国气象灾害大典·四川卷》，气象出版社，2006，第1～6页。结合中国气象网公布的数据整理而得。

第三章

泛江河源区人文环境变迁及其文化生态地位

第一节 世居族群因素及其对环境的作用方式和作用强度

一 世居与非世居的相对性

所谓世居族群并非生而世居，往往是有时间空间限制的。在某一时期相对稳定地在一个地区生活，如前述，大约超过一个世纪，当其来源已经不可考或无须考证时，除了环境和自身认同外，他们事实上也就成了世居族群。长期生活在高原外的民人是非世居族群；同样，世居族群离开高原相当的时间后，就成了非世居族群。历史上，世居族群与非世居族群之间来往不断。青藏高原有很多通道为这些世居与非世居族群交流打开豁口。研究发现，高原东北部很可能是青藏高原内部世居族群和非世居族群进出青藏高原的门户之一。先民从青藏高原腹地进入河西走廊和黄土高原，这里一直不失为一个重要的台阶和豁口。从早期的人类活动路线图和石器、遗址分布看，青藏高原东北—玉树—那曲—拉萨—阿里一线基本上是连贯布局的。尽管当前没有证据证明高原内部那些聚落和人群是怎样移动的，但从这些文物遗址的分布、测年和相似性、相关性判断，河西走廊、黄土高原西部和新疆一带是青藏高原外部进入的出发地和高原内部出来的目的地。

相对于周边东北部的黄土高原、北部的河西走廊、西部的塔里木盆地而言，青藏高原东北部明显地显示出“地势高耸”的特征。其海拔为1600～7720米，平均海拔在4600米以上。这一带山脉多呈现“西北—东南或东西走向”，巴颜喀拉山、阿尔金山、昆仑山、祁连山、唐古拉山、可可西里山、布尔汉布达山、阿尼玛卿山等巨大山系基本上呈东西走向，对蒙古冷气团的南下具有显著的屏障作用。而河西走廊、黄土高原台阶，乃至新疆旷原区为人类的聚居和生存发展提供了缓冲地带。相对于周边的人类而言，青藏高原东北部成为人类在遭遇灾难和战争后的退避之地；而对于青藏高原东部人群而言，周边同样具有退路和缓冲的意义。因此，人类选择在这一带定居，足以见得地理格局起到了很大影响。迄今在这里发现的人类早期定居遗址不在少数，并且绝大多数遗址印证了早期人类在青藏高原及其附近定居并生存的历史。距今16000～11500年，人类活动开始出现在海拔3000～4000米的青藏高原东北缘，尤其是在3200米的青海湖盆地广泛发现了距今15000～13000年的人类活动遗迹，包括江西沟1号（距今14690年）、[①] 黑马河（距今12900年）[②]，以及青海湖盆地东部的晏台东（距今4200年）遗迹等，均为晚更新世末期小型猎食群体的临时性营地和较大团体有组织的长期或季节性居住场所。[③] 有研究认为，“末次冰消期气候的改善、植被的恢复、土壤的发育，已经允许先民在3000米以上的青藏高原东北缘从事小规模的、季节性的、游荡式的狩猎活动”。[④]

此外，马家窑文化圈的发育也是有力佐证。以甘肃东南部为中心，东起陇东山地，西到河西走廊和青海东北部，北达甘肃北部和宁夏南部，南抵甘

---

① Madsen D. B., Ma H., Brantingham P. J., et al., “The Late Upper Paleolithic Occupation of the Northern Tibetan Plateau Margin,” *Journal of Archaeological Science*, 2006, 33 (10): 1433－1444.

② 参见高星等《青藏高原边缘地区晚更新世人类遗存与生存模式》，《第四纪研究》2008年第6期，第969页。

③ 参见仪明洁等《青藏高原边缘地区史前遗址2009年调查试掘报告》，《人类学学报》2011年第2期，第124～136页。

④ 参见侯光良《青藏高原的史前人类活动》，《盐湖研究》，2016年第2期，第69～74页。

南山地和四川北部，[①] 这个文化圈层包含了马家窑类型、[②] 马厂类型、[③] 石岭下类型。[④] 马家窑文化圈层存在并活跃的时间范围大致为公元前 3400 ~ 前 2000 年。[⑤] 如此巨大的文化圈层和如此漫长的时间跨度，在考古史上并不多见。马家窑文化印证的问题就是在漫长的历史进程中，青藏高原东北部是人类的故乡之一。这里作为人类故乡具有先天的自然地理基础：高耸的地势，对于自然灾害具有一定抵挡作用；丰富的自然出产为定居提供了食物来源；一定的温度和水质条件，提供了生活的基础。人们从洞穴中出来，可以就地取材，依山傍水建筑家园。考古发现，这里古代的先民建筑一般都面向阳坡，这是根据采光条件和人的向阳取向而定的。同时发现，水系分布与定居和聚落形成也有密切关联。就现实看，祁连山地区的种植业分布上限大致是海拔 3400 米，养殖业分布上限为 4300 米；玉树、果洛、昂欠等河谷地区，因特定的气候条件，气温相对较高，海拔 4000 米左右尚有种植业分布，养殖业分布上限达到海拔 5500 米左右。[⑥] 青藏高原东部并非整齐划一的地理特征，恰恰相反，具有多样性、复杂性。这种自然气候和地形条件的复杂多样，加之流域水体的错落布局，促成了古代择地而居的历史文化现象。

二　世居族群傍水而聚

水是人类存在的基本条件，水系成为人类活动的天然选择区域。水资源

---

① 参见李怀顺等《甘青宁考古八讲》，甘肃人民出版社，2008，第 43 页。

② 参见国家文物局《中国考古 60 年（1949 ~ 2009）》，文物出版社，2009，第 558 页；国家文物局《中国文物地图集·甘肃分册》，测绘出版社，2011，第 6 页。

③ 参见国家文物局《中国考古 60 年（1949 ~ 2009）》，文物出版社，2009，第 558 页；国家文物局《中国文物地图集·甘肃分册》，测绘出版社，2011，第 6 页。

④ 参见国家文物局《中国考古 60 年（1949 ~ 2009）》，文物出版社，2009，第 558 页；国家文物局《中国文物地图集·甘肃分册》，测绘出版社，2011，第 6、7 页。

⑤《新中国的考古发现与研究》中的 C－14 测定结果表明，马家窑类型在公元前 3100 ~ 前 2700 年，半山类型在公元前 2600 ~ 前 2300 年，马厂类型在公元前 2200 ~ 前 2000 年。参见杨芸芸《甘青地区马家窑文化发展与景观分布探索》，兰州大学硕士学位论文，2016，第 4 页。

⑥ 参见杨芸芸《甘青地区马家窑文化发展与景观分布探索》，兰州大学硕士学位论文，2016，第 4 页。

除了为人们生存提供必要的生活来源外，还有交通通信等功能。就青藏高原整体看，水系的分布较为独特，区域差异较大。高原中北部和北部较大的水体除了冰川冻土和终年积雪外，就是内流河和内陆湖。高原中南部、西部除了冰川冻土和终年积雪外，外流河和内流河同时存在。而东部绝大部分是外流河。这种水系发育和流向上的不同，对自然社会的影响是不同的。高原中北部和北部，水系封闭发育，基本是内流河，以小柴旦为中心，其周边500公里范围内出现明显的大面积干旱区和无人区。

青藏高原南部分别被两河流域文明、印度文明，以及长江文明和黄河文明两个文明中心所辐射或包围。青藏高原这种迥然不同的格局，导致了区域间经济社会和文化的显著差异。青藏高原的周边除了少数大江大河与印度、缅甸等地相通外，其余总体上是封闭的内流河。这种情况是分区域的。西藏西部阿里、日土一带和中南部拉萨一带分别有狮泉河和雅鲁藏布江从西部和东部通向巴基斯坦与印度。这些河流从现在看，似乎是有湍急的地方，这是地质运动产生的改变。也就是说，在过去某个时候，河道的格局不是当前这样的。在河道平坦的时空状态下，人类应该沿河道拓展其生存空间。可以得到印证的是，青藏高原东南部，在1500万年前，已经有人类祖先活动的痕迹，而青藏高原整体隆起并成为高原的历史不过800万年。[①] 在这以前，人类或者类人猿就活动于青藏高原。也就是说，“人先原后”或者“人原同步”。本书在注重实证和推演

① 参见吉学平、薛顺荣等《云南古猿系统分类研究新进展》，《云南地质》2004年第1期，17~29页；祁国琴《有关禄丰古猿的几个问题》，《考古》1994年第2期。二者认为“禄丰古猿的时代为距今约180万年，它们生活在热带或南亚热带的林地生态环境中”。林圣龙认为，云南元谋小河地区发现的蝴蝶腊玛古猿，是一种森林古猿，其时代相当于华北的山旺期或欧洲的MN4，距今约180万年。分别参见吴汝康《古人类学》，文物出版社，1989，74~94页；林圣龙《中国是否存在一个从猿到人的独自进化系统——与陈恩志同志商榷》，《社会科学评论》1989年第7期，第1~4页。前者认为它时代虽较晚（距今600万~500万年），但它与禄丰古猿接近的程度远大于与人属接近的程度。当然也有人认为最早的类人猿在非洲，“1991肯尼亚古猿或奥兰诺古猿可能与非洲大猿和早期人类有关或是最早的人科成员”。参见吴汝康《人类起源研究的现状和展望》，《人类学学报》1991年第2期。

的基础上，倾向于“人原同步”，也就是青藏高原的诞生是与世居族群的诞生一并进行的。

三　世居族群的生存样态

今天的青藏高原尽管已经较周边隆起突出，而且已经不适合大量人口居住生存，但是在漫长的隆起过程中，世居族群一直没有放弃过这个生存生活的空间。这已经是本书在前面论证过的。既然世居族群没有放弃过青藏高原，他们的生存样态又怎样，这是当前要回答的问题。为了便于说明，本书将青藏高原分为东西南北中五个部分，其中东部分为东北和东南两个部分。

世居族群的生产生活状态，从考古出土物中也得到了大量的反映。通过对文物测定和气候、社会的反推演，可以大致断定距今15000年以来人类在高原东北部生产、生活的漫长历史进程。距今15000～4000年，这里还是石器时代，人类基本上处于原始生产生活时期。从穴居到聚落的初步形成，经历了漫长的过程。由于自然环境的恶劣和人类自身能力的弱小，青藏高原东北缘的定居一直缺少稳定性。在高原周边气候变化和相关区域自然灾害频发时，先民向高原腹地和河西走廊、黄土高原挺进；当高原气候变化和灾害频发时，先民又向高原西部、南部、东南部、东北部其他周边地区流动。人类与其他动物的不同在于，其迁移具有很大的能动性和目的性。研究表明，“作为世界屋脊的青藏高原，海拔越高的地区越不适宜人类生存，高寒缺氧、生物资源稀少、食物资源分布不均匀等原因都制约着古人类的迁徙、开发和技术发展”。[①] 根据目前的发现，“末次冰期间冰段后期，温暖湿润的环境使得狩猎—采集者首次出现在该地区。他们中有的群体可能拥有当时较为先进的石叶技术，可以用锋尖刃利的石叶工具狩猎捕食”。[②] 适宜的环境、缺少争食竞争者，应该使他们的生存变得容易。“随着末次冰期最盛期的到

① 参见高星等《青藏高原边缘地区晚更新世人类遗存与生存模式》，《第四纪研究》2008年第6期，第970～977页。

② 参见高星等《青藏高原边缘地区晚更新世人类遗存与生存模式》，《第四纪研究》2008年第6期，第970～977页。

来，湖水退缩，生物资源减少，以湖泊为中心的资源带变小，之间的距离拉大。恶化的环境可能使得一部分人群消亡了，另一些人迁徙到相对暖湿、生物资源相对丰富的地域”。[①] 并且，“末次冰期冰后期，气温慢慢回升，适宜的气候条件和生存环境再现，人类重新回到高原的边缘地区”。[②] 这时的人类开发活动似乎更具规模，更加系统深入，开发者拥有了细石器技术和由此发展出的复合工具，狩猎采集的能力增强，生存领地扩大，不再局限于湖泊的周围，在一些河岸也出现了他们的足迹。黑马河、江西沟、娄拉水库、沟后、下大武、冬给错纳湖等一系列分布相对密集的遗址便是明证。但较之华北腹地，这里的人们还是在特殊环境下以特定的生存模式留下了印记：大多数遗址表现为短时营地的特点，大多数遗址保留古人类用火的遗迹，有的遗址存在的碎骨体现出古人类敲骨吸髓的特征。这些说明，古人类处于高频迁徙移动的状态以利用稀少的食物资源，他们必须借助火的热度取暖和熟食，而一旦得到食物，就要将其消费至穷尽。这正是古人类对所处环境适应、应变，变不利为有利的结果。当然，由于目前掌握的材料相当有限，对古人类生存模式的推测与阐释尚需更加翔实的考古材料加以验证”。[③] 先民移动过程中，不仅带着石器，也带着打制石器的经验和技术，这就是我们今天发掘到的文物遗址具有关联性的原因。

在高原东南区，自西向东有金沙江、雅砻江、大渡河自北向南呈纵向排列。这些大江大河之间，横亘着芒康山系、沙鲁里山系、折多山和龙门山—邛崃山脉。这些山脉和山系，最高处海拔 7600 多米，与金沙江、雅砻江和大

---

① 参见高星等《青藏高原边缘地区晚更新世人类遗存与生存模式》，《第四纪研究》2008 年第 6 期，第 970 ~ 977 页。

② Brantingham PJ, Gao Xing, et al., “Peopling of the northern Tibetan Plateau.” *World Archaeology*, 2006, 38 (3), 387 - 414; Brantingham PJ, MaHaizhou, Olsen J W, et al., “Speculation on the timing and nature of Late Pleistocene hunter - gather colonization of the Tibetan Plateau,” *Chinese Science Bulletin*, 2003, 48 (14), 1510 - 1516; 周笃珺、马海州、Branting ham P. J. 等：《晚更新世以来青海北部的人类活动与湖泊演变》，《盐湖研究》2003 年第 2 期，第 8 ~ 13 页。

③ 参见高星等《青藏高原边缘地区晚更新世人类遗存与生存模式》，《第四纪研究》2008 年第 6 期，第 970 ~ 977 页。

渡河等水系阻隔了青藏高原与四川盆地的交流。[①] 但是这种阻隔不是绝对的。在大江大河和大山脉大山系中，错落分布了大量的平原、盆地、林地、草地，为人类的生存定居留下了很大空间。在 93°6′~102°25′E，26°6′~33°46′44″N 大约 60 万平方公里范围内，可耕地（平原和平台地）大约有 0.5 万平方公里，可牧地大约有 40 万平方公里。这 60 万平方公里范围内的人口在 20 世纪初期大约为 100 万，人均占有可耕地大约为 5 亩，人均占有牧场大约为 0.4 平方公里。[②] 在距今 5000~4500 年时此地不到 1 万人，如果按此推算，人均可耕地大约为 500 亩，人均牧场就更多。[③] 当然，那个时候的土地利用率远远没有现在这么高，那时也没有更多的种植业、养殖业发展壮大。但是可以肯定的是，如此巨大的空间，为人类的存在和繁衍提供了最基础的条件。还有一个奇特的现象就是，在金沙江、雅砻江、大渡河、岷江等流域纵横密布的河谷地带，存在截然不同的垂直气候现象。如大渡河上游的磨西—孔玉一带，居然呈现出温带河谷气候，一年四季平均气温在 10°C 以上，最高气温达到 36°C 以上，温带作物和热带作物大量繁衍，水稻、麦类、蕉类乃至多肉植物极其丰富，大多数时候物候条件优越于附近成都平原。这种奇

① 同时，交通“难于上青天”的四川盆地及其周围陡峭的山峰也阻隔了自身通往外界尤其是中原和长江中下游的通道，导致青藏高原在东南部呈现出高山、大河、盆地的多重阻隔。参见《中国地形图》，中国地图出版社，2018。

② 根据甘孜藏族自治州地方志编纂委员会《甘孜州志》，四川人民出版社，2010，第 78 页；云南省迪庆藏族自治州地方志编纂委员会《迪庆藏族自治州志》，云南民族出版社，2003，第 123 页；西藏昌都地区地方志编纂委员会《昌都地区志》，方志出版社，2005，第 109 页；玉树藏族自治州地方志编纂委员会《玉树州志》，三秦出版社，2005，第 67 页；凉山彝族自治州史志办公室《凉山年鉴（2018）》，新华出版社，2019；《凉山彝族自治州年鉴（2019）》，方志出版社，2020；阿坝藏族羌族自治州地方志编纂委员会《阿坝州志》，四川民族出版社，2010，第 189 页等提供的数据整理。

③ 根据甘孜藏族自治州地方志编纂委员会《甘孜州志》，四川人民出版社，2010，第 78 页；云南省迪庆藏族自治州地方编纂委员会《迪庆藏族自治州志》，云南民族出版社，2003，第 123 页；西藏昌都地区地方志编纂委员会《昌都地区志》，方志出版社，2005，第 109 页；玉树藏族自治州地方志编纂委员会《玉树州志》，三秦出版社，2005，第 67 页；凉山彝族自治州史志办公室：《凉山年鉴（2018）》，新华出版社，2019；《凉山彝族自治州年鉴（2019）》，方志出版社，2020；阿坝藏族羌族自治州地方志编纂委员会《阿坝州志》，四川民族出版社，2010，第 189 页等提供的数据整理。

特的物候现象不是孤立的，不仅在其他大江大河河谷地带存在，就是在偏南的察隅地区依然存在（图 3－1）。

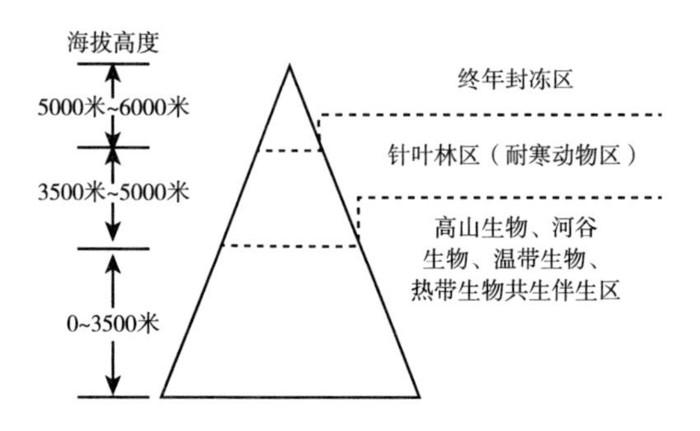

图 3－1　青藏高原东南部垂直气候带物候分布

这种条件为人类分群发展提供了基础。不同的山系、水系扞格，造成不同人群的聚居，也造成了不同的人群文化。当然，这种文化可能有关联性，比如同一流域的上、中、下游或者所谓“沟头沟尾”现象，具有文化的同质性或关联性。近来考古发现这种关联性远远不止这种局限，甚至扩大到了中国西部和北部的第一、第二、第三阶梯。有人认为世居族群可能与外来民发生过历史上不断的联系，这些外来民来自印度、西亚、中亚乃至更远的地方，绕道华北、黄土高原和四川盆地进入青藏高原东部或东南部。[①] 不论是从哪里进入，也不论有多少人群联系和混居发展下来，至少证明一点，那就是青藏高原东南大片区域在很早就具有人类生活的基本条件，而且一直有人

① 童恩正：《西藏考古综述》，《文物》1985 年第 9 期，第 9～19 页；童恩正、冷健：《西藏昌都卡若新石器时代遗址的发掘及其相关问题》，《民族研究》1983 年第 1 期，第 54～63 页；西藏自治区文物管理委员会、四川大学历史系：《昌都卡若》，文物出版社，1985，第 153、154、156 页；石硕：《藏彝走廊：文明起源与民族源流》，四川人民出版社，2009，第 169 页；王仁湘：《关于曲贡文化的几个问题》，《西藏考古》（第 1 辑）第 63～75 页；P. J. Brantingham et al.，“Peopling of the northern Tibetan Plateau，” World Archaeology，2006，38（3），387～414；石应平：《卡若遗存若干问题的研究》，《西藏考古》（第 1 辑），第 7～90 页；王明珂：《游牧者的抉择：面对汉帝国的北亚游牧部族》，广西师范大学出版社，2008，第 92～93 页；霍巍：《昌都卡若：西藏史前社会研究的新起点——纪念昌都卡若遗址科学考古发掘 30 周年》，《中国藏学》2010 年第 3 期，第 22～26 页。

类在这里繁衍生息，继而形成地理环境和文化相同的地域文化圈——康巴文化圈。[①]

从整个青藏高原东部看，相较于青藏高原其他地区，人类活动强度对于当地自然环境产生的影响程度更大。千万年长期的人类活动，主要是世居族群活动，产生了当地的文化和社会心态，极大影响了青藏高原东部的面貌。如长期的农牧业混合经济、农牧交错带经济和宗教活动，造成了青藏高原东北部地区的特色农牧业和社会结构。又如长期的建筑文化发育，产生了青藏高原东部河谷和平地大量建筑物；而建筑材料的采集又对当地植被和地貌产生影响。这种影响随着时间推移呈现出加速加剧的趋势。这种趋势最初在世居族群单一生活区还不明显，随着非世居族群进入后混合发展以及人口的繁衍，逐步凸显出来。这是下文需要进一步讨论的。

第二节　磨器与青藏高原人类生存

一　磨器的产生与传入

在人类文明进程中，围绕食物的加工，产生了粮食加工业。在粮食产量较多的地区，出现了不断改进的粮食加工工具。因此，粮食加工工具大量制作使用，不可能在草原文明中产生，只能更多存在于长江、黄河两大流域。长期以来，磨器及其制作作为一个重要物证和人类活动现象，一直没有引起学界足够重视。磨器的重要性，不仅在于其加工食物的功能，更加在于其改变人类生存样态，乃至对人体器官和各个相关功能的重大影响，进而对生产和社会发展产生广泛而深远的影响。过去较长一段时间，人们仅仅按照石器直观的形态进行分类研究，以考究其形成和形制，不太注重追溯其生产生活形态及具体细节。如富林文化方面，出现了细石器加工的选材、打制、分类使用等细节，而这里属于藏族先民活动区域，也是青藏高原的有机组成部

① 石硕：《藏彝走廊：文化起源与民族源流》，四川人民出版社，2009，第122～158页。

分，说明那时已经有了细石器加工的历史。

食物结构决定营养结构，营养结构决定体质状况，体质状况影响行为习惯，行为习惯影响社会样态。而目前结合出土品形制针对生产生活的研究，还没有见到。而另一个领域，学界在研究动物的时候基本上是从食物获取的类型结构进行分类的，如草食动物、肉食动物、杂食动物等。这些由食物获取的不同而建立起的食物链，构成了生物社会的存在样态。如果结合出土物和人类食物结构及食物获取细节，对人的食物结构进行分类，大致可以得出不同民族的划分标准。就中国而言，主要分为南方民族和北方民族。南方大部分地方气候温暖湿润，大部分民族喜食稻米，故围绕水稻的种植和加工食用形成了一套稻作文化。而北方大部分地方气候干旱寒冷，大部分民族喜食粟黍，围绕粟黍的种植、加工和食用形成了粟黍文化。北方草原广大，除了种植之外，还有“寄生”于动物之上的民族，他们主要通过家禽家畜的饲养获取肉奶食物，同时也通过狩猎获取补充食物，也少量种植栗粟等植物作为辅助食物。长期不同的饮食摄入和食物依赖，形成了特色化的消化功能，进而形成人类和人种在体质上的区别。一般而言，在远古时代，人类食物加工方式极其落后，在自身消化功能受到限制时，从动物身上获取营养不失为一种明智之举。这种以进食动物肉奶和狩猎野物为主要生存方式的人群，摄入的蛋白质和热量远远高于以食用粟黍和水稻等植物为主的人群。因为动物已经将大自然的食物进行了一次消化合成，实现了食物的质的转化。一般地，当人类食用动物的肉时，从营养的角度看，较直接食用大自然植物类食物，营养量是几何倍数地增长的。我们暂时将食用动物奶肉为主的行为方式称为“二次方消化”。因为它获取的单位能量高于其他食物方式。把摄入植物和植物果实为主的行为称为“第一次消化”。这样长期进化后，人们从体质上出现了明显的分化：“二次方消化”的人强悍高大，体力充沛；摄入植物为主的民族细腻而精致。在长江和黄河两大流域中，分明可以见到这种情况：黄河流域人群以粟黍为主食，属于历史上的粟黍文化或粟作文化；长江流域人群以稻米为主食，属于历史上的水稻文化或稻作文化。而在这两大文化之外的广大草原地带，存在以获取动物肉奶为主的第三种文化，亦即草原文化。所以，粮食加工工具大量制作使用，不可能在草原文明中产生，而是更多存在于长江、黄河两大流域。而在获取动物肉食有限或者因人类体质原因需要摄入“第一次消化”的食物时，加工方式和工具就成为一个有意义的问题并凸显出来。

进一步地，食物结构、食物获取方式与器物的关系出现紧密联系。磨器是这种关系的集中反映。公认的事实是，我国最早的磨器产生于距今28000～10000年前的柿子滩文化时期，即旧石器时代晚期。[①] 为了将粮食和食物的物理性状磨制得更加适合人的消化系统，人类经过了漫长的探索。人类先后发明和制造了打磨器、研磨器、磋磨器、臼磨器、碾磨器，直到发明并制造推广了旋转石磨，才实现了磨制食物水平的飞跃和突破。古代人类缺少理论指导，一切物器基本是根据实际运用产生的。比如同样的砍砸器，估计用途很多，厨具、物器、手工工具、手术用具、祭祀器等功能兼而有之，而不是后期或现在这样一种东西一个功能。从目前考古发现的物件看，绝大部分是功能复合型物件。磨器分为打磨器、研磨器、臼磨器、碾磨器等。打磨器可以用来打磨工具和生活用品。

打磨器主要出现在旧石器时代中期，就青藏高原看，集中分布在黑河、托托河、霍霍西里、三岔口等地。这类石器较为简单，在当时交通信息不发达的时代，基本上是原地取材制造的。尽管在青藏高原以外的其他地方也出现过此类石器，但是没有发现这些石器之间制作技术或器材之间的交流痕迹。一直到距今8000年前后，也没有发现过石器的物质和技术交流痕迹。不过到了富林文化时期，石器的打磨更加细致，选材和加工更加考究，人类在制造技术上更加进步了。与前期相比较，富林文化更加活跃，出土文物更加丰富。富林文化中的磨器得以发展，很可能是由于气候

---

① 陈涛：《中国史前时期石磨盘、石磨棒功能研究——来自科技考古的证据》，《农业考古》2019年第6期，第125页。

条件与水土条件的改善，物产丰富起来，人们加工生产需要更加先进的磨器（图 3－2）。

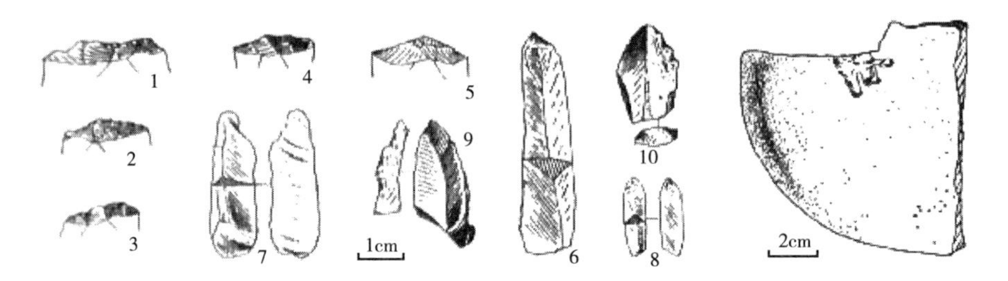

1~5. 修理过的台面　6、7. 试验砸击成的似石叶　8. 无台面似石叶
9、10. 有雕刻器打法的标本　11. 有坑疤的砾石

图 3－2　富林细石器

因此，在富林文化中出现了比以前更加先进的研磨器。最初的研磨是用硬度较小的被磨物在硬度较大的石器表面来回摩擦，使被磨物逐步破碎细化的工艺。这种工艺不但可以为植物果实去壳，还可以使谷物豆类等食物得到较为细致的研磨，为人类的消化系统提供更加适合的食物性状。再到后来，出现了磋磨，就是把被磨物置于两个硬度较高的相对逆向运动的物体之间，使被磨物因受到挤压和摩擦而发生破碎细化的工艺。这种工艺的进步在于可以较以前提高效率。相较于研磨，磋磨增加了一个磨面，改进了以前单磨面的加工工艺，显著地提高了加工效率。再到后来出现了臼磨，也就是将被磨物置于一对凹凸相对的石器之间，通过凸件的垂直运动撞击被磨物，使之破碎和细化的工艺。这种工艺较于磋磨工艺，明显的进步在于它能够加大力度，粉碎较大的食物，将作用力由水平运动改为垂直运动，用地球吸引力和石器自身重力粉碎食物。这样碓就得到发展。碓与臼磨产生应该大致是同时的。“古代谷物加工方法，初使用石磨盘和碾棒，其后用杵臼。碓的雏形是杵臼，‘碓，舂器，用石，杵臼之一变也’。”① 有研究认为，至秦汉时期，碓的发展出现了三次飞跃。

① 殷志华：《古代碓演变考》，《农业考古》2020 年第 1 期，第 105 页。

第一次飞跃主要是利用杠杆原理发明踏碓，即杠杆一头安装杵头，另一头用脚踏，借助人的重力将杵杆踏起，然后松脚，杵杆下落舂米。踏碓与杵臼功用一样，但人劳动部位由双臂换成脚踩，省力的同时还提高了效率。第二次飞跃式发展是“复设机关，用驴骡牛马及役水而舂，其利乃且百倍”，即出现了畜力碓和水碓。第三次飞跃是由水碓发展到连机水碓。宋代高承《事物纪原》记载：“晋预作连机之碓，借水转之”，但没有连机水碓的详细说明。不过自水碓应用后，大量稻谷得以加工成米，毋费力而加工量大，不仅自给，而且应市。王祯《农书》云：“机碓，水捣器也。《通俗文》云：水碓曰翻车碓。杜预作连机碓。孔融论水碓之巧，胜于圣人斫木掘地，则翻车之类，愈出于后世之机巧”（图 3－3）。从宋朝到清朝，“碓的发展演变体现在水碓技术更加先进，加工功能多样化，水碓遍布全国并向少数民族地区扩散”。[①] 要注意的是，碓与磨具有明显的区别。如前所述，磨的原理是两个硬度较高的物体相对逆向运动而挤压和摩擦使被研物破碎细化，这一原理在历史文献中也有记载。北宋有“激水为硙嘉陵民，构高穴深良苦辛”的描述，证明水磨已经十分普及。[②]

在水碓推广后，接着就是社会生产生活的繁荣。值得注意的是，水碓推广到藏族聚居区是晚清的事。

史载宣统二年二月初九（1910 年 3 月 19 日），新军后营管带程凤翔进驻杂瑜（今察隅县下察隅区），在其《喀木西南纪程》中言“杂瑜以手碓米[③]，用力多而成功少，因就水势之便，制造水碓八具，军民罔不称便”。之后引进推广水碓技术成为清军的一项善政，统帅赵尔丰做出安置水碓钧批，由程凤翔领衔主事。五月初五，驻扎在杂瑜鸡贡（今察隅县吉公）的程凤翔向川边大臣赵尔丰禀报：“恩帅（指赵尔丰）以水碓改良，军民罔不被其德泽。伏读安置水碓钧批……制米之速而且多者，莫如水碾”。但

① 殷志华：《古代碓演变考》，《农业考古》2020 年第 1 期，第 106 页。

② （北宋）文同《丹渊集》卷十一，《四部丛刊》影明刊本。

③ 梁中效：《试论中国古代粮食加工业的形成》，《中国农史》1992 年第 1 期。

图 3－3　繁峙岩山寺水碓房

资料来源：殷志华：《古代碓演变考》，《农业考古》2020年第1期，第106页。

是经过探查察隅地区的地势及比较水碾与水碓利弊后，[①] 程凤翔有了新的思考。在清末刘赞廷《察隅先图志》中记有程凤翔的建议："因先安水碓于鸡贡以试之。如其成用，当较胜于手舂之碓，将来造米之力可省，而买粮亦更不难矣。今据卑营滇籍能造水碓之勇丁称：其杵有用铁造者，有用木造者。木杵必用铁箍，杵巅并多用铁钉护之，以免木易撞蚀。如造木臼，则杵上只用铁箍，不须加钉，固不难立刻造成感也"。此项举措明显收到了效果，两日后，程凤翔又向赵尔丰禀报："五月初五日即饬庀材经始，于初六日告竣，初七日即运米二斗前往试验，未及半日而米已滑白。惟舂尚是木臼，不若石臼之涩，易于成熟。即此暂用，较手碓省力不少，而出米实多。但就安碓地势，揆诸杂瑜一带，安碓之地，随处皆有"。赵尔丰称赞程的成果并大力支持这项工作，对于石料短缺只能用木造杵、臼

① 陈民新：《水碓的形制与审美文化研究》，《美术大观》2010年第9期。

的情况，他回复道："安设水碓，木臼不若石臼，自属实情。本大臣前发给钢钻，仰择勇丁能造石臼者数名，各处造设，以开番民风气"。引进推广水碓的成功，促进了西藏农业的发展。不过由于政治因素，水碓在西藏并没有得到大面积推广。①

从这类研究可见，至少在清末，青藏高原东南部水碓已经相当普及。如果说早期的简单磨器产生于青藏高原具有一定原创性的话，那么晚清水碓的进入，是磨制技术扩散的结果，尽管进入较晚，但是对于青藏高原的影响不可低估。这里需要明确的是，碓与磨事实上是不同的。有一个旁证可以看到青藏高原磨器传播的大致情况，从新中国成立后出版的地图中查到的青藏高原含有"磨""磨子"的地名有 32 处，青藏高原东部和东北部有 13 处，青藏高原南部和东南部有 7 处，青藏高原中南部有 12 处。比如甘孜藏族自治州的丹巴大渡河支流革什扎河流域的"磨子沟"，新龙茹龙的"磨房沟"等，出现的时间都是清末以后，在此前的地图上尚未查到，也未见到野史记载和相应的信史材料。而汶川磨坊村尽管出现较早，但汶川位高原与平原山地之间。这样的地名，可能出现在磨器传入之后。另外，藏语"磨子"一词出现的时间也较晚。

但也有人认为水磨是唐代传入的："西康遍地激流飞瀑，水力最易利用。任何村落，皆有水磨房数家，专供磨糌粑面用。其装置与内地水磨略同。惟内地水磨，系上扇固悬，下扇转动，康地水磨，系将下扇固着于楼板上，中心凿一圆孔，贯穿长木，下连车轮，上嵌于上扇磨盘中，使上扇转动。其法一望而知为汉人所教。且料水磨传入西康，必在内地水磨改良以前。因原始之磨，固只上扇动也。查我国古时，称磨为硙，音岂，《正字通》云：'硙，碎物之器，公输班作硙，晋王戎有水硙，今俗谓之磨'。唐高宗永徽元年吐蕃遣使入贡，因请蚕种及造酒、碾硙、纸墨之匠，并许是为磨具入番之始。西康水磨当亦唐时传入。今其人尚呼水磨为'岂'也。"②

① 殷志华：《古代碓演变考》，《农业考古》2020 年第 1 期，第 107～108 页。

② 任乃强：《任乃强藏学文集》，中国藏学出版社，2009，第 247～248 页。

这个说法值得讨论。事实上，中东部地区石磨大部分都是上扇转动的，水磨亦如此。如果上述记载的水磨是在康区发现的，那么应该是改土归流之后，正好印证了水磨进入青藏高原较晚的事实。应当注意的是，上述不同的观点和论证，说的是两种器物，即水碓和水磨。说的分别是水碓进入青藏高原的大致时间和水磨（旋转石磨）进入青藏高原的时间。

二　磨器及其技术的扩散及人类生存样态的改变

如前所述，尽管石器时代人们交流有障碍，大多数磨器由当地自创自制，但是从技术上还是能看出地区和群体差异，这种差异体现在材质选择和加工工艺上，如兴隆洼文化中的石磨器明显较青藏高原其他地方考究和细致。汉末发明水碓之后，在三国、两晋、南北朝时期得到大力扩散（图3－4）。

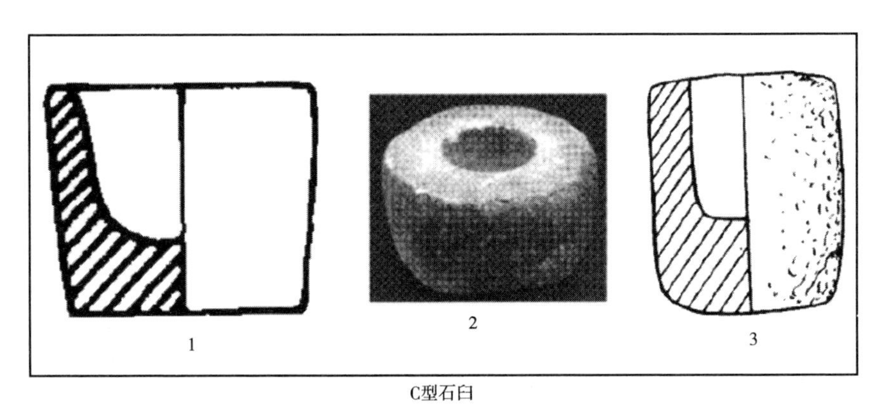

C型石臼

1. 北票康家屯石臼X13: 27　2. 二道井子石臼F12：7　3. 友好村二道梁遗址石臼H141：1

图3－4　三国时期碓状磨器

“石崇有水碓三十区”，“刘颂为河内太守有公王水碓三十余区”，[①] “王戎为司徒，好治产业，周遍天下水碓四十所”[②] 等记载说明，水碓在西晋已经有了一定发展，而且拥有水碓的数量成为财富地位象征。一部磨器产生发展的历史，就是人类寻求适应生存法则的历史。人类通过不断地适应性改进

① （宋）李昉:《太平御览1000卷》太平御览・卷第七百六十二・器物部七。

② （宋）李昉:《太平御览1000卷》太平御览・卷第七百六十二・器物部七。

和打造，最终形成与生产生活高度契合的石磨用具。旋转磨产生于长期使用打磨器、研磨器、臼磨器、碾磨器的经验积累。通过磨盘和磨棒之间的摩擦，人们发现了接触面大小与工效高低之间的关系，于是创造了与内容物（被磨物）接触面积较大的碾磨器；通过开放半开放的碾磨工艺，人们意识到开放半开放工艺的劣势和封闭半封闭加工工艺的优势，于是发明出接触面加大有能收纳住内容物的臼磨器；通过线段式的臼磨工艺，人们感到了线段式加工工艺消耗的时间成本和劳动成本越来越大，且臼磨工艺存在同一内容物重复劳动和无效做功的弊端，于是开始探索射线式的旋转磨工艺。人们通过碾磨和臼磨发现重力作用下的内容物可以变得更加细碎，但不易优选再加工；通过研磨发现细小的内容物不易控制和再加工；发现开放和半开放的打磨、研磨、磋磨、臼磨、碾磨不能最大限度减少被加工物的污染和流失损耗。于是尝试在两个相对运动的磨器中开孔，使内容物（加工物）能够沿着孔道进入磋磨平台，磋磨完成后又自动进入收纳槽中。其动力原理在于人工（后来运用牲畜）启动并持续用功，同时利用重物自重使上片能够保持一定重量足以磋碎内容物。

旋转石磨是一种高级形式的研磨—碾磨结合体。完成了从“磨”（mó）到磨（mò）的质的飞跃。旋转磨的出现，实现了机械加工方式质的提升：对以前开放或半开放的研磨和碾磨方式进行改革，对以前封闭或半封闭的臼磨方式进行了改革；以前的加工方式是线段式的、不连续的，而旋转磨的加工方式是射线式的、连续的。线段式的加工方式在加工过程中的不连续性，必然导致耗费线段之间的衔接时间和劳动成本；而射线式的加工方式在加工过程中，启动后就可以连续不断地在一对磨片的相对运动中实现无限延伸，直到加工流程结束。并且，加工的内容物（被磨物）可以沿着一定的通道源源不断地从一端到达另一端，实现流水线作业。这种石磨构造，很可能是从打磨器、研磨器、磋磨器、臼磨器、碾磨器的长期使用并结合牛或相关动物的消化系统原理，得到的灵感（图 3 –5）。

要明确的是，人对于食物摄取方式的改变，是随着社会整体进步一同推进的。人类学会用火是一次飞跃，这个过程经历了漫长的历史时期；人类采

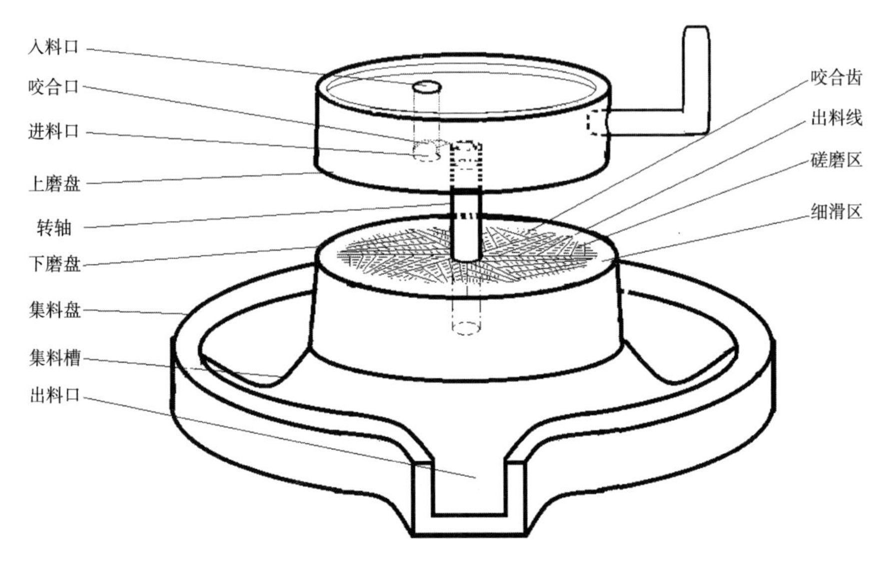

图 3－5　中国旋转石磨构造图解

资料来源：本书作者结合实物手绘。

用细化食物颗粒的方式弥补消化系统的不足，同样经历了漫长的历史时期。用火的发现在前，细化食物颗粒的发现在后。系统化地用火和系统化地研制磨器，并广泛用于社会生活中，不过近两三千年的事。迄今发现最早的中国旋转石磨出自战国前后，而这个时期正是中国文明从蒙昧走向成熟的时期。不管是磨器推动了文明进步，还是文明进步推动了磨器的改进，两者之间的密切关系并非偶然的结合。看似很简单的一个物件，其改革改进和发明经历的时间跨度可能是千百年乃至上万年。技术进步与社会进步是同步推进并高度关联的。旋转磨和射线式磋磨加工工艺的诞生大大增强了人的营养摄取能力。

青藏高原的磨器传入与制作，估计经过了多次、多方位的流传过程，而主要的传入方向估计是在高原东部，集中在晚清时期。在此之前，青藏高原食物尽管是以粟黍为主，兼有其他杂粮和动物肉类，但基本上处于简单的粗加工状态。而水碓和旋转石磨，尤其是后者传入一个多世纪以来，显著改善了青藏高原人类的饮食方式和结构，糌粑由以前极少量和极少高层享用的食物逐步扩大为社会化程度很高的主要食物，这是一个巨大的社会进步。

三　磨器的推广使用与生活变革

汉代中原和长江中下游出现了水碓和旋转石磨，进入南北朝民族大融合时期，先进的磨器向周边扩散。磨器进入青藏高原后，对于相关经济社会活动产生了空前的影响。在有磨器和无磨器的对比调查后，笔者发现了有意义的问题。从有磨器和无磨器对比的结果看，有磨器后的生产生活活动频率大大增加了。这种生产生活频率的变化主要表现在居民生产生活习惯的变化上。生产上，主要表现为豆类、麦类作物的大量推广，由过去一半靠狩猎一半靠种养向更多地靠种养发展。在传统狩猎日趋没落的前提下，种养业的发展，无疑为人们生产生活提供了稳定的来源。尽管较早时期青藏高原就有了麦类和豆类作物，但是那时大致以粟黍为主。在元代以后，由过去以粟黍为主的作物种植逐渐向多种作物演化，“其地气候大寒，不生秔稻，有青稞、麦、豌豆、荞麦”。[①] 麦类作物、荞类作物、豆类作物的引进，大大丰富了青藏高原人们的产生生活。尤其是在高原的纵深地带，这些因地制宜的种植业，极大地改变了原始生产状态。甚至一些地方在清代引进了水稻，比如察隅一些地方，以及大渡河、雅砻江湿润河谷地带，都有了稻作农业。这些作物的引进，应该是与磨器的推广尤其是与水碓和旋转石磨的引进有联系的。食物加工工具的改革，促进了农作物的种植，改变了人们的生活习惯。饮食结构变化，反过来影响生产状况。因此，饮食结构变化无疑是影响整个生态的一个重要因素。下面是有磨器和无磨器的对比调查。为了让调查更加方便，笔者选择了有面粉类和无面粉类对比调查。

问卷 A：有面粉类和无面粉类食物结构变化：以调查对象喜欢程度排序（从多到少排列）（1）面粉类食物，（2）牛奶酥油，（3）牛羊肉，（4）猪肉，（5）大米，（6）蔬菜（7）水果，（8）烟酒，（9）其他杂食。无一例外，面粉类食物成为一切食物的首选项。删除第一项“面粉类食物”后，再进行问卷调查，对象的选择并没有同我们期望的那样把大米排在第一，而

① 《旧唐书·吐蕃传》卷一九六。

是显示出无规律、无重点的均衡排列。可见，有面粉类食物结构与无面粉类食物结构有个明显变化，那就是面粉类食物已经成为当地人们的首选食物或者不可替代食物。作为补充，我们了解到，传统上牧民饮食是较为单一的。每天基本上是糌粑、大茶（马茶）和牛羊肉奶。尽管定居化后，农区的蔬菜、水果，以及城镇的大米、烟、酒等也进入他们的饮食中，但是面粉类食物糌粑和馍类依然是主要食物。可见磨器对于人们的饮食文化影响之深远，也可见磨器文化对于饮食习惯的植根之稳固。

问卷 B：假定没有现成面粉类食物，也没有外加工面粉的服务，请您列出下列家庭设施数量变化：床、时下流行的厨具和餐具、桌椅、洗衣机、固定电话、手机、帐篷、太阳能用具、节能灶、音响设施、卫浴设施、饮水机、电视机、牛奶分离器、旋转石磨或食物粉碎机。

92%的调查对象选择了旋转石磨或食物粉碎机，反映出他们对于面粉类加工工具的重视和对于面粉类食物的依赖。尽管这种选择是经过限制和提示的，但这并不影响这项调查的可信度。因为随着定居化和城镇化的推进，粮食加工服务已经越来越强化，逐步形成一条龙服务，过去靠单家独户和聚落小型加工的“家庭石磨时代”“公用磨坊时代”已经过去。部分调查对象不清楚面粉类食物的制作过程，需要对他们进行讲解和说明。一旦他们懂得这个调查的意图后，他们毫无例外地选择了石磨或食物粉碎机。

在牧民随身携带的物器调查中，89%的对象选择了四大件，即如下物品（按选择人数从多到少排列）：水壶、糌粑袋、藏刀、猎枪。这基本上是传统青藏高原牧民的随身四大件。当然，新生代牧民除外。他们在割断历史的前提下，会选择电子产品和现代交通工具。

同样，对于磨器进入家庭或聚落磨坊时代，关于时间分配的考察也具有意义。我们将调查对象每天的时间安排分为生产、生活两个方面。除去睡眠，其他生活活动占了大部分时间（约每天睡眠外时间的70%～80%），而生产方面的活动时间，主要集中在放牧、耕作和食物制作上。学习和社会交往基本上中断或根本没有。而这个时间分配中，不同年龄有很大的不同。以下分为老年组（60 岁及以上）、壮年组（31 岁至 59 岁）、年轻组（18 岁至 30 岁）、少年组（17 岁及以下）三个组考察（表 3 - 1）。

表 3 - 1　不同年龄段的生活时间分配

单位：小时

老年组	项目	饮食	睡眠	食物制作	交友	看牛羊	照顾家人	念经	闲休
	所耗时间	3 ~ 4	6 ~ 7	4 ~ 6	0.5	1	1	2 ~ 4	1
壮年组	项目	饮食	睡眠	放牧耕作	交友	购物	照顾家人	念经	其他
	所耗时间	3 ~ 4	7 ~ 9	4 ~ 6	1	0.5	0.1	1 ~ 3	0.5
青年组	项目	饮食	睡眠	放牧耕作	交友	购物	通信	念经	学习
	所耗时间	3 ~ 4	7 ~ 8	3 ~ 5	2	1	0.5	1 ~ 2	1
少年组	项目	饮食	睡眠	协助家人	交友	购物	玩耍	念经	其他
	所耗时间	3 ~ 4	8 ~ 9	4 ~ 6	2 ~ 3	1	2	0.5 ~ 1	1

从表 3 - 1 可以看出，不同年龄阶段的群体，活动时间分配是不同的。老年人除去睡眠时间，主要把时间用在家务和念经上；壮年和青年除了睡眠，主要把时间用在生产上；而少年主要把时间用在玩耍上。而工作的内容中，放牧和种植之外就是加工粮食和食物，几乎是所有有劳动能力的人员都参与进来。

第三节　青藏高原文化与周边文化的关联

一　文化交流的历史脉络

从很近的文化特征看，蒙藏文化都具有浓郁的宗教性，但是从源头看，或者从早期看，它们是泾渭分明的。蒙古文化起源于北方草原，是一种草原文化；藏文化起源于南方农牧交错带，是一种农牧兼作文化，严格来说还是一种偏农耕的文化。从考古发现的证据看，蒙古族的先民基本上是逐水草而居不断发展的，而藏族的先民很多时候是靠生产黍麦等农作物并驯养家畜为生。两种文化圈层，具有很大的差异性。但是历史上，特别是进入冷兵器时代后，蒙古族先民因生产生活方式而具有很强的流动性和攻击性，与藏族先民完全不同的是，他们不是以土地划定生产生活范围，而是以水草——确切说是以气候变化为准划定生产生活范围的。所以，在气候适宜牧业发展的地方和时间段，他们就本能地进入，他们可以越过乌拉尔山和乌拉尔河抵达欧洲。而藏族的先民则依靠大约3000米以上的宜农区，尽管少数人需要离开居住地放牧，但大多住木石结构的房子，一边生产农作物一边从事家畜饲养，他们主要是以土地为依托进行生产生活的。他们很少走下高原，很少离开已有的岛状生态环境。从这一点看，青藏高原文明与中原文明、长江文明具有很大的相似性和共生性。

青藏高原是由三大板块构成的，从北至南分别为早古生代秦—祁—昆构造区、晚古生代—早中生代—三江构造区、晚古生代—中生代冈底斯—喜马拉雅构造区（图3－6）[①]

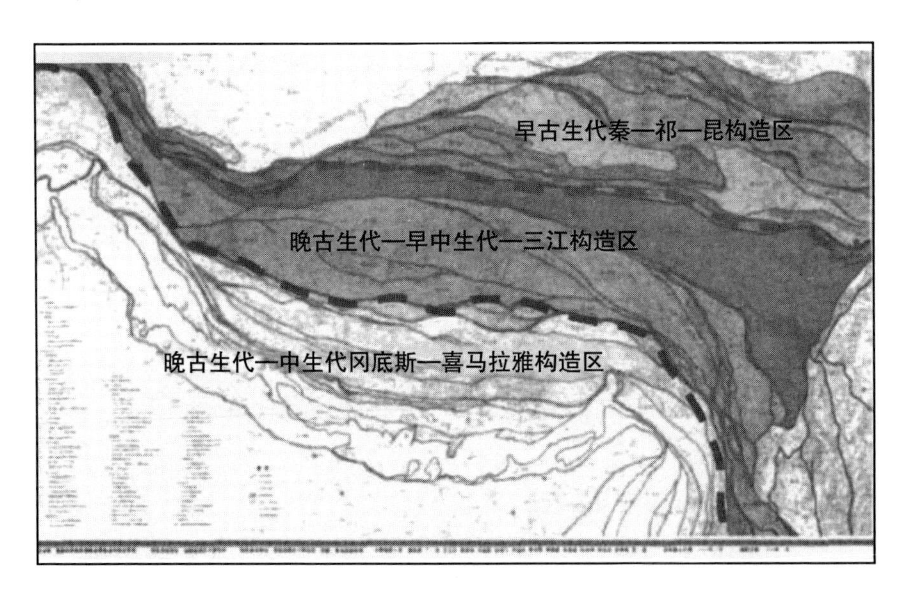

图3－6　青藏高原即邻近地区大地构造分区

这三大板块分别孕育着西藏文化、蒙古文化、康巴文化、安多文化，这些文化从近期分布看，主要集中在东部、南部和中部。尽管尚未就板块构造

① 潘桂棠：《青藏高原地质构造及资源评价》，《板块构造》2007年第3期，第22页。

与人文因素建立起关联模型，但就板块形成的时间与人类活动的时间顺序看，确实存在一定的关系。一般地，生物存在时间越是久远，人类选择活动的时间跨度可能就越大；生物存在的时间越近，人类选择活动的时间跨度就越小。时间跨度大的，考古堆积层就厚重，反之就薄轻。譬如在早古生代秦—祁—昆构造区活动的人类，随着区域构造变化，不仅占据了本区域的活动空间，同时也向周边移动，特别是向周边生存条件更适宜的地方移动的可能性就更大。事实上，蒙古人不仅作南北纵向移动，也作东西横向移动。蒙古文化在元代以前直接影响了除青藏高原外的另外几个阶梯：第二阶梯蒙古高原、黄土高原、西亚部分高原，第三阶梯亚洲东部、南部和北部的低丘和平原，甚至一度到达中亚、西亚和欧洲一带。西藏文化也向周边发展，在南向发展中一定程度上受到了喜马拉雅山阻挡，但通过一些缺口依然与南亚发生着密切的联系，并在西藏与南亚之间形成一些小块缓冲地带，尼泊尔、不丹、锡金等就是例子。在南向发展受到限制后，西藏文化主要向东发展，与这些地方的当地文化结合，形成康巴文化、安多文化等共生文化带。这些共生文化带既不属于西藏文化，也不属于一般意义上的中原文化，而是一种独特的交融文化或“走廊文化”。

关于藏地文化与中原文化的关联，一般认为，青藏高原是板块构造形成的由北向南渐次隆起地形区，但奇怪的是隆起最早的地区和隆起最晚的地区同样发现了大量的人类活动遗迹，而在中间地带却较少发现人类活动遗迹。如果人类存在的历史主要为380万~360万年，[①] 那么这个时期正是青藏高原由低向高隆起的活跃期，似乎印证了人类在与高原共同成长的过

① 有说法是最早的原上猿至今3500万年，森林古猿距今2300万年，那玛古猿距今1400万~700万年，南方古猿距今200万~300万年，但这些都是孤证和根据片段材料推测的结果。真正成片的证据发现还是距今380万~360万年的非洲莱托利尔地层的大量证据。参见陈发虎、刘峰文等《史前时代人类向青藏高原扩散的过程与动力》，《自然杂志》2016年第4期，第235~243页；郭正堂、羊向东等《末次冰盛期以来我国气候环境变化及人类适应》，《科学通报》2014年第30期，第2937~2939页；侯光良等《晚更新世以来青藏高原人类活动与环境变化》，《青海师范大学学报》（自然科学版）2015年第2期，第53~58页；安成邦、王琳等《甘青文化区新石器文化的时空变化和可能的环境动力》，《第四纪研究》2006年第6期，第924~928页。

程中，也具有明显的外向性特征。这一时期的大陆和大陆架并不是今天的样子，人类活动的范围与青藏高原的距离不是很大，在青藏高原周边形成的古代人类聚落和青藏高原内部的人类活动聚落基本上是同时存在的。这些聚落在大陆不同的内部流动，相互之间也可能发生过联系。因此，在高原北部、南部和东部人类活动较为频繁的地方，存在大量遗迹就很正常。当然，也不能排除的是，青藏高原中部至今发现的活动遗迹不如南北部那样多，可能存在两个原因，一个原因是中部在造山运动中土层翻卷过大，很多遗迹被深深卷入地层深处；另一个原因可能是中部自然条件复杂和恶劣，限制了古代人类的生息繁衍。仅就当前发现的北部、南部和东部遗迹进行比较研究，也可以看出青藏高原人类文明与周边文化共演共进的基本走向。

青藏高原现有居民与周边尤其是中国北方居民同源说，是比较活跃而具有积极导向的。有意义的是，近来学界根据考古发现的遗迹进行了连线研究，比较直观地看到了青藏高原与外界各地文化交流的历史状况。该研究认为青藏高原与外界至少存在三个交流区域，这三个区域大约由 13 条线路组成。第一个区域是东北区域，由大通河谷线、湟水河谷线、黄河谷线、乌图美仁河谷线、柴达木盆地线等五条主线构成。东南区主要由黑水河谷线、大金川河谷线、雅砻江线、金沙江线、澜沧江线等五条主线构成。西南区主要由雅鲁藏布江线、怒江线、高原湖泊河流线等三条主线构成。该研究还对这些路线的文物出土密度进行了计量统计，发现密度最大的区域是东北区域，密度为 1.43 个/千米，其中最大的密度线路是大通线，遗址密度为 4.03 个/千米；其次是西南区域，密度为 0.007 个/千米，其中最大的密度为雅鲁藏布江线，遗址密度为 0.09 个/千米；密度最小的是东南区域，密度为 0.05 个/千米，其中密度最大的是黑水线和大小金川线，遗址密度分别为 0.27 个/千米和 0.22 个/千米（表 3 - 2）。[①]

① 朱燕等：《基于 GIS 的青藏高原史前交通路线与分区分析》，《地理科学进展》2018 年第 3 期，第 442 ~ 448 页。

表 3－2　青藏高原历史文化流通线

序号	名称	走向	长度（千米）	海拔落差（米）	遗址点数量（个）	遗址密度（个/千米）	沟通外部区域	形成时期
Ⅰ－1	大通河谷线	东西向	445.17	1908	1793	4.03	黄土高原	新石器
Ⅰ－2	湟水河谷线	东西向	440.84	2553	281	0.64	黄土高原	新石器
Ⅰ－3	黄河谷线	东西向	1110.75	1629	2034	1.83	黄土高原	旧石器
Ⅰ－4	乌图美仁河谷线	东西向	297.49	296	7	0.02	—	旧石器
Ⅰ－5	柴达木盆地线	东西向	600.98	1261	31	0.05	—	青铜器
Ⅰ	东北区域汇总	东西向	2895.23	7647	4146	1.43	黄土高原	旧石器
Ⅱ－1	黑水河谷线	南北向	161.45	1787	44	0.27	四川盆地	新石器
Ⅱ－2	大金川河谷线	南北向	530.03	2039	115	0.22	四川盆地	新石器
Ⅱ－3	雅砻江线	南北向	510.33	2018	3	0.01	四川盆地	旧石器
Ⅱ－4	金沙江线	南北向	1774.58	2260	31	0.02	云贵高原	旧石器
Ⅱ－5	澜沧江线	南北向	1100.84	2746	24	0.02	云贵高原＋南亚地区	新石器
Ⅱ	东南区域汇总	南北向	4077.23	10850	217	0.05	四川盆地＋云贵高原＋南亚地区	旧石器
Ⅲ－1	雅鲁藏布江线	东南—西北向	2158.92	2118	197	0.09	南亚地区	旧石器
Ⅲ－2	怒江线	东南—西北向	1608.29	3068	89	0.06	云贵高原＋南亚地区	旧石器
Ⅲ－3	高原湖泊河流线	东南—西北向	835.11	549	38	0.05	—	旧石器
Ⅲ	西南区域汇总	东南—西北向	4602.32	5735	324	0.07	云贵高原＋南亚地区	旧石器

这种直观的线路分析方法能够说明一些问题，至少可以就当前发掘出来的文物遗址进行分区处理，从而较为直观地看到当前实物分布的状况，并就这些物证进行分区分类研究。当然，仅仅从出土区域的角度进行研究，显然是不够的，只有对出土物证之间源头、形成过程乃至微观分析做进一步研究，才能厘清其内在联系。因此，学界有了一些尝试，比如关于昭穆制度的考释，推测“青藏高原上古羌人中昭穆二分制的出现，很可能要比炎黄、姬姜这些稍后起的二分制出现要更早些”。[①] 进而推测从旧石器时代开始“华北地区就有人来往穿梭于青藏高原”。[②] 不仅如此，学界还发现了“数条穿越其间的河流峡谷为凉山地区与横断山脉及中亚东部的早期文化交流提供了通达途径”，并“识别出安宁河谷、会理山区、盐源盆地与凉山东北部这四个不同的文化亚区”，认为“它们在文化因素组合、文化发展方向以及各自与外部文化联系的通道、距离、范围等方面所表现出的文化关系网及其作用都不尽相同”。[③] 这些研究，都指向一个事实：青藏高原与外界的联系是长期的、不间断的。

所谓长期的，是指人类文明孕育和发展，就是青藏高原与外界联系的开始。从人类活动的千万年轨迹看，这些联系至少存在了7000年以上。青藏高原腹地曲贡文化遗址中的出土物和青藏高原东北部、青藏高原东南部众多的出土物，以及日土文化遗址中的出土物都显示出青藏高原与外界联系的痕迹。众多文物表现出的共同性指向一个焦点：在青藏高原文明进程中，人类很早就知道如何进出这个貌似隔绝的岛状生态环境，无论是受自然因素还是人文社会因素的驱使。

① 参见龙西江《论藏汉民族的共同渊源——青藏高原古藏人“恰、穆”与中原周人“昭、穆”制度的关系》，《战略与管理》1995年第3期，第34页；又见龙西江《论汉藏民族的共同渊源——青藏高原古藏人“恰、穆”与中原周人“昭、穆”制度的关系》，《文化与哲学》2002年第2期，第61页。

② 龙西江：《论汉藏民族的共同渊源——青藏高原古藏人“恰、穆”与中原周人“昭、穆”制度的关系》，《文化与哲学》2002年第2期，第61页。

③ 〔德〕安可·海因：《青藏高原东缘的史前人类活动——论多元文化“交汇点”的四川凉山地区》，张正为译，李永宪校，《四川文物》2015年第2期，第40页。

所谓不间断的，是指在千万年的人类文明交流中，青藏高原与外界的通道不止一条，而且这些通道没有因为某种原因而全部断绝过。如前所述，青藏高原与外界的三大交流区域至少有13条主干线，东北区域的大通河谷线、湟水河谷线、黄河谷线、乌图美仁河谷线、柴达木盆地线等5条主线活跃了数千年没有中断过，而东南区的黑水河谷线、大金川河谷线、雅砻江线、金沙江线、澜沧江线等五条主线也活跃了至少6000年。西南区的雅鲁藏布江线、怒江线、高原湖泊河流线等3条主干线活跃了也不少于5000年。当然，尽管这些干线活跃度不完全相同，但是活跃的整体连续性并没有降低，更没有中断过。一些通道在时间隧道中不断更新，有些通道沿用至今。

二　电的传入

青藏高原人工发电和用电始于20世纪初。“20世纪初，从英国留学回国的强俄巴仁增多杰在西藏建设小水电站”。[①] 1928年，西藏噶厦政府在拉萨北郊夺底兴建了一座25马力（92千瓦）的水电站。[②] 大致与此同时，川西北高原发电用电也随着地方实力派进入而引入。1938年，刘文辉在康定升航建设第一座小型水电站。[③] 抗战期间，川西北加快了水电建设步伐。大规模开发水电，是新中国成立后的事情。水电的开发和使用，无疑加快了青藏高原向近代文明过渡的步伐。“1951年，在解放军帮助下分别建成日喀则火力发电厂和拉萨夺底电站等小型发电厂。后来西藏电力事业取得很大发展，2019年，西藏电力实现全覆盖，90%以上的人口用上了电。青海电力发展也十分迅速，从解放初期的零起步，到2019年用电人口达到99%。川西北地区水电建设也取得了历史性的跨越，2019年电网覆盖全部人口居住区域。

① 《西藏自治区志·水利志》编纂委员会：《西藏自治区志·水利志》，中国藏学出版社，2015，第115页。

② 党亚利：《天翻地覆慨而慷——西藏自治区电力工业50年发展纪实》，《农电管理》2010年第3期。

③ 文艳林：《西康研究》，中国人文科学出版社，2019，第216页。

电的传入与使用，是青藏高原具有划时代意义的大事。如果说石磨的传入改善了青藏高原居民的膳食结构并丰富了食物的获取方式，那么电的传入与扩散，为青藏高原人口、经济和社会变革带来更为深远的影响。这些影响主要表现在四个方面。一是改变了青藏高原居民生产生活方式。过去没有电的时代，当地居民基本上从事刀耕火种的原始农业，以原始狩猎为补充，当地还是人力加畜力的原始动力社会。电力推广使用后，电器快速跟进，照明、取暖、食物加工等能源供应得到满足，生产上也有了新的动力来源，生产效率大大提高，生活质量大大提高。二是电推动了现代通信的大发展，使荒凉广袤的高原随时可以联通外界，数百万平方公里似乎不再有隔阂。电话、电报业务深入乡村，为大量社会紧急事件和灾害防治提供了通信保障。这种感受使当地人感到翻天覆地的变化。三是电对于文化扩散与传播起到了重大作用。电的使用，推动了电影、电视等现代文化传媒的扩散。汉区文化、港澳文化、境外文化与当地文化互动增强，传播量增大。通过长期的电化学习和互动，当地居民对外界不再陌生，为他们走出高原提供了知识储备和沟通平台。通过电传播文化，实质上是一种对当地居民的电化教育，这场教育运动起于20世纪60年代，在70年代中期到达高峰。通过电化教育结合其他形式的文化互动，高原居民对于国家、执政党和领袖的情感得到了很大的增强，逐步淡化了历史上封建迷信意识，增强了现代国家意识、主人翁意识。尤其是高质量的电影，为深入进行社会主义教育和社会主义改造奠定了思想、文化基础。进入转型时期后，尽管传播的内容发生很大变化，但是电作为媒体传播的基本手段和功效依然如故，不仅没有减弱反而有所增强。四是电的使用，使青藏高原岛状生态系统发生了重大变化。电具有“引爆器”和“触发器”的作用，对于重大工业、重大实验、重大高能耗建设项目具有直接的支撑作用，带来了直接的经济效益和社会效益。但同时也“引爆”了整个高原的排碳系统，大大增加了高原内部的碳排量，加速了青藏高原的气温、地温变化频率。在近20年内，观测点大量数据显示气温、地温变化与电的使用有直接关联。可见，电的传入，具有“双面斧”效应，既提高了生产生活质量和效率，加快了社会转型，同时也为高原生态带来负面影响。

三　近现代文化因素的进入

（一）近代中央的羁縻政策

公元7世纪，藏文的创造和推行，促进了藏族的统一和发展。在藏文创立后，很多地方依旧保持着不同的地方文化和风俗习惯，这些痕迹今天依然完好地保存于藏族聚居区的不同文化社会生活中。文字相同、语言不通的现象大量存在，这就是对藏民族形成历史的很好印证。从元代开始，中央确立了对整个青藏高原地区的统治地位。西藏地方在佛教传入并弘扬光大前，没有以教干政、政教联合或以教代政的先例，直到13世纪萨迦政权建立前，都是世俗政权统治的地方。1260年，八思巴以元朝国师身份兼管总制院务成为中央政府高级官员，代行西藏地方管辖权。这是中央在西藏地方实行区域性政教结合统治的开始。明清以降，先后有“西藏八王”，即噶玛噶举系、萨迦系、格鲁系首领为三大法王，五个地方性王，以及众多大国师、灌顶国师、西天佛子等受封。土司制度得以建立和推行。土司制度在政治上顽强地秉承中央王朝旨意维持着对当地的统治，替中央王朝牢固地对少数民族地方实施怀柔和羁縻统治。

藏传佛教作为佛教的一级分支，分出了多个支系。格鲁系就是其中之一。代表人物宗喀巴在理论上受印度中观派影响，在修行上主张显密双修，要求信徒恪守戒律。五世达赖作为地方政教结合的首领之一，参与中央对西藏地方的管理，是清朝前期的事，至今不过300余年。由于种种原因，顺治帝仅同意五世达赖参与对前藏的管辖，并没有授权他管理其他广大的地区。清朝出于对蒙藏统治的现实需要，一度在蒙藏地区大力扶持格鲁系，逐步形成了内部互相认可、由中央政府主持并认定的金瓶掣签活佛转世制度。在活佛转世体系中，形成了班禅和达赖两大系统。两大系统各自独转，不能“混转”，但须相互认可。这种格局为清王朝推行怀柔羁縻政策提供了“为我所用”和相互制衡的条件。当一支独大时，便用另外一支进行牵制；当一支失控时，便用另外一支作为替代。这种宗教体系中的“双核互动”格局，具有独到的稳定性和顽强性，在近代国家行政体制中发挥了奇妙的作用，尤其是对于青藏高原和泛青藏高原地区产生了深远影响。宗教体系中的“双核互动”不仅影响了宗教体制及其仪轨，而且为世俗行政管理体制带来辐射效应，体现在世俗政治生活的方方面面和层层级级。

1911 年 10 月，辛亥革命爆发，清帝逊位。辛亥革命后不到两个月时间，外蒙古在沙俄策动下宣布独立。内蒙古分裂势力也蠢蠢欲动，积极策划独立。在新疆的南疆地区，沙俄制造“策勒村事件”，调集军队向伊犁、喀什一带集结。在这种情况下，英国趁火打劫，怂恿十三世达赖喇嘛进行分裂活动。袁世凯主持中央政权之后，为了稳定西藏，积极安抚西藏地方上层势力，1912 年，中央政府不仅恢复了被晚清革去的十三世达赖喇嘛的名号，而且继续给予其对西藏地方的管理权，同时给予达赖及噶厦政府经费支持。即使是西藏地方已经将国民政府军政势力逐出西藏后，中央也没有取消这一政策。而 1913 年 1 月，十三世达赖喇嘛发布“水牛年文告”，称中央政府与西藏地方存在所谓“施供关系”，并在英印支持下一再挑起区域冲突。1913 年 11 月，英国拉上西藏和西方势力，“请君入瓮”式地邀袁世凯派代表到印度北部西拉姆“商谈藏事”。不久英国炮制“麦克马洪线”，非法侵占中国藏南 9 万余平方公里领土。

袁氏接受了日本企图灭亡中国的“二十一条”，英国趁火打劫伸手西藏问题之时，北洋政府在军阀混战中基本失去了正常外交能力和处理国内行政事务的能力。地方军阀势力蜂起，兼并战争不断，直到 1927 年蒋介石政权在形式上取得全国统治地位之后，这种混乱局面才基本得到缓解。日本在中国发动“九·一八”事变后，占领了东三省，中国统治的重心随着抗战升级而不断西移，英日、美日矛盾也导致了蒋介石政权与英美的合作。故抗战爆发后，英国在西藏问题上由前段的“赤膊上阵”，演变为含有几分暧昧的“幕后策划”。加之适逢十四世达赖转世，新旧统治交替，西藏当局统治处于疲软状态，这就为中央“固康摄藏”和“稳藏安康”战略的实施提供了前提。

（二）晚清“改土归流”和民国期间的文化乱象

中国是一个统一的多民族国家。周边尤其是南方边远区域在历史上很长一段时间内，都维持着一种当地世居政权的地方统治，这种世居统治得到中央的认可，同时也向中央负责，履行他们的义务。一是政治上要向中央尽忠，尽到臣子职责；二是经济上要向中央进贡和承担一定税赋，以尽到地方义务；三是代表国家行使行政权力，以尽到保境安民之责。只要不闹事、不反叛，地方势力的这种世居特权基本上是稳固的。但是也有一些例外：一是这些世居政治内生的矛盾导致相互倾轧，导致地方稳定失衡；二是世居政权自己无人继承而被取代；三是出现其他需要中央重新整治的情况而被实施“外科手术”。

随着清朝统治的日趋稳固以及出于边疆巩固的需要，土司政权与中央行政表现出越来越不协调的体制障碍，这样，废除土司制度的任务逐步被提上日程。雍正年间就开始推行“改土归流”，先后在南方的广西、云南、贵州等地实施了一系列的改革措施，核心就是废除土司专权，改由中央统一派出的流官对地方实施行政管理。从“改土归流”的初步效果看，至少起到了这几个作用：遏制了地方土司势力的恶性发展，消除了地方势力与中央抗衡的基础；规范了地方行政治理方式，确保了政令畅通；增强了中央对边疆地区的统治力量；加快了边疆和少数民族地区的发展。

辛亥革命前后，青藏高原也出现了少有的动荡。除了西藏地方势力在依附帝国主义的边缘徘徊外，川西高原的明正土司也树起反旗，北有理塘、崇喜，南有得荣、巴塘，各地纷纷告急。康区这种局面，正好为英国操纵下的西藏地方势力提供了机会。这样，内部的混乱，不可避免引狼入室，青藏高原为殖民主义者提供了表演的舞台。为了达到分裂并吞并西藏的目的，1913年10月至次年7月，英国操控了由英国政府、中国北洋政府、西藏地方政府参加的“西姆拉会议”。会议上英国一厢情愿地拟订了《西姆拉条约》，否定中国对西藏的主权，并与十三世达赖勾结，私下交换文本，在中国边境画出了一条“麦克马洪线”，企图将大片中国领土划归英属印度。十三世达赖看到国民政府政令不畅、对帝国主义软弱屈从，内地军阀割据、混战不休，根本无力顾及西藏问题的现实，积极利用英国的野心，获取英国支持，有意向邻省扩充地盘，巩固实力，以图不轨。1931年春，康区的甘孜地方大金寺和白利寺发生利益纠纷，这本来是一件民事纠纷事件，而由于英帝国主义插手和达赖集团幕后操控，事件不断升级为区域纷争和军事冲突，前后迁延多年。同时，十三世达赖调集“雄兵”4000余人，向玉树地方发动猛攻。结果，遭到割据青藏高原北部和东北部的马步芳、马麟武装与坐拥西康的刘文辉的南北夹击，大败而归。

达赖在康、青征战中没有捞到好处，却反以共产党（赤色主义）已经成为他们最大的“危险”为借口指东打西。就事端的挑起者大金寺而言，经商、拥兵、参政、割据、扩张等很多特征是一般寺庙不具备的，但是作为纠纷主要参与者的大金寺具备了。正是具备了这些特征或条件，类似的政教结合势力才有能力在青、藏、康、川之间游刃有余地“纵横捭阖”，进行政治、宗教、经济和军事投机。这种背景下，西康的大金寺与青海玉树的尕丹寺如出一辙，充分表演了近代地方文化舞台的“双簧”。类似效应下，附近的寺庙和僧侣或趋鹜跟风，或投机钻营，投入宗教、政治、经济利益的角逐中。“大白之争”成为当地文化乱象的一个集中表演和“典型剧本”缩写版，它纷呈着西方文化势力、地方文化势力、宗教势力及其内部不同派系在各种面具下的形形色色。众所周知，在这个时空中，其实红色文化并没有缺席，但不同流合污。

其间与地方秩序失常相并行的，还有外国传教。基督教、东正教、伊斯兰教等，纷纷进入青藏高原，建立起庙堂，与当地宗教争夺教徒信众。一时出现了中原文化、藏族文化、各种宗教、各种政治势力和地方实力派、西方殖民主义文化及其代理人之间的纷争和博弈，青藏高原呈现出空前的社会变局和文化乱象。当然，在这种乱象中，随着红军长征的推进，红色文化进入西康、青海、甘肃等广大地区，“散布了许多种子在十一个省内，发芽、长叶、开花、结果”，[①] 可谓奇葩独秀。

---

① 毛泽东：《论反对日本帝国主义的策略》，《毛泽东选集》（一卷本），人民出版社，1964，第136页。

（三）新中国成立后的社会主义文化兴起与地方文化传统的保护

1949年9月5日，青海全境宣告解放。同年12月，刘文辉等发动彭县起义，西康归附中央，次年3月解放军进驻西康省会康定。1950年10月，解放军一举攻克藏东重镇昌都，地方武装土崩瓦解。1951年5月23，西藏地方代表团在北京与中央政府签署《十七条协议》（下称《协议》）。《协议》开宗明义，承认"西藏民族是中国境内具有悠久历史的民族之一"，"西藏地方政府对于帝国主义的欺骗和挑拨没有加以反对，对伟大祖国采取了非爱国主义的态度"，导致"西藏人民陷入痛苦的深渊"，要"回到中华人民共和国大家庭中来"，决定"积极协助人民解放军进入西藏巩固国防"，并"在中央人民政府统一领导之下"，"实行民族区域自治"。其中提到"尊重西藏人民的宗教信仰和风俗习惯，保护喇嘛寺"，"依据西藏的实际情况发展西藏民族的语言文字"。[①] 最关键的一条就是解放军进军西藏，接管国防。10月26日，解放军在西藏军民的欢迎中进驻拉萨，西藏完成解放。在短短的一年多时间里，整个青藏高原结束了纷乱的局面，建立起了统一的行政体系。接下来的时间内，在青藏高原分区推行大同小异的社会主义改造和过渡制度。川西高原和青海大部分地区在50年代末完成了社会主义改造，建立起社会主义的政治经济和文化秩序。而西藏因发生叛乱，延至1965年才建立西藏自治区。也就是说，西藏算是中国各大省级行政区中封建文化延续时间最长的。因此，在文化生态上，西藏与高原其他地方存在不同的发育和衰退期。

青藏高原除了原有的地方文化和宗教文化外，也不断融入了汉地文化、军营文化和苏联文化，这些文化在高原共进共演。而"文革"中，千年游牧的个人牧场、牲畜编入了公社、大队和生产队，过去的活佛、头人、土司加入新的行政系统中，忠实地执行"毛主席的革命路线"。从60年代开始一直延续到90年代初期，20多年里基本上影响了一代人。生产

① 西藏自治区人民政府办公厅：《西藏自治区志·政务志》，中国藏学出版社，2007，第1356～1357页。

上，过去的头人负责制改成公社制度后，一些地方出现的是极为原始的“草原共产主义”，即一个头人或土司充当社长或书记，把下属各个牧场按不同的家庭或家族分为生产队、大队，定期摊派税收。而税收往往是实物，在藏族聚居区主要是牛羊及其产品。藏族聚居区的这套行政体制与过去的土司制度和流官制度相比较，确实取得了很大成功。至少有三个满意，一是信仰满意，二是经济利益满意，三是干部满意。因此，很大程度上，国家正式制度文化，在地方上要生根开花结果，必须选择“打成一片”的入乡随俗策略。这样，西藏等地的地方文化很大程度上得到了保护。尽管在发展中出过一些问题，但是在大多数时间和大多数地方，藏族聚居区的地方文化得到了较好的保护。神山圣水、经堂寺庙、民俗民风等基本上得到保留。

20 世纪 90 年代开始，青藏高原绝大部分地区逐步进入市场经济时期。在前期保留的地方文化，得到复苏和大力发展。尽管这个过程不是整齐划一的，也就是说在不同的地区存在先进与落后之分，但是到后来各地基本上都走到了地方文化与市场经济接轨并加速发展的快车道上。比如，川西北地区，改革开放为他们带来了很好的发展契机。市场经济首先在川西北得到了很大的试验和推广。青海东部的几个自治州也是这样，在发展市场经济和工业化的道路上飞奔，尽管起步和起点不同，但其发展速度与其他省市并驾齐驱。

第四章
一个世纪来泛江河源区社会转型与文化变奏

第一节 城镇化进程中的文化变迁

一 高原草地社会深层次变革

相对于世居族群而言，非世居族群进入后的生产生活在改革前后发生了显著变化，本书对三江源地区的世居族群和非世居族群进行了走访调查。调查显示，大多数世居族群认为改革开放后生活比以前好些，也有少部分人认为改革开放后与以前差不多，除了生产生活的习惯原因外，收支相抵出现了经济拮据现象。调查表明，改革的现代模式与游牧的传统模式之间，确乎存在一种打磨必要："帐篷新生活"是一种现代旅游文化生活的设计，而传统游牧生活是从当地习惯出发的实际需要。两种模式之间的差异在于现代与传统之争。改革也是这样。现代与传统之间，有知识和技能作为纽带和桥梁相连接。一旦跨越成功，改革就容易实现了。在地方政府看来，牧民目前收支相抵出现的亏损，应该是一种阶段性的亏损，或许可以看作"假亏"。一旦他们掌握了一定的生产生活技能，并养成一种生产生活习惯后，这种投入的收益就开始逐步显现出来。由于社会形态具有一定的稳定性，恩格斯认为"一定历史时代和一定地区内的人们生活于其下的社会制度，受着两种生产的制约：一方面受劳动的发展阶段的制约，另一方面受家庭的发展阶段的制约。劳动愈不发展，劳动产品的数量、从而社会的财富愈受限制，社会就愈是受血族关系的支配”。[1] 但是，这种支配不是绝对的，它是随着时间和环境的变化而变化的。“以血族关系为基础的这种社会结构中，劳动生产率日益发展起来；与此同时，私有制和交换、财产差别、使用他人劳动力的可能性，从而阶级对立的基础等等新社会成分，也日益发展起来”。[2]

以藏族为例，它的社会形态是分层的。阿坝草原大多数地区在历史上是以骨系的社会形态存在并延续的。这种骨系的存在，很大程度上左右着社会发展。骨系是于游牧社会形态产生并延续的基本社会网络。牧民在不同的骨系里，按照内定统一的游牧规矩，选择空间和游牧方式。当现行定制与基层社会习惯和生产生活实际相去甚远的时候，牧区社会表现为短暂的失序。失序后的牧区社会表现为游牧的盲目性和生产的不可控性。这种行为的结果是牲畜数量的盲目增加和草场纠纷的迭起。据不完全统计，川西北草原在1980 年至2012 年底的32 年中，共发生大小草场纠纷500 余起，造成人员伤亡300 余人。[3]

那么，是不是说以骨系为代表的传统社会组织在当前仍能够作用于社会管理和社会生活，甚至左右社会呢？事实上没有达到这个程度，至少从社会管理和社会生活的一般现象考察，不是这样的。这里的基层组织基本上是乡村两级，乡的治理机构是乡党委和乡政府，村的治理机构是村党支部和村委会。但是这里的治理机构对于基层社会的作用形式有别或其他地方，不是直接而是间接发生作用的。乡镇和村委向基层社会发号施令和推行政策，往往需要通过有家族代表、宗教人士等传统势力参加的“民主协商”程序，只有由他们将现行政策法规进行通俗解释并带头示范，方能演化为民众性的社会行动，进而使政令生效。而我们知道，其他地方比如阿坝茂县或汶川的藏

① 恩格斯：《家庭、私有制和国家的起源》第一版序言，《马克思恩格斯全集》，中央编译局，1965，第30 页。

② 恩格斯：《家庭、私有制和国家的起源》第一版序言，《马克思恩格斯全集》，中央编译局，1965，第30 页。

③ 文艳林：《近代以来川西北枪支问题研究》，《青海民族研究》2015 年第3 期，第10 页。

族聚居区，只需上级派去或就地任命的行政官员召集民众会议或工作会议，就可以推行政令。产生这种不同的原因，除了传统势力的习惯作用，还有民众对于政策理解的路径依赖。他们习惯于地方传统势力的宣传和示范，尽管这种宣传和示范并不见得就比政府直接行为高明或有利于他们，但是他们依然习惯这种方式。此外，民众对于政府现代化程度较高的政策话语的理解力远远低于我们的预料。很多地方，不是传统势力的过于强大以至于阻挡现代化东西不能进入，而是民众对于现代化的东西没有接受的基础条件，不得不借助或依赖传统作为融入现代社会的补充手段。但是这种依赖并不是政府和民众的价值取向得到最小公约数，问题就得以不断地产生和繁衍。

二　生产转型

从改革开放的政府导向和经济一体化趋势看，从传统畜牧业转向现代农牧结合、产供销配套的发展方向似乎是经济转型的必由之路，但这个转型必须具备两个基本条件：一是多数居民的志愿，二是改革经济的形成和稳定发展相比传统游牧经济显示出巨大的效益。带着这个问题，我们做如下考察。

关于改革的动因，从政府方面看，是国家和区域发展既定方针的具体实施，既然是既定的发展方针，就得按照具体的路径推进。从牧民方面看，是个体经济或集体经济发展到一定时期的转折，但是他们不能把握这个转折，只能依靠外力的作用。大多数人认为改革是出于自愿，也有一部分人认为是政府安排。从社会层面看，改革在经济上的转型代价超出了预计，这个代价是政府、牧民、社会共同承担的；在文化上产生的巨大冲击使宗教社会应接不暇。不论是出于对自身传统保护的本能，还是因价值观分歧产生的对立，都使改革问题处于多边和多变的焦点上。

问卷 E：您家中现有存款吗？如有，打算（1）购买牲畜扩建圈棚扩大生产，（2）买交通工具，（3）子女上学，（4）婚嫁，（5）捐赠，（6）其他（请从多到少顺序排列）。

在 67 份问卷中，34 份的顺序为（1）（2）（5）（4）（3）（6），26 份的顺序为（1）（5）（4）（3）（2）（6），7 份的顺序为（1）（5）（4）（2）

(3)(6)。这三组排列不同的意义在于，至少有绝大部分人意识到扩大当前的生产是最重要的，而子女上学基本上被大多数牧民忽略。说明他们没有意识到扩大生产与知识和智力投入的关系。有相当一部分人把捐赠看作仅次于扩大生产的项目，这说明了彼岸世界的出世价值观在这里的地位依然牢不可破。这种价值观可能会对经济转型造成负面影响。经济转型不仅意味着产业升级，而且意味着知识结构的改变和传统生产知识的升级。但是，藏传佛教的教义不具备支撑这种转变的功能。体现在传统畜牧向现代畜牧转变的重大问题上，那就是关于牲畜究竟是一种商品还是一种生命存在方式的纠葛。如果这个问题不解决或解决不好，至少在很长的时间内，传统畜牧的转型是缺少生产动力支撑的。

为了说明这个问题，有必要考察一个成功的转型案例。T 改革点是一个多民族杂居的山原聚落，有居民 34 户 133 人，地处若尔盖草原的纵深河谷地带。这里曾经是古代盐茶道。很多汉地商贩途经这里，带来了汉地商品，带来了汉地文化，也有一部分人与当地居民通婚而留下来。历史上他们放牧为生，兼做采摘。改革工程实施后，经济开始转型。这里盛产大黄，也出产冬虫夏草、蘑菇等。由于没有价值观上的影响，他们将牛羊卖掉，承包山地种植大黄，成立协会，在村头办起加工厂，每年可生产干大黄 80 余吨，每吨可卖 1.8 万元，除去成本每年可获利 50 余万元，人均三四千元。加上其他副业，每户年收入大致为 1.5 万 ~3 万元，在当地也算小康水平。

而在 H 改革示范村，有居民 81 户 403 人，因为没有脱离传统牧业的困扰，在改革点和牧场之间，牧民两者兼顾，大约从事游牧业和改革后的其他产业。无业的人约占一半，并没有找到切实的产业发展方向，更舍不得卖掉牛羊进入全面改革，生产生活成本较以前大大增加，改革和游牧相互牵制，反而成为拖累的因素。这样的困境如果得不到尽快缓解，牧民必然会在两难中做出更大牺牲，最后导致他们抛弃改革而回到传统牧业。

三　社会与传统文化变迁

广大的藏族聚居区，是一个长期封闭的多数人信教区。其区域文化无疑打上了藏文化深刻烙印。而在民主改革后，尤其是十一届三中全会后，这种长期封闭的文化生态被打破，区域文化逐步呈开放式发展。S乡位于民族走廊，居民以藏族为主，藏汉蒙等民族杂居。藏传佛教的苯波、萨迦、格鲁三大教系并存。苯波系有象藏寺，萨迦系有后尼巴寺，格鲁系有卓藏寺和尼益寺。这四个寺院，统辖了全乡至少6个行政村。这里是人们文化信仰活动的中心。当然，也有学校4所、教师工24人，卫生院1所、卫生技术人员5人。与寺庙相比，这个文化力量是微不足道的。文化力量的悬殊，并不会以显著的方式表现于社会矛盾的各个方面，而在于人们对于价值观的选择上，以及在这种价值观作用下所做出的种种取舍。每年有很多的宗教节日，人们自觉自愿地放下手中的活，去寺庙接受各种法事安排，通过这种方式，寻求最大的心理慰藉和社会平衡。假如没有这样的文化背景，没有这样的宗教之定，多数人信教的牧民改革是不可思议的。当然，并不是活佛参与了改革文化，事实上是活佛在改革中始终起到了稳定的作用。藏族社会是一个寺庙与社会的双元结构，彼此依存，相互牵引又相互促进。从社会宏观的文化氛围中到家庭文化元素的结构中，都出现了多种文化交汇但是又不融合的奇观。在两大文化的背后，还有商业文化、学校文化、汉区文化的交汇碰撞，使转型社会呈现出一种复合文化的发展态势。

截至2019年底，西藏、青海、川西北藏族聚居区全部实现了牧民定居，正式结束了千百年来逐水草而居的历史。国家先后投入定居资金3500亿元，建设了3200余个定居点，基本上改变了游牧民族的生产生活原状。

定居的实现，对于青藏高原生态环境、社会环境、文化环境具有重大的历史性意义，不仅改变了人居条件，提高了生活质量，延长了人口寿命，还加快了社会基础设施建设。通信、交通、教育卫生条件得到很大改善和提高，进而加强了社会稳定，促进了社会发展。由于定居工程的较高的覆盖率，各定居点逐步建立起各具特色的定居文化和村落文化。很多过去没有人居住的地方，开辟成新的旅游区、度假区和社会节点，产生了巨大的综合效应。一些地方的定居依然存在问题，如川西北一些地方由于配套设施没有跟进，定居点没有发挥应有的作用。一些地方利用定居点进行市场经营，加大了生态环境压力，导致社会矛盾加剧、生态建设滑坡。因此定居点建设依然有很长的路要走，关键的一点就是要结合生态、社会和区域平衡发展进行综合设计，全面发展。

第二节　泛江河源区人文状况

一　江河源区流域安多文化带

江河源区流域安多文化带属于高原草地文化带，面积 2.93 万平方公里，2018 年有人口 18.77 万，共有 42 个乡、5 个镇。尽管这里属于安多文化圈，但其中有少量嘉绒文化和康巴文化元素。红原县是中国红军万里长征爬雪山过草地所在，建县时便以红军路过的草原命名。红原县具有丰富的草场资源、畜牧资源、矿产资源，属于大九寨旅游环线区，现在有彝、藏、羌 20 多个民族分布。截至 2018 年，红原初步形成县、乡、村三级医疗卫生网络，实现了数字化传输，建成了现代通信网络。畜牧业发展迅猛。历史上这里大致存在过安曲、壤口、卡尔沟、麦洼、贡唐等部落组织。部落组织内部保存着父系氏族的遗存，以父系血亲和姻亲关系为纽带组合成经济组织。但是这些组织具有生产的脆弱性和社会组织的弱质性。它们一般只有依附于土司官寨，方能够顺利地存在下去。因为草场边界的模糊特性，部落间乃至部落内部各寨间随时可能因为争夺牧场发生纠纷和械斗，这些械斗是牧民部落自己不能完全调解的。这就为外部组织的进入提供了机会和活动空间。一般就是当地土司头人、强大部落首领和寺庙活佛成为强势群体介入纷争。一场纠纷下来，一般是一方倒闭破产乃至逃亡，他的财产被获胜的群体瓜分。红原部落延续了千年，大致在 20 世纪 60 年代才逐步退出历史舞台。但是，部落遗迹依然在牧区得到体现。这些部落，具有不同的文化背景。安曲部落具有较为悠久的历史，保存着当地的习俗和宗教信仰，如苯波系。而壤口部落保存着后藏阿里地区的一些文化特征，据称祖先是吐蕃时期后藏派往阿坝一带的戍卒。直至 20 世纪中叶，这些部落里还保存有洪波、通波、老民等统治遗迹。传统的游牧文化，在这里得到了一定程度的沉淀。这种根深蒂固的地方文化和地方势力给20世纪中叶新政权建立和民主改革带来阻碍。

阿坝县是以藏族为主体民族的多民族聚居区，以藏羌文化为文化主流。诸多古代建筑、宗教典籍、壁画、唐卡、金铜造像等遗留至今。明太祖洪武初年属潘州卫，明成祖永乐年间，上中下阿坝属松潘卫所辖，称为三阿坝。清康熙年间，阿坝亦纳入松潘厅建制。雍正元年（1723年）授甲尔多、麦桑、安羌官寨为土千户；麻休、恰窝、阿尔根、学玉贡、浪洛为土百户，受松潘厅漳腊营管辖。民国时属松潘县管辖并形成11个大部落、37个小部落，逐步称为阿坝。阿坝历史上部落众多，零散分布，至20世纪50年代，大致分为两大系统，其一是甘肃夏河县拉卜楞寺黄正清体系，其二是阿坝土司华尔功成烈体系。两个系统既有分歧也有联合。阿坝县历史上就处于一个多省区接合部，也是多民族聚居区，各种区域性问题都在这里交汇展现。

若尔盖县因境内藏族部落"作革"得名，民国时期音译为"若尔盖"，沿袭至今。若尔盖大草原被称为中国五大草原之一，历史上属于松潘县管辖的一个草原牧区地带，后来根据社会发展调整建县，形成县域经济社会圈。事实上它是一个纯粹的牧业社会，具有典型的草原牧场特征。[①] 其经济结构展示出牧业的主体地位。近年来兴起的季节性旅游业，在一定程度上改变了若尔盖的经济结构，但是没有从根本上扭转以牧业经济为主的格局。历史上有很多游牧部落在这里主持游牧生产，传承游牧文化，出现了草地特有的"散婚"——为了适应草地社会而发生并存在的一种较为松散的婚姻关系。这种散婚事实上影响着牧区社会的经济文化和人口发展等问题。

二　康巴—安多交融文化带

康巴—安多交融文化带主要指大渡河上游高山峡谷和草地区，包括康定、泸定、丹巴、马尔康、壤塘、金川、小金等七个相近气候区，面积43.55万平方公里。其中，康定属于康巴文化圈，其余地方主要属于安多文

① 以上相关数据来自《若尔盖县2011年国民经济和社会发展统计公报》。

化圈，在丹巴和壤塘的局部地区存在嘉绒文化元素。琐碎、松散、险恶和封闭等特征，造就了这里的碎、险、闭、幽等景观。历史上这里被称为“民族走廊”或“藏彝走廊”，事实上就是一个民族交汇和融合的地区。显著的落差和巨大的流量，导致大渡河及其支流对流经区域的猛烈切割，形成激流陡壁、飞瀑险潭。这里的人们历经了惊险和风雨，练就了不畏艰险、敢于挑战的性格特征。大渡河上游整体特征表现为高山峡谷和草地文化风貌，包括康定高原梯次气候区，马尔康高原峡谷气候区，泸定、丹巴、金川、小金高山河谷气候区，以及壤塘草地河谷气候区。

其中的康定县，处康区东部，是一个立体气候梯次分布显著、种养业并举、地区差异显著、横断山河谷气候与青藏高原气候交汇的地区，也是多民族文化交融并存的地区。东部地区的大渡河谷与西部地区的折多山原地区垂直海拔差在3000米以上，与境内最高峰贡嘎山顶（海拔7800余米）高差竟然达到6000米以上。西部山原以牧业为主，个别地区牧业与单纯种植业交错发展；东部种养并举，以种植业为主。故实施定居工程，主要意义在于其折多山以西俗称“关外”的牧区。与川西北大多数地区县城一样，康定处于拥塞狭长的河谷地带，这是交通、商业、军事等因素交互作用的结果。因为该地处于第二阶梯成都平原通往第三阶梯康藏高原的交通要塞横断山区，这个地区是龙门山断层急剧隆起之地，这在客观上加剧了该区的险恶态势。抑或是在现代武器尚不发达的冷兵器时代，这个条件广泛被兵家用于据险扼守与屯兵防御。尽管曾经作为西康省治所在和现甘孜州治所在，屡经开发建设，但显著的地区差异和文化差异依然没有逆转式变化。

而康定东部的泸定境内，是川西高原向四川盆地的过渡地带，是进入藏东的咽喉要道，具有连接川藏的锁钥地位。泸定是一个以汉族为主，藏彝等17个民族杂居的地区。民主改革前，在磨西和岚安高山地带存在局部的游牧活动。经过较长时期的改革变迁，基本实现了定居生产和生活。这里历史上是多个民族的混合居住地，有很多民族文化活动的遗迹。随着气候变化和社会变迁，这些地方逐步形成了以农耕为主的经济形态。但是在牧区定居化进程中，泸定依然具有特殊的意义，它为定居提供了历史线索，也为定居提供着人才、教育、培训、技术和物质生产等方面的服务。

康定、泸定交界的丹巴境内，有汉、彝、藏、羌等30多个民族杂居，以藏、汉、彝、羌族为主。丹巴县自然地理与康定有很多相似之处，也是处于狭长拥塞的河谷地带，同样是多种文化的交汇区域。严格意义上说，它历史上是一个多种文化的沉淀带，是一个多样态历史文化的宝库。文化纷呈以语言表现最为充分：嘉绒语、安多语、弥约语（尔龚）、梭坡语（二十四村）、羌语以及汉语官话在这里交汇，“一沟一语、沟沟不通；一寨一话，寨寨不同”的文化奇观在这里出现。应该说，文化的多样性是人类文明演进的动力源泉，文化生态的活力也表现在文化多样性上。语言作为文化的载体和表现，自然应在此列。如同各沟汇流到大渡河那样，各种文化向章谷镇汇集，在这里，人们不再运用自己的“地脚话”交流，而是改操通行的汉语。

与丹巴相邻近的金川，有藏、羌、回、汉等14个民族，是一个多民族聚居、以农业为主的高原山区县。金川有丰富的土地资源、植物资源、水力资源、矿产资源。按河流布局，金川县在壤塘下游区域，相对于上寨壤塘而言，当地被称为中寨和下寨地区。金川县与甘孜州丹巴县接壤，是清乾隆帝用兵之地。这些区域大多从事过一定规模的游牧业，有的是从游牧业转为耕养混合经济的。牧业最重要的生产工具之一就是枪支。起初牧民用枪保卫牧场和狩猎，后来在处理草场纠纷和边界冲突以至打冤家的过程中，枪支也发生了巨大作用。所以，小的武装冲突和大的战争战役，在这样的地方上演，也就有了客观的基础条件。当然，民风民俗和具体的主客观因素也有一定的作用。

金川东部的小金因历史上沿河产沙金得名，境内文物胜迹众多。很长时期内，小金是一个相对封闭的区域，但同时又是从汉地通向丹巴方向的一条便捷要道。地势东北高、西南低，周边为高山大河包围，北有虹桥山高5200米，东有四姑娘山高6250米。河谷地区海拔多在3000米以下，一般高差在1000米以上。高山峡谷的封闭，严重制约小金对外拓展，也限制了外界经济文化因素的进入。似乎这点从某种方面为汉地或高原民族提供了避难和发展的预留地。从当地田野调查中，会发现不同的村寨间存在迥异的社会文化景观和习俗。有的村庄是单姓的汉族聚居区，有的村寨是嘉绒藏族聚居区，也有的整个村是康巴人聚居的，全是康方言，与周围不通。迨至清朝大小金川战役后，小金人口结构大变，目前藏族人口约占一半，其余为汉、回、彝等民族。这里的人会模糊地记得祖上大概哪辈人进入的情况。根据这些情况，结合一些文献，可以推测这些不同文化背景的人们进入这里的大致情况，或许是因战争，或许是冤家械斗避仇，或许是社会变革避祸等。

小金北部的马尔康，意为“火苗旺盛的地方”，历史上是一个游牧活动活跃的区域，由卓克基、松岗、党坝、梭磨四个土司属地组成，土司文化发达。当然，如果土司统治过程中采用了汉地文化，那也为不同区域之间的文化认同和文化接轨奠定基础。因为土司统治年代久远，形成了较为牢固的社会和文化根基，因为土司统治年代久远，形成了较为牢固的社会和文化根基，在后来的新政权建立过程中，自然遇到了很强的阻碍。马尔康地处阿坝藏族聚居区腹心地带，辐射能力强，影响大，以其独特的地理位置成为后来州治所在地的首选。

马尔康西北的壤塘藏名意为“财神的坝子”，因壤塘寨寺庙背后有座山类似壤跋拉菩萨而得名。该区位于青藏高原东南边缘，壤塘与甘孜州色达县相邻，它的很多情况与色达草原有相似之处。历史上，壤塘是一个原始森林覆盖、草原宽广的原生态纯牧区域。与色达相似，这里宗教气氛浓郁、教系纷呈，同时保存着古老的教系——觉囊系。按照大渡河上游金川河流域的上下游走向，当地将壤塘县一带聚居区称为上寨，金川及其以下地区称为中寨和下寨。估计世居的先民对于同一流域的认同已经很清楚。壤塘宗科一带地方部落势力强大，一直维系着对地方的统治。尽管这些部落统治最终退出了历史舞台，但是部落世代结怨的“打冤家”习俗没有抹去这段记忆。

三　康巴文化带

金沙江、雅砻江、大渡河主要处于康巴北路文化带。康巴文化带大致分为北路、南路和西路三大片区。雅砻江中上游的石渠，藏语名“扎溪卡”，是藏语“色须”译音，因境内建于清乾隆二十五年的格鲁系寺庙“色须寺”而得名。石渠是长江、黄河源头生态屏障。石渠县有独特的石刻文化，有石刻艺术长廊巴格嘛呢石经墙，墙体内刻有佛像3000多尊；有藏文《甘珠尔》《丹珠尔》各两部等；有石刻艺术宫殿松格嘛呢石经坛，城内主要经文有六字真言等；还有照阿娜姆石刻等。石渠历史上是典型的游牧区域，这里处于青藏川三省区交界处，牧野广大。雅砻江上游流经处，河床宽广，山原平缓，高山草甸较为典型，正好为传统牧业提供了很好的条件。这里也是一个藏传佛教色彩浓郁的区域。在20世纪民主改革前，这里由众多的游牧部落主持着原始的游牧业，后来在部落基础上建立乡村组，逐步发展有计划的畜牧业。但是受传统观念影响，牲畜的出栏率不高，很多地方过度放牧导致草场退化。由于地处高寒，水系发达，雪灾等自然灾害频发，有“十年九灾”的历史印记。

金沙江中上游的德格县处在甘孜州西北部，“德格”原是家族名。德格县是北入青海的主要交通枢纽，属藏族聚居区最有影响的县之一。德格古城在藏族聚居区享有“雪山下的文化古城”的美誉，为四川省重点文物保护单位。德格还堪称“康巴敦煌”，是世界最长史诗主人翁格萨尔的故乡，有着历史悠久的茶马古道和宗教名胜。德格在康藏之间，有前沿与纽带的作用。由于历史和现实原因，德格是藏文化三个中心之一——康巴文化中心。因为康巴文化坚实的后盾在于内地，在前沿文化舞台上较量的是文化内力，实质上就是后盾。我们应该承认，昌都被纳入康巴文化圈，而不是德格被纳入西藏文化圈，很大程度上证明了这是西藏文化与康巴文化较量的结果。它与金沙江彼岸的昌都相望，历史上，德格—昌都仿佛两个平衡康藏关系的砝码，随着它们的摆动，康藏关系发生着平衡—失衡—平衡的变化。但是，两个砝码的操控权是有侧重的。历史经验表明，德格的操控权侧重于康方，昌都的操控权侧重于藏方。尽管二者在文化上都属于康巴文化圈，但是一旦康方强势而取胜，它便将昌都收归已有，作为其抵达西藏的前锋，当然一旦藏方强势而取胜，就发生逆转变化。

德格南部的白玉，藏语意为“吉祥盛德”的地方，因地形形成吉祥图案，貌似“盛德”之所而得名。白玉地处青藏高原向云贵高原的过渡地带，属横断山脉北段，有藏、汉、彝、苗、回、蒙，以及极少数土家、傈僳、满、瑶、侗、纳西、布依、白、壮、傣等民族分布。萨玛王朝遗址与阿尼巴加宫殿遗址源远流长。白玉地下水资源、矿产资源、旅游资源丰富，境内主要出产青稞、大麦、小麦、洋芋等粮食作物和松茸、羊肚菌、猴头菌等特产。白玉是一个以牧业为主的地区，地理位置居于康藏高原南北路之间；在康藏高原20多个县中，经济条件居中。东部有觉塔拉神山阻隔了新龙，北部有切割山原及延绵丘原屏障着甘孜和德格，西部有金沙江峡谷切断与昌都的联系，南部有海拔5725米的麻贡嘎山隔离着巴塘。这种条件自然对白玉的封闭产生了客观影响。故在白玉内部，部落发育充分，宗教相对自在，成为传统游牧业发展的理想之地，也是巨大寺庙发展的理想环境。它处于金沙江东岸，可是它没有德格那样的文化底蕴，也没有巴塘那样的地理气候优势，但是这里有着甘孜或许整个青藏高原规模最大的寺庙——亚青寺。2010年这个寺庙常住僧侣已经达到了7000人以上，高峰时达到2万人左右，俨然是个规模不小的城镇了。而令人震惊的是，它起源于一个帐篷寺庙，也就是说它诞生于马背牛群。其何以能够形成并快速发展起来，令人深思。

德格东部是甘孜县，地处川藏交通北线腹心地带。“甘孜”，藏语为“洁白美丽”之意。早在战国时代就有先民居住繁衍。1983年在仁果乡吉里龙地方出土的石棺墓葬表明，隋代这里为白利国，1523年归附元，隶于朵甘思都司元帅府管辖。1640年（崇祯十三年），五世达赖和四世班禅请求蒙古和硕特部灭了白利国，固始汗封其王子7人于此，称为“霍尔七部”，其中白利、麻书、孔萨、东科、咱科、朱倭六部在今甘孜县境内。甘孜在康北的位置特殊性在于，它北控色达、石渠，西摄德格、白玉，南扼新龙，东屏炉霍。因此近代以降，藏族聚居区政教纷争中，甘孜扮演了十分重要的角色。该县水系发育，有三条大河过境，平均年径流量为24亿立方米，41个高山胡泊面积共6.55平方公里。甘孜有藏传佛教文化，且多元文化并存。在历史上的中央“治藏安康”策略中，甘孜确乎很重要，后来沿袭其习惯，用其名以代称康巴藏族聚居区15万平方公里的区域。

甘孜县南部的新龙，藏语名为“梁茹”，近代名为“瞻对”，解放时藏语改称县城为“主沙宗”，“沙”意为新，寓意以旧换新，故名新龙。历史上有“人强地险”之称，人强是指它的世居族群剽悍好斗的性格，地险是指四周屏障天险，易守难攻。在达赖势力如日中天的时代，全境没有一座格鲁系寺庙。清中后叶，西藏为得到它煞费苦心，也曾派员经营，力图建立寺院，拓展格鲁系势力，但最后还是被新龙人连杀带逐，人亡政息。民主改革后，平叛结束最晚的地区之一，也要算新龙。最后一个叛乱首领大约在20世纪80年代才被缉拿归案。传统水草丰美之地有甲拉西沟拉日马牧场、皮察牧场、友谊牧场、日巴和沙堆牧场等。这些牧场历史上都是各部落放牧之地，外地外族部落不得进入。

甘孜东部炉霍昔称“霍尔章古”，清光绪二十三年建制时因打箭炉至霍尔为入藏要道，从两地名中各取一字命名为“炉霍”。炉霍县地处川西高原与山原的接触地带，地势西北高、东南低，山河走向多是西北向东南，牟尼茫起山子北部延伸入境，鲜水河由西北向东南穿过全县，国道317线从东南至西北贯通全境，是茶马古道重要中转站和由四川进入西藏、青海的要道。在国家实施天然保护工程和退耕还林政策后，炉霍县过去的经济支柱木材采伐业不复存在，耕地面积减少。该区处于甘孜藏族聚居区北路要冲，是藏传佛教格鲁系影响深远的地区，也是“霍尔十三寺”势力范围的核心地带。近年来文物遗址多有发现，这里曾经是古代人类活动中心之一。

与炉霍接壤的道孚县藏语意思为“马驹”，因为县城地形如马。境内地形复杂，峰峦起伏，春夏不分明，动植物种类繁多，是南派藏药发源地之一。道孚处于康区北路的交通要道，受嘉绒文化影响，兼有康巴风情熏陶，可谓“康加一体，相得益彰”。道孚区域与炉霍区域同属鲜水河流域，水土相近，风俗互染。历史上格鲁系势力拓展甚猛，灵雀寺、惠远寺等寺庙都有一定经济实力。故这里的经济、社会和宗教情况都较为复杂。

甘孜州北部与青海接壤的色达藏语意为“金马”，因历史上曾在色达境内出土一马形金块得名。在康北，色达是一个游牧民社会的典型。色达县城的海拔较高，气候严寒。色达民风淳厚、礼俗古朴，许多风俗至今沿袭，人文景观独特。色达靠近青海和阿坝藏族聚居区，是一个以传统牧业为主的区域。历史上分布着很多部落，这些部落以血缘的方式维持着有序的关系（即骨系），这种情形在川西北的若尔盖、阿坝等地都是存在过的。血亲部落制度在历史上得到了较为充分的发育，成为生产和社会生活的有效组织形式，一直延续到20世纪中叶，直至民主改革前，还完整保存着。因袭历史旧制，很多地方后来成立新的行政单位，如基层的乡村组等单元，很多时候就参考了传统习惯：行政村基本上是依据原有部落单位来设置的；而村委会主任或党支部书记，更多地也由过去部落首领担任。当然，在推行生产方式和生活方式改革的过程中，这些首领们是按照社会主义的基本原则来变通的，否则他就无法贯彻实施。尽管过去了大约半个多世纪，这个历史的游牧文化惯性依然在起作用。它或有形或无形地在牧民生产生活中起到潜移默化的引导作用。色达的宗教文化色彩十分浓郁，藏传佛教宁玛系占据主流。在距县城东南18公里的地方，有著名的五明佛学院，2016年常住人员超过5000人，是藏族聚居区最大的棚户寺庙。其所在地棚户连绵、经幡如林，蔚为壮观。这里不仅是藏传佛教的传教地，也是当地人们的施教信教场所，目前已成为旅游目的地。

金沙江、雅砻江、大渡河中下游康巴南路文化带，包括雅江、理塘、九龙、乡城、稻城、巴塘、得荣等气候相近区，面积6.68万平方公里。甘孜州中部的理塘藏语称为“勒通”，全意为平坦如铜镜似的草坝，以境内有广袤无垠的草坝得名。理塘整个区域处于康藏高原的顶级平台上，其县城高城镇名副其实，就是海拔4000米以上的世界高城。这是一个典型的高原牧业区域。理塘人挑战极限也创造奇迹。在含氧量不足北京60%的地方，存在一座巨大恢宏的格鲁系寺庙——长青春科尔寺，令人惊叹。这种选择不知是出于对信仰的虔诚还是对生命极限的挑战，反正它已经向康巴人证明一个事实：有土的地方就应该有人，有草的地方就应该有牛。理塘整个区域就是个巨大牧场。因为高，一览众山小，四周的兄弟部落一般来不了，也不来，至少不会大规模向纵深推进。这种具有客观挑战性的选择，恰恰铸就理塘传统畜牧业的蓬勃发展和辉煌业绩。海拔4000米上下的雪域高原，氧气含量少，病菌也受到极大遏制，牛粪都很干净，牧民把牛粪当作水泥用来糊低矮的棚屋，以抵挡寒风侵袭。高大壮实的牦牛产出的极具热量和多种维生素的牛奶及用其做成的酥油，以及高原松茸、冬虫夏草等珍稀物品，不断修复高寒缺氧给人们身体带来的损害。理塘县是七世达赖、十世达赖和第七、八、九世帕巴拉呼图克图和第十世帕巴拉呼图克图即前全国人大常委会副委员长帕巴拉·格列朗杰的故乡，也是三世哲布尊丹巴的出生地，宗教影响深远。

理塘东南部的雅江县是四川通往西藏的交通要道和香格里拉旅游大环线的必经之路，藏语名“亚曲喀”，意为“河口”，因系雅砻江重要渡口之一，清军曾在此设军守备，建制县时曾以河口命名，后更名为雅江。雅江地处大雪山脉与沙鲁里山脉之间的山原地带，地势北高南低，属青藏高原亚湿润气候区，被称为“茶马古道第一渡”。县内有庆达沟森林公园、祝桑大草原、雅砻江走婚大谷、郭岗顶遗址等，人文、自然气候多样，矿产和物产丰富。因处于历史上著名的川藏大道中间环节，人民见多识广，往来应付自如。历来商贩过往，或因故背井离乡，不耐北路高寒和不愿西进藏族聚居区深处者，逐年有所沉淀，通婚造屋，奠定基业，繁衍后代者不计其数。故在川藏大道沿线，皆有汉地或其他民族身影闪现，不同文化因子交汇融洽。八角楼一带较为典型，该地人读书上进，自誉“人杰地灵”。过去一段时间气候变化异常，山地灾害频发，水土流失严重，对传统农牧业构成了威胁。沿雅砻江河谷自北向南，海拔递减，种植业沿江而作，给养着数以万计的雅江儿女。然而西部的红龙草原与理塘草原相连，北部草场与君坝、尤拉西草场相接，草场纠纷，千年未绝。

雅江南部的九龙因该区所辖三安龙、菩萨龙、麦地龙等九个村寨均含“龙”字，故名“九龙”。九龙较为奇特的现象，就是高山、大河纵横，但人们按照民族习惯基本上垂直分布而居。传统上，由高到低居住着彝族、藏族、汉族。这种布局似乎与他们的经济活动或者生产活动有着密切联系。汉族在河谷地带从事他们熟悉的种植业和部分养殖业，藏族在较高一点的山原地带从事农牧混合生产，彝族在高山地带基本从事牧业兼少部分种植业。当然，他们之间这种分工是经过长期选择逐步形成的，并且他们之间或者他们与外部之间进行着产品交换，以弥补生产单一性带来的不足。定居对于藏族、彝族有着重要的意义。尽管他们已经过着定居或半定居生活，但是那种定居只能满足基本的生存需要，还不能满足发展的需要。

九龙东部的木里，从行政区域上看，隶属于四川省凉山彝族自治州。木里藏族自治县，藏族人口只占30%左右，其余是彝族、汉族和其他各族。但是，这个区域宗教气氛浓郁，大部分人信奉藏传佛教格鲁系，因其宗属，宗教界与西藏关系密切。这种情况使该区位置尤为特殊和重要。无论是历史上还是当前，其游牧业受宗教影响很深远。

理塘南部的乡城，藏语意为串串佛珠，素有“中国松茸之乡”的美称。在乡城，猫有着特殊的宗教地位，人们把猫奉为高僧大德的转世化身加以护佑，严禁伤害。乡城地势较之稻城更为低缓，同时较巴塘纬度更低。乡城辖区面积较大，但可用面积有限。整个区域高山耸峙，河流纵横，可耕地和平地甚少。但这种特殊的地貌便于多种生物生存。考古发现文物140件，多为春秋中期文化遗存，[①] 因此，乡城人类生产生活活动历史至少可以追溯到2000多年前。乡城事实上是一个农业县，尽管它的旅游业有一定发展，但受多种因素制约，还没有成为主导县域经济的稳定产业。乡城没有像康北或者理塘等地那样大规模的游牧业，这是长期的自然环境和经济条件决定的。由于长期从事种植业，居民基本上处于一种定居状态，其经济社会形态也属于农耕文化。

与乡城接壤的稻城因清末有人在境内试种水稻，预祝成功故取名稻成，后改为稻城，属高原季风气候，属康巴文化区，县域内宗教为藏传佛教，教系齐全，寺庙众多，并以噶举系、格鲁系为主体，还有萨迦系和宁玛系等。全县物产丰富。历史上，稻城是农牧兼顾的区域。稻城山原起伏，地质条件较为奇特。稻城的牧业与农业各占一半，牧区多在高山地区，大量的河谷地带发展种植业。故游牧对于稻城而言，意义依然重大。稻城也有藏传佛教寺

① 甘孜藏族自治州地方志编纂委员会：《甘孜州志：1991～2005》，四川人民出版社，2010，第2000页。

院，但是，跟北路不同的是，这里的僧侣基本上是兼职的，一般很少常年住在寺庙里，他们更多的时间在家里从事生产劳动。这似乎是南路各个寺庙的特点。

甘孜县往西大约500公里，早期的先民活动遗迹更加明显。这里具有乌江流域或相邻地区的干栏式建筑风格和历史遗风。这样的居住建筑，大致出于人畜相互依存和抵御自然风险和猛兽侵袭的目的。同时，考证发现，其文化特征与卡诺文化具有高度相关性。这种现象可以继续扩展到雅鲁藏布江谷地的曲贡文化带。在那里，同样发现了数量不少的打制石器，如石斧、石刀等，也就是说，青藏高原东部和东南部早期人类活动的范围是极其广大的，也印证了那个时候相关地区气候条件的相近和人类生活习惯的趋同。可见，青藏高原东部或东南部的广大地区，人居文化的趋同性影响广大而深远。

第五章 一个世纪以来泛江河源区生态环境的反思与研判

第一节 青藏高原总体发展演进

一 国家西部开发总体战略

新中国成立以来，出现过几次建设高潮，国家对于西部建设提出过两次战略性规划，但是没有单独针对青藏高原的规划设计。第一次针对西部的规划是在“备战备荒”的前提下提出的“三线建设”，所谓“大三线建设”，就是将全国行政区划分为第一线、第二线和第三线。一线地区是指东部沿海和边疆省（区）。一线和三线之间的缓冲地带则被称作二线地区。[①]

在1964年，美国曾经计划对中国进行突然袭击，并且做了详细的攻击方案。1964年4月14日，“美国国务院政策设计委员会专家罗伯特又起草了名为《针对共产党中国核设施直接行动的基础》的绝密报告。报告认为：必须采取‘相对沉重’（即没有限制）的非核空中打击，利用在中国的特工进行秘密进攻。空投一支100人的破坏小组能够制服中国核基地的警卫部队并毁坏核设施”，[②] 而中国也察觉到这种威胁的存在，并就此提出

① 陈东林：《三线建设的决策与价值：50年后的回眸》，《发展》2015年第2期，第65页。

② 陈东林：《三线建设的决策与价值：50年后的回眸》，《发展》2015年第2期，第65页。

了应对方案。

1964 年 4 月 25 日，解放军总参谋部作战部写出一份报告，报送毛泽东主席。报告提出，中国工业过于集中，14 个 100 万人口以上的大城市就集中了约 60% 的主要民用机械工业、50% 的化学工业和 52% 的国防工业。大城市人口多，大部分都在沿海地区，易遭空袭。主要铁路枢纽、桥梁和港口码头，多在大城市及其附近，一旦发生战争，交通可能陷入瘫痪。[①]

对此，中国政府提出并实施了“三线建设”计划。从 1964 年到 1978 年的 15 年中，投资 2052 亿元，占当时全国建设总投资的 39%，在西南、西北等地建成 1100 多个重大工程项目，其中包括建立在青藏高原的中国工程物理研究院（1969 年前在青海、后在川北）、西南核动力研究院（川南）、西昌卫星发射中心、攀枝花特殊钢铁基地、酒泉卫星发射中心、新疆马兰核试验基地等重大项目基地，贯通了被称为西南交通大动脉的成昆线、川黔线、成渝线，西部经济社会发展进入了重大历史机遇期，极大带动了青藏高原及其周边地区的发展。[②]

第二次重大发展是 2000 前后国家实施西部大开发战略。国家认为，“西部地区自然资源丰富，市场潜力大，战略位置重要。但由于自然、历史、社会等原因西部地区经济发展相对落后，迫切需要加快改革开放和现代化建设步伐”，于是在面积 685 万平方公里，约占全国 71.4% 的国土面积内开展了西部大开发工程。

其间，国家先后制定并出台了《西部大开发“十一五”规划》《西部大开发“十二五”规划》《西部陆海新通道总体规划》《中共中央国务院关于新时代推进西部大开发形成新格局的指导意见》等纲领性文件。前后历经三个阶段近 20 年。

上述两次重大开发有个共同特点，都是国家制定并实施的全局性、宏观性战略决策，具有全面开花、总体推进的特征。这种全局性的战略举措，收

① 陈东林：《三线建设的决策与价值：50 年后的回眸》，《发展》2015 年第 2 期，第 65 页。

② 相关数据参见《中国经济周刊》2019 年 9 月 30 日，第 56 页。

到了一定的成效。就“三线建设”看，从1983年开始的“三线建设”调整改造战略，经过半年多的调查，基本摸清了状况——三线地区共有大中型企业和科研设计院所1945家。符合战略要求，产品方向正确，有发展前途，经济效益好，对国家贡献大，建设是成功的，占48%；建设基本是成功的，但由于受交通、能源、设备、管理水平等条件的限制，生产能力没有充分发挥，特别是产品方向变化后，经济效益不够好的，占45%；选址有严重问题，生产科研无法继续进行下去，有的至今产品方向不明，没有发展前途的占7%。由此可见，“三线建设”从经济效益上来讲，基本上是发挥了作用的。[①]

至于21世纪以来的西部大开发的成绩，已经成为众所周知的事实。由于时代局限，国家没有把青藏高原的地球“第三极”地位突显出来有针对性地进行研判和解决，极大限制了青藏高原重要国际地位和人类命运共同体地位的彰显。

二 国家对于青藏高原的总体发展思路演变

国家对于青藏高原的重视，更多的是出于对近年来西藏人文政治状况的关注。因此运用了“从实际出发”和“实事求是”的思想方法，建立了西藏工作座谈会体系，将西藏地方问题的解决纳入中央工作。从1980年春季的第一次中央西藏工作座谈会开始，迄今已经开过六次座谈会。第一次西藏工作座谈会提出了“促进国民经济发展，努力使各族人民的物质生活水平和文化科学水平有所提高，加强边疆建设，巩固国防，有计划、有步骤地促进西藏繁荣昌盛”的任务，[②] 主要目标是西藏区域经济发展和政治局势稳定。1984年的第二次西藏工作座谈会，提出了“更深刻、更正确地认识西藏；进一步放开政策，促进西藏农牧经济和民族手工业迅速发展；高度重视统

① 陈东林：《三线建设的决策与价值：50年后的回眸》，《发展》2015年第2期，第66~67页。

② 中共中央文献研究室、中共西藏自治区委员会：《西藏工作文献选编（1949－2005年）》，中央文献出版社，2005，第301页。

战、民族和宗教工作；认真培训民族干部”的目标任务。[①] 这次会议的背景是西藏地区连续三年（1981～1984）遭受自然灾害，生产生活受到较大影响，西方“借藏反华”浪潮高涨。中央认识到“要从战略全局的高度充分认识西藏工作的重要性”，“重视西藏发展，不仅会造福西藏各族人民，也会促进我国西部乃至全国的发展”的现实。

1994 年 7 月召开了第三次西藏工作座谈会。1989 年后，青藏高原一些地方也出现了社会治安不稳定的问题，因此第三次座谈会第一次将“稳定与发展”结合起来，第一次将西藏地方与西部发展联系起来，并提出了“全国援藏”的计划。[②] 这是对前两次座谈会的升华，在认识层面上有了提升，在解决问题的范围上有了延伸。

2001 年，西部大开发战略实施时，中央召开了第四次西藏工作座谈会，延续了第三次西藏工作座谈会的基调，在强调“稳定与发展”的同时，结合西部大开发，提出了“使西藏经济由加快发展向跨越式发展转变”的目标。由于基础薄弱，青藏高原大多数地方不但经济没有“跨越”到沿海区域水平，也没有能够“跨越”到内地其他省份的水平，第四次座谈会启动了全国对口支援以推动西藏地方发展。

2010 年 1 月的第五次西藏工作座谈会，延续了第三、第四次西藏工作座谈会的基本思路，强调社会政治稳定和跨越式发展，加入了发展民生和地方党建等内容，并细化了目标任务。

2015 年第六次西藏工作座谈会提出“治国必先治边，治边必先稳藏”的思想，明确了“确保国家安全和长治久安，确保经济社会持续健康发展，确保各族人民物质文化生活水平不断提高，确保生态环境良好”的目标。西藏工作座谈会也事实上跳出了西藏地方，成为解决青藏高原总体问题的最高会议。这是迄今为止，中央对青藏高原问题最具有突破性的一次

---

① 中共中央文献研究室、中共西藏自治区委员会：《西藏工作文献选编（1949－2005 年）》，中央文献出版社，2005，第 359 页。

② 中共中央文献研究室、中共西藏自治区委员会：《西藏工作文献选编（1949－2005 年）》，中央文献出版社，2005，第 457 页。

认识。会议提出的“治国必先治边，治边必先稳藏”的逻辑出发点是人文历史领域。

第二节　青藏高原区域发展状况

一　基本情况

青藏高原约250万平方公里中，西藏、青海、四川、甘肃的甘南、云南的迪庆和周边其他地方占比大约为49.0∶31.0∶15.0∶2.2∶1.9∶1.8。可以看出，西藏和青海占据了绝大部分面积，其中西藏将近一半，青海约占1/3，四川不到1/5，甘肃和云南占据了很小的部分。四川尽管所占比例不是很大，但是川西北高原处于青藏高原东南部，是青藏高原多条大江大河出口所在，也是青藏高原联系长江中下游平原的咽喉地带，所以川西高原地理位置具有特殊重要性。如前所述，按照板块构造理论，青藏高原是由三大板块构成的。青海主要处于早古生代秦—祁—昆构造区，西藏主要处于晚古生代—早中生代—三江构造区、晚古生代—中生代冈底斯—喜马拉雅构造区，川西北地区也基本上在三江构造区、晚古生代—中生代冈底斯—喜马拉雅构造区上。奇怪的是，这种地质学上的板块为何与人文社会的行政区域如此高度契合，至今仍然是一个谜。几大主要省区长期以来主宰着青藏高原的生态环境。它们一以贯之的发展思路和施政策略，形成了青藏高原的生态现状，其中有经验也有教训，有成绩也有问题。本书提取西藏、青海、四川三大主要省区“十五”至今的发展战略轨迹进行分析研判发现，具有明确的针对性和发展制导性。

二　青藏高原北部与东北部

在青藏高原行政区域中，位居北部的青海确乎有一些特殊之处。一方面，从文化上看，不同于西藏，尽管其有部分藏族居住，但就这些藏族文化亚种看，其主流有别于西藏和附近的康巴文化以及安多文化。安多藏族主要居住在青海湖周边，且不说各种文化因子，单就体质人类学的角度看，这些沿湖而居的民族与那些沿江河而居的藏族之间的不同是显而易见的，很多研究已经给出了答案。[①] 另一方面，从民族结构和地缘因素看，青海又与兼跨高原和盆地的四川不同。尽管有几个藏族聚居区，但是其总人口不到全省的一半。青海还是一个以汉族为主体民族的省份。汉族历史上以农业为主，但是青海历史上牧业兴旺，这明显不同于四川。青海在近一百年的发展中，不论是行政方式，还是社会治理，都很大程度上与汉区保持较多的一致性。这点又与四川的藏族聚居区不同。这种历史发展痕迹，在今天依然十分清晰可见。

“十五”计划及其以前的建设进程中，青海基本上没有涉及生态建设问题。青海作为一个高原省份，在没有海岸线和缺少更多现代商贸通道或口岸的前提下，加之初期国家没有将青海、四川等地纳入西藏工作座谈会，很自然就采取普遍的发展模式。其他省区市是商贸加资源开发，青海就是资源开发加对外商贸。在发展规划中，青海立足前期发展实际，也就是沿袭“三线建设”中勘探开发的化工、制造和加工业外，兴办了一些市场效益好的产业。其间，青海上马了一批高污染、高能耗、低产出的化学工业和加工业。

“十一五”期间，青海提出要“实施资源转换战略，壮大和提升特色产业”，开始“大力发展循环经济，加快企业技术进步”，提出要“推动资源开发由量的扩张向资源转换质的飞跃转变，发展和提升既具有青海特色又具有比较优势和市场竞争力的产业”，定位成为与东北重工业基地和东南轻工业基地相呼应的化工业基地和生物资源加工基地。青海首先是大刀阔斧调整优化工业布局，积极培育产业集群和名优产品。为了实现“重点培育10户年销售收入50亿元以上的大企业大集团和10个国家级名优产品”，要在民族纺织业、工艺美术业方面做大做强。鉴于相关工业的污染性，提到要注意“资源节约使用和污染集中处理”。在第三产业上，突出了“以特色旅游为引领，促进服务业快速发展”，也提到要“加强生态环境建设，促进人口资

① 席焕久：《西藏藏族人类学研究》，北京科学技术出版社，2009，第212页；席焕久：《藏族生物人类学研究回顾》，《人类学学报》2015年第2期，第260~266页；胡兴宇等：《对甘肃玛曲县境内安多藏族青壮年体质特征的调查研究》，《泸州医学院学报》1991年第2期，第50~56页。

源环境协调发展”。在“十一五”结束时发现青海“总体发展水平低，经济总量小，自身财力弱，抵御风险和波动的能力较差，保持经济持续较快发展的难度增大”；“传统发展方式面临严峻挑战。随着要素成本上升、资源环境约束增强、产业竞争加剧，加快发展与生态保护矛盾突出，实现人口、经济、资源、环境协调发展的任务十分艰巨”；“社会建设面临繁重任务。公共服务供给与人民群众日益增长的物质文化需求矛盾突出，城乡、区域发展不平衡，各种自然灾害和突发公共事件呈增多趋势，维护社会和谐稳定面临新考验”。

在“十二五”期间，青海明显加大了生态环境建设力度，这与国家层面的政策导向和全国范围的生态环境意识深化是一致的。相比上一个五年规划，提出要在“生态环境保护和建设上一个大台阶，建成国家重要的生态安全屏障和高原生态旅游名省，生态环境保护和建设成效更加显著”。提法上发生了变化，由“十一五”时期的“不断改善环境质量”和“加快重点领域的环境综合整治”，上升为“生态保护和建设取得新进展”，并提出“把建设资源节约型、环境友好型社会放在更加突出的战略位置”的理念。这种理念，是当时国家从发展大局提出的理念，青海省一以贯之地加进了规划中，并提出了“加大重点生态功能区保护建设力度”、“退耕还林、退牧还草、天然林保护、三北防护林、野生动物保护工程”等具体措施。但青海省依然提出加快发展与生态建设相矛盾的盐湖化工业、炼硅业、有色金属开发和加工业、油气化工产业、煤化工产业、钢铁产业、轻工纺织业、装备制造业等，如“加快建设5000台专用汽车改装、大型多功能锻压机组、数控机床改扩建、10万吨铸件等项目，培育具有较强市场竞争力和成长性的大型企业”。[①]

连续的生态欠账，不仅引起了学界的关注，也引起了全国乃至世界范围的关注，国家提出了相应的方针政策。因此，“十三五”期间，青海提出了

① 青海省发展和改革委员会：《青海省国民经济和社会发展第十二个五年规划纲要》，《青海日报》2011年2月14日。

“绿色发展”理念。面对历史原因造成的生态欠账，提出了“推进生态修复工程”的目标，提出了“强化江河源头水生态保护”的目标任务，提出了“实行最严格的环境保护制度，坚持保护与治理相结合，整治与绿化协同推进，形成政府、市场、公众共治的环境治理体系，实现污染减排控制目标和环境质量总体改善”,[①] 但依然布局单晶硅、多晶硅生产，希望带动和构建晶体硅、太阳电池、光伏发电系统集成的光伏产业链,[②] 并继续扩大盐湖化工产业、油气化工产业，“以建设千万吨级油田为目标，加大油气勘探开发力度，增加储量，提高产量，完善油气输送网络，进一步提高原油加工和天然气化工技术装备水平，积极推动天然气化工与盐湖化工、有色金属工业融合发展”。[③] 这些产业项目的污染性也是很高的。

由于“十二五”规划超标，没有完成规划任务，“十三五”规划继续提出建成“5000 台专用汽车改装、大型多功能锻压机组、数控机床改扩建、10 万吨铸件等项目”;[④] 继续壮大钢铁产业和轻工纺织业、生物产业；“建设在国内外具有重要影响力的生态产品供给基地”。[⑤]

由于前期目标过大，“十三五”发展后劲不足，主要原因是“保护与发展的深层矛盾仍需破解”，“局部生态环境恶化趋势尚未得到根本扭转，生态环境保护和建设任务依然繁重。同时，受发展阶段、经济布局、产业结构等因素影响，人口、资源与环境矛盾依然突出，统筹生态保护、经济发展和民生改善仍需做大量艰苦工作”。[⑥] 青海是一个欠发达的省份，在发展中，

① 青海省发展和改革委员会：《青海省国民经济和社会发展第十二个五年规划纲要》，《青海日报》2011 年 2 月 14 日。

② 青海省发展和改革委员会：《青海省国民经济和社会发展第十二个五年规划纲要》，《青海日报》2011 年 2 月 14 日。

③ 青海省发展和改革委员会：《青海省国民经济和社会发展第十二个五年规划纲要》，《青海日报》2011 年 2 月 14 日。

④ 青海省发展和改革委员会：《青海省国民经济和社会发展第十二个五年规划纲要》，《青海日报》2011 年 2 月 14 日。

⑤ 《青海省“十二五”规划纲要全文（2011～2015 年）》中国经济网，http：//district. ce. cn/zt/zlk/bg/201206/11/t20120611_ 23397373_ 2. shtml，2015 年 5 月 12 日。

⑥ 青海省人民政府：《青海省国民经济和社会发展第十三个五年规划纲要》，《青海日报》2016 年 2 月 15 日。

承接了一些东部造纸、机械、食品加工等项目，加之大量新建的现代建筑和交通线，可能对冻土和常年积雪造成威胁。

三 青藏高原中南部与南部

青藏高原中部和南部主要在西藏自治区行政区域内。从公布的文献看，1996 年前，尚未发现较为系统的西藏自治区国民经济和社会发展五年计划，此前的发展基本上是国家计划的变通和执行。[①] 1980 年 3 月第一次西藏工作座谈会后，西藏开始考虑结合国家发展战略制定适合西藏的发展规划。[②] 1984 年第二次西藏工作座谈会对于西藏经济社会发展具体内容涉及较少，直到 1994 年 2 月，第三次西藏工作座谈会明确提出“西藏经济与社会的发展以及西藏的改革开放，都要在实事求是的基础上服从国家大局与西藏实际”的要求。[③] 到了 21 世纪，西藏才结合自身情况，提出了第十个五年计划。“十五”前，西藏地方发展战略中基本没有提到“生态战略”等相关概念，直到“十五”计划开局，才有相应的概念。对于新千年西藏地方发展规划，地方认为：西藏经济发展仍然滞后，但“一张白纸可画最新最美的图画”，全区现存大量尚未开发的生态、森林、矿产、野生动物、畜产品等“原位资源”，正是发展高原特色经济的优势所在，也是西藏经济发展的后发优势所在。西藏“十五”计划提出实施特色追赶战略，大力发展旅游业、藏医药业、高原特色生物产业和绿色食品业、农畜产品加工业和民族手工业、矿业、建筑建材业六大特色支柱产业，以带动和促进经济结构战略性调整，使西藏经济在新世纪实现较大跨越。[④]

① 《西藏“十一五”国民经济和社会发展规划纲要报告》，http：//www.8848tibet；中国藏学研究中心：《西藏经济社会发展报告》，2009 年 3 月 30 日。

② 中共中央文献研究室、中共西藏自治区委员会：《西藏工作文献选编（1949－2005 年）》，中央文献出版社，2005，第 306 页。

③ 中共中央文献研究室、中共西藏自治区委员会：《西藏工作文献选编（1949－2005 年）》，中央文献出版社，2005，第 479～480 页。

④ 洛桑江村：《西藏现代化的前列》，《经贸世界》2003 年第 1 期；中国互联网新闻中心：《今日西藏》，新华社，2001 年 5 月 24 日。

由于历史欠账和基础薄弱，这种规划虽然推动了三次产业结构实现由三一二到三二一的转变[①]，促进了建筑业和私营企业的迅速增长，但是，这些增长对青藏高原的原生态环境带来的影响不可低估。有研究发现，青藏高原铁路对于青藏高原冻土直接起到了“融雪盐”的作用。[②] 新建的 5.8 万公里的“黑色化”路面，具有庞大的吸热表面，大大增强了地面吸收温度的能力。尽管目前还没有关于黑色化路面对于高原冻土作用的直接研究，但是沥青制品对于太阳辐射的吸热能力和抬高局部温度的效应在相关研究中已经得到证实。(表 5－1)[③]

表 5－1　不同建筑材料太阳辐射吸收系数

外表面材料	表面状况	色泽	太阳辐射吸收系数
红瓦屋面	旧	红褐色	0.70
灰瓦屋面	旧	浅灰色	0.52
石棉水泥瓦屋面	/	浅灰色	0.75
油毡屋面	旧,不光滑	黑色	0.85
水泥屋面和墙面		青灰色	0.70
红砖墙面		红褐色	0.75
硅酸盐砖墙面	不光滑	灰白色	0.50
石灰粉刷墙面	新,光滑	白色	0.48
水刷石墙面	旧,粗糙	灰白色	0.70
浅色饰面砖及浅色涂料	/	浅黄、浅绿色	0.50
草坪	/	绿色	0.80

资料来源：转引自赵小艳《基于多源数据的南京城市热环境演变与成因研究》，南京信息工程大学博士学位论文，2015，第 106 页。

① 向巴平措：《关于西藏自治区“十一五”时期国民经济和社会发展规划纲要的报告》，2006 年 1 月 12 日。

② 参见董昶宏等《青藏铁路多年冻土区路基变形特征及影响因素分析》，《铁道标准设计》2013 年第 6 期。

③ 邢永杰等：《太阳辐射下不同地表覆盖物的热反应及对城市热环境的影响》，《太阳能学报》2002 年第 6 期，第 15 页。

电站和工业企业的新建，对于局部温度的升高，也具有显著的效应。由于西藏绝大多数地区属于生态敏感区，长期处于自然发育的自我保护状态。大量工业企业和电站的修建，直接增加了碳排放量。如果前期森林资源、矿产资源没有过度开发，或许能够在森林捕碳系统中维持应有的平衡。但是，青藏高原从20世纪50年代开始，大规模开发原始森林和地下矿产，造成了大片原始森林被毁，大面积地表破坏，这为新一轮经济建设带来重大隐患。

“十一五”期间，西藏提出“建设节约型社会，增强可持续发展能力”，“把实施可持续发展战略放在更加突出的位置，贯彻节约资源和保护环境的基本国策”。[①]“十二五”期间，在生态建设呼声渐高的背景下，西藏明确将“强化生态环境保护与建设”作为一个重点写进了发展规划中，提出“保护优先、综合治理、因地制宜、突出重点”，“工程治理与自然修复相结合”，“实施西藏生态安全屏障保护与建设规划，优化区域生态格局，促进生态系统良性循环”。面对全球气温升高和生态环境不断恶化的现实，提出了“维护重要生态功能，建立大江大河源头重要生态功能保护区，加大大江大河源头区草地、湿地、天然林保护力度，采取生物和人工措施，实施森林、草地和湿地生态系统功能恢复工程”。在“十三五”时期，西藏自治区人民政府又明确提出了要“大力发展服务业”，提出“把旅游业培育成为经济发展的主导产业，发挥旅游业的带动作用，积极发展文化、金融、商贸物流业，提高生活性服务业便利化和品质化，增强生产性服务业对第一、第二产业的支撑作用，促进服务业优质高效蓬勃发展”；同时，要做强做精旅游业，坚持“特色、高端、精品”方向，“大力实施特色鲜明、功能完备、国际标准、融合发展的旅游转型升级”工程，“建设重要的世界旅游目的地”等；构建完备的“吃、住、行、游、购、娱要素体系”，以“促进旅游业和其他产业融合发展，力争接待旅游者人数达到3000万人次”等。这样，2019年仅西

① 向巴平措：《关于西藏自治区“十一五”时期国民经济和社会发展规划纲要的报告——2006年1月12日在自治区第八届人民代表大会第五次会议上》。

藏拉萨游客接待量就超过了2000万人次，全区超过4000万人次，① 除去“黄金周”的峰值冲击效应，游客量成倍超过当地常住人口。这巨大的人口增量，与常住居民不同，他们具有惊人的奢侈性、超常的流动性和巨大的排污性。按照人均碳排放量计算，游客人均排放量是常住人口的5～10倍，也就是这增加的4000万人次的碳排量是当地人口的5～10倍。因此全西藏每年要超载相当于4亿人次左右的碳排放量，超载密度大约是3071.1人/公里²，这个密度超过了全国绝大多数城市人口密度（表5－2）。下面暂以4000万旅游人次为基数，与沿海典型特大城市北京、上海、深圳、香港做一比较分析。

表5－2　2019年西藏与中国一线城市旅游接待能力比较

地名	面积（平方公里）	人口（万人）	人口密度（人/公里²）	2019年游客人次（万人/年）	人均游客承载指数
北京	16412	2170.50	1323	29393	22.217
上海	6340	2415.27	3810	32718	8.587
深圳	1999	1077.89	5398	18765	3.476
香港	1104	713.63	6544	6515	0.996
西藏	1228400	343.82	2.79	4000	1433.69

从表5－2来看，人均接待游客承载量降序排列是西藏、北京、上海、深圳、香港。这里的人均游客承载量，是指同一区域全年游客总量数除以人口密度所得到的一个指数。之所以用全年游客总量除以人口密度，是因为人口密度是经过经济、人文、自然等综合因素长期相互作用形成的一个指标，它反映了一个地区人口承载量和经济发展水平，也在一定程度上体现了生态承载力。用全年游客总量除以这个数，可以反映出一个地方旅游承载量的大小，也可以反映出旅游的人文行为和人文相

① 张世雯等：《钻石模型视角下的西藏文化旅游产业发展分析研究》，《阿坝师范学院学报》2020年第2期，第62页；根据文化和旅游部中商产业研究院提供的数据，2019年西藏地区旅行社全年接待496866人次，见 https：//www. baidu. com/？ tn = request_ 28_ pg2020年1月12日。

互作用特征及相关指标。旅游承载量越大，说明生态透支越大，当地人均生态收益越小，旅游的收益更多地稀释到基础设施和生态修复工程中。西藏游客承载量与一线城市京、沪、深、港相比，具有重大差别，分别比北京、上海、深圳、香港高出 64.53 倍、166.96 倍、412.45 倍、1439.40 倍。根据旅游发展的百年历史和当前现实来看，最佳的旅游承载指数应该是 1，也就是年接待旅游人数与当地人口密度大致相当（通常以一个相对独立的行政单元为统计范围）。从这个规律看，香港的旅游人数是最接近合理范围的，其次是深圳，再次是上海，北京已经超出正常值 20 多倍，严重透支了首都生态资源和行政资源。一旦超出正常值范围 10 倍以上，也就是旅游负荷达指数到 10 这个上限，旅游不再成为收益产业，而会成为透支产业了。这种透支产业除了更多地消耗净土、净水、净气等生态资源外，还更多消耗能源，超常释放二氧化碳，更为重要的是还会透支政治、管理、社会、历史人文等资源。这些资源的消耗，又为补偿留下巨大空间。这就是旅游负荷超载后，为什么很多地方的经济并没有得到发展，反而更加穷困；也是为什么一些地方短期出现了“富裕”假象又很快坠入贫困深渊。因此，西藏旅游超负荷已经到了严重地步。一旦当旅游负荷达到一个临界值后，旅游业不但不会拉动区域发展，反而会连累其他产业下滑，尤其是生态环境恶化。比如，西藏为了发展旅游，投资的交通（铁路、航空、公路等）、通信、能源、市政建设等近 20 年累计已经超过 10 万亿元，而旅游纯收入近 20 年累计不足 1 万亿元，甚至不足 0.5 万亿元。[①] 因为这些工程留下的生态欠账，大致需要 50 万亿元以上的投入来补足。仅仅冻土层减退和滑坡的防治，就需要数万亿元。[②]
各能源碳排放计算公式参考《2006 年 IPCC 国家温室气体排放清单指南》第 2 卷：

$$能源排碳量 = 燃料消费量 \times 平均低位发热量 \times 碳排放系数 \times 氧化率 \times 44/12$$

① 根据历年西藏地方投入、国家计划投入、国家援藏项目投入、各地援藏项目投入综合整理。

② 根据历年西藏地方投入、国家计划投入、国家援藏项目投入、各地援藏项目投入综合整理。

根据相关研究提供的碳排量测算方法，西藏旅游业2019年释放的二氧化碳已经达到了1.1亿吨（表5－3、5－4）。

表5－3　旅游交通方式排碳量值域

旅游出行方式	特征	碳排放系数 (gCO_2/pkm)	α值(%)
公路	灵活性大，速度较快	22～133	13.8
航空	速度快，费用高	137～189	64.7
铁路	运载量大，费用较低，受环境影响较小	27～98	31.6
水运	地理条件限制较大	66～106	10.6
自行车	较灵活，低碳	—	—
徒步	速度慢，低碳	—	—

资料来源：魏艳旭等：《中国旅游交通碳排放及地区差异的初步估算》，《陕西师范大学学报》（自然科学版）2012年第2期，第76～84页；肖岚：《低碳旅游系统研究》，天津大学博士学位论文，2013，第56页。

表5－4　碳足迹参考系数

类型	单位	参考值
电力	kwh	0.166
液化石油气	1	1.540
煤炭	kg	2.470
汽油	1	0.233
柴油	1	0.269
普通轿车	km	0.190
火车	km	0.062
长途旅行车	km	0.124
短途航空(200km以内)	km	0.176
中途航空(200～1000km)	km	0.148
远程航空(超过1000km)	km	0.114

资料来源：肖岚：《低碳旅游系统研究》，天津大学博士学位论文，2013，第56页。

发展旅游业的根本目的是取得经济效益。旅游业具有经济形态的寄生性和产业形态的多栖性。它以交通运输为生命线，以旅行社行业为媒介，以饭店业为栖息基础，以通信和能源为保证支撑，最终实现盈利。由此看来，旅游业天生就具有敏感性、脆弱性、风险性和不稳定性等产业特征。如果超越自身实际，以高于其他地方数百倍甚至上千倍的旅游负荷指数来发展地方经济，试图获得短期经济社会拉动效益的做法，就会透支青藏高原生态承载能力，超越青藏高原经济发展的实际情况，势必导致生态恶化加剧，进而威胁到整个中国乃至亚洲的生态安全。

四　青藏高原东部与东南部

（一）“十五”期间青藏高原东部与东南部生态规划与建设的起步

川西高原或川西北高原总体处于青藏高原东南部。其中川西高原西部、南部局部和西北部属于康巴高原，处于横断山高密度褶皱地带和大型地震断裂带，地质构造十分复杂而脆弱，气候差异显著。而川西高原东部、东北部和东南部处于青藏高原东南缘向成都平原和黄土高原过渡带，地质构造也十分复杂，气候垂直分布明显，地壳活动强烈，地质灾害多。这数十万平方公里的地方，是青藏高原诸多大江大河的出口所在。长江上游五大主要支流金沙江、雅砻江、大渡河、岷江、嘉陵江都流经这一带。因此，川西北高原不仅是青藏高原的东部要害和咽喉，也是长江流域的锁钥所在。加强川西北生态建设，不仅是四川省地方政府的重要任务，也是整个青藏高原生态战略的重要任务。四川在近几个五年规划中，步步加强，层层递进，推动了青藏高原东南部的生态建设。

有研究认为，四川在“九五”计划及其以前，受到时代和国家发展大局制约，基本上没有专门提及生态建设目标。随着天然林停伐、退耕还林和退牧还草，以及长江上游生态屏障建设工程的推进，四川省“十五”计划对生态建设有了涉及。其间面临的大量问题总体概括为“仍处在低水平、不全面、发展很不平衡的阶段，存在着许多制约发展的因素”，“经济质量不高，工业不强，城乡二元结构矛盾突出”，以及“经济增长方式粗放，资源环境对发展的约束日益加剧”[①]。鉴于四川在长江中上游的生态建设中的屏障地位，对于拱卫青藏高原的生态地位具有不可替代的重要作用，故四川

① 《四川省国民经济和社会发展第十个五年计划纲要》，《四川政报》2001 年第 12 期。

在“十五”期间提出大力发展工业化的同时，也提出了环保的措施和指标。[①]“十一五”期间，四川在强调“可持续发展”的同时，也提出了“实施工业强省战略”和做大做强旅游业的目标并已经意识到生态建设的严峻与重要。“十二五”期间，四川提出了“加强长江上游生态屏障建设，增强可持续发展能力”的目标和措施，“一是全面推进生态建设，二是着力加强环境保护，三是深入开展节能减排，四是强化资源节约利用，五是健全防灾减灾体系”。[②]

长江上游天然林全面停止采伐后，以前靠采伐为生的数十家林业企业全部关、停、并、转，雅砻江、金沙江、大渡河、岷江等流域的森林得到了全面保护。同时，为了配合高原生态建设，四川在盆地及周边其他地区实行了“退耕还林”和“退牧还草”。但这并不是说四川的生态建设已经取得了战略性的成功。四川在此期间的作为，只是一个战术性的调整。与之同时的是城镇化的快速无序扩张和城乡生态环境的人为破坏。加之一些企业将沿海污染和高能耗项目迁移进川，造成了生态环境的二次污染。

由于“十二五”对于生态建设有了一定的认识，“十三五”期间，四川提出建设“川西北生态经济区”——坚持走依托生态优势实现可持续发展的特色之路，积极发展生态经济，建设国家生态文明先行示范区。实施交通攻坚，推动川甘青、川滇藏接合部互联互通，着力解决畅乡通村交通问题。大力实施重点民生工程，加大就业扶持力度，扩大医疗保险、养老保险覆盖面，完善社会救助体系。积极发展生态文化旅游、特色农牧业等适宜产业，有序开发水电、矿产等资源，支持发展飞地经济。加强高原生态安全屏障建设，有效修复和提升生态功能。重点打造一批藏羌特色村落，引导农牧民适

① 在《四川省国民经济和社会发展第七个五年计划（1986－1990）》中，四川省政府就对“环境保护”做出了任务、目标和措施等的相关计划，基本任务是“进一步贯彻‘以防为主，防治结合’的方针，实行资源开发与保护相结合，经济建设与城乡建设、环境建设相结合，坚持‘谁污染，谁治理’的原则，争取‘七五’期间基本控制住环境污染和生态破坏，做到生产、建设、环境、生态协调发展”。

② 《四川省人民政府办公厅关于印发四川省国民经济和社会发展“十二五”规划基本思路的通知》，2010年10月14日。

度集中居住。[1]

鉴于前期生态建设与经济发展的矛盾，四川提出了高原互动和适度城镇化的基本思路。综观高原整体生态建设，四川把“生态省”建设作为自己的目标，试图在高原乃至西部生态建设战略中占得先机。事实上，这种战略从文字上看，是正确的；在实践层面，却遇到难以协调的问题。首先，四川协调不了其上游的西藏和青海等地。其次，四川在城镇化进程中，过度追求了统一集中效率，没有因时因地进行有序分批推进。大批没有实现城镇化的地方，仅仅通过换户口和换牌子，实现农民进城，造成城市建设乱象和社会管理失序的状况，这不仅为生态建设带来新的危机，同时也为社会管理和社会建设留下隐患。

相比“十二五”期间，四川在“十三五”规划中提出了“生态建设重点工程”。这个时期四川提出了“加强环境保护”的战略目标，在防治大气污染、防治水污染、加强土壤污染和固体废弃物污染治理、加强环境风险防范与应急和建立资源环境承载能力监测预警机制方面提出了更为具体的措施。

在四川连续的四个五年计（规）划中，一条明显的主线变化是从对生态环境认识不足到逐渐有了认识，再到逐步重视。在“十五”期间，基本没有提到生态环境问题，在“十二五”期间，四川在全面推进生态建设、着力加强环境保护、深入开展节能减排、强化资源节约利用、健全防灾减灾体系等方面取得了一定成效，为“十三五”明确提出生态发展战略打下了基础。“十三五”期间，四川提出了一系列“生态建设重点工程”，在生态环境建设方面取得了较大进展。但四川在生态环境建设道路上，也走了一条不平坦的道路。就四川第三产业的龙头——旅游产业看，问题不少。研究表明，“从人与自然的角度来看，近年来旅游开发对西部民族地区原始自然生态环境的破坏越来越严重”。[2] 在“十二五”期间，四川存在旅游环境承载

① 《四川省人民政府办公厅关于印发四川省国民经济和社会发展“十二五”规划基本思路的通知》，2010 年 10 月 14 日。

② 钟洁等：《四川民族地区旅游资源开发与生态安全保障机制研究》，《民族学刊》2014 年第 4 期，第 54 页。

力超载、旅游资源开发对自然生态环境的负面影响加剧、旅游资源开发对民族文化生态环境的负面影响加剧等问题。[①] 在涉及游客行为对环境产生的破坏时，研究发现，主要表现为“旅游开发引发水体大气等环境污染、旅游基础设施建设引发生态破坏、游客行为对环境产生的负面影响”。而旅游资源开发对民族文化生态环境的负面影响则主要表现为“民族文化的淡化、民族文化的商品化、民族文化的庸俗化、民族文化价值观的退化与遗失”。[②] 四川具有独特的地理位置，处在青藏高原与长江流域的锁钥地带，掌控着长江经济带的咽喉，既是经济发达区域通向青藏高原的门户，也是青藏高原东进的阶梯。一般认为青藏高原是我国乃至东南亚和中亚的生态屏障，而某种程度上看，四川又是青藏高原生态的屏障，地质史以来一直守护在青藏高原东南。四川是西部最大的省份，也是人口最密集的地区。[③] 其人口压力对于青藏高原生态环境的影响，超过了其他地区。所以，国家也正是看到这个独特地位，高度重视四川的生态建设。2018 年 2 月 13 日至 15 日，习近平同志在四川调研，直接进入长江上游生态屏障核心区域大凉山，强调“要抓好生态文明建设，让天更蓝、地更绿、水更清，美丽城镇和美丽乡村交相辉映、美丽山川和美丽人居有机融合。要增强改革动力，形成产业结构优化、创新活力旺盛、区域布局协调、城乡发展融合、生态环境优美、人民生活幸福的发展新格局”。[④] 国家重视四川地区的生态建设，事实上已经将地方性生态战略纳入国家战略，成为一项基本国策。

---

① 这些问题大多发生在青藏高原地区。参见廖涛等《稻城亚丁的旅游环境承载力分析》，《资源开发与市场》2013 年第 3 期，第 280～283 页；又见王新前《四川稻城亚丁生态旅游景区开发建设管见》，《经济体制改革》2007 年第 3 期，第 129～133 页。

② 参见马晓京《西部地区民族旅游开发与民族文化保护》，《旅游学刊》2000 年第 5 期，第 50～54 页。

③ 四川人口一度超过 1 亿。见《温家宝在四川视察时的讲话》，《四川日报》2012 年 7 月 23 日，第 1 版；马康虎等《基于 2012 年数据的四川生态足迹计算与分析》，《西部发展评论（2014）》2015 年 4 月，第 30 页；沈茂英《西南生态脆弱民族地区的发展环境约束与发展路径选择探析——以四川藏区为例》，《西藏研究》2012 年第 4 期，第 498 页。

④ 《习近平春节前夕赴四川看望慰问各族干部群众》，《四川日报》2018 年 2 月 15 日，第 1 版。

五 结语

从上述区域发展的基本走向来看，各地在发展中对于生态环境的保护和认识，以及自身的定位，具有共同之处，也存在很大不同。共同之处，一是各地都把经济指标放在第一位，制定尽量远大和超高的经济指标，都是制定了“中国最大”“亚洲最大”“世界知名”等经济建设目标。事实上，经过几十年的长期努力和建设，这些目标的实现程度有折扣。二是各地都在不同的时间段制定不同的发展战略规划，导致大量重复建设，进而减缓了建设进程。三是由于中国目前的体制是行政官员任期制，任期内实施的政绩考核制，导致不同任期内的官员为了政绩而制定短平快、高大上的项目，追求巨大的投资效应以拉动地区发展。这是造成区域内部恶性竞争和生态失衡的主要原因。这种后果，给国家生态建设带来了巨大的破坏和负面效应。

这里可能有体制需要完善之处，更多的可能是这些地方的建设发展目标定位偏离了本地实际。最大的失误不是技术性的，而是战略性的。这些地方认为经济指标的增长是本区域增长的唯一出路，因此制定了违背实际情况的产业发展规划。近年来，这些规划尽管也提出了“生态发展”的目标，但是，存在统一协调的困难。在高寒缺氧的状态下，基础设施得不到很好的建设和维护，高级人才也不能大量聚集，在缺乏人财物的情况下，大量的工程项目缺乏保障。尽管有人认为大力发展第三产业就是绿色发展，事实上，粗放和无节制地发展旅游业带来的生态破坏是严重的。除了游客行为对于生态环境的直接负面影响外，旅游业依附和寄居的相关产业也无序生长，导致了生态破坏。长期以来，这些地方把发展旅游业作为第三产业的龙头加以扶持，修建了大量的基础设施，包括铁路和飞机场，但是，除了阶段性的释放出有限的市场效应外，大部分都带来了生态建设的伤害。因此，需要对青藏高原各区域发展实施适度约束和正确引导。

第三节　青藏高原生态状况综合评估

一　评估方法建立的依据

青藏高原岛状生态环境变迁综合评估体系建设是一项十分复杂的系统工程，涉及多个学科。必须加强各学科协调和贯通合作，从人文社会科学和自然工程科学等不同角度进行评估论证，以最终获得较为切合实际的评估结果。通过不同领域的专家对其进行打分评估和综合分析，发现影响青藏高原生态环境变迁的重要因素既有自然规律的客观作用，也有人为因素的扰动。应该加大对自然规律的探索，趋利避害；减少人对于自然的破坏性扰动；采取有效的政策措施，化解生态风险。青藏高原岛状生态环境变迁是一个复杂而漫长的过程，涉及自然地理和人文社会的方方面面。要从中分析出不同影响因素及其作用的大小，为相关地区评估提供科学、系统的方法。近年来，学术界对生态环境研究进行了大量方法上的探索，形成了研究生态环境变迁的各种不同的方法。

生态环境变迁属于综合复杂的巨系统问题，与自然、社会方方面面有着千丝万缕的联系。研究生态环境变迁的思路和技术不仅是科学技术领域的常规和常识问题，也是相关其他领域的重要问题。关于生态环境变迁影响评估的基础，第一步是认识、描述并度量生态环境变迁，其主要方法为气候模拟；第二步是分析生态环境变迁带来的综合影响，包括对自然系统和人类经济社会系统方方面面的影响；第三步是对自然环境的脆弱性进行的综合评估。

本书认为自然环境变化是生态环境变迁最根本的因素，而人类的扰动是最主要的外在因素之一。尤其是随着工业社会和后工业社会的加速发展，在第三次工业革命推动下，对生态环境变迁研究的技术日新月异，在此须对各种研究生态环境变迁的技术的有效性进行评估，包括技术评估和效用评估。效用评估涉及环境学习曲线法、比较分析法和能源经济环境模型法等。除技术进步外，为积极、有效应对生态环境变迁，人类开发和设置了多种评价方法，其基本思想是对成本和效益进行比较，主要有自上而下模型、自下而上模型、混合模型以及综合评估模型。本书采用基于德尔菲法 + AHP（Analytic Hi Erarchy Prosecss，层次分析法）的综合分析范式，基本上能够满足上述要求。

从自然环境的角度看，目前的关注重点在气候变化和应对气候变化上面。因为环境变化的最大影响因素，莫过于气候变化。应对气候变化包括适应和减缓两大对策，二者相辅相成，缺一不可。气候变化方面，包括研究对象识别，重点在于气候形成过程、气候变化的机理和深刻的原因。气候影响评估方面，主要是气候变化对于人类和人类社会带来的影响，尽管也有气候变化对于自然界本身的影响，但这些影响都是以人类活动为中心的。而人类活动属于社会化程度很高的生物活动范畴，兼及自然和社会两大领域，涉及应对气候变化与可持续发展的权衡研究。同时应该关注到的是，气候变化本身是一个全球性的问题，涉及国际合作。鉴于此，应对气候变化研究方法体系包括应对气候变化影响评估、措施方案评估和可持续发展等方方面面，同时还涉及气候变化的不确定性研究，可能是气候变化研究面临的最复杂的问题。①

鉴于生态环境变迁与自然、社会关联的紧密性和复杂性，需要全球协同全方位研究。因此，环境变迁的影响评估基础，首先是描述并度量气候变化，当前采用的主要方法为气候识别和气候模拟。气候识别主要依靠大数据，气候模拟主要在大数据基础上进行数据演示与实验室的具体实验结合。其次，是对环境变化产生的影响进行识别和评估，包括对自然系统和人类经济社会系统的影响。自然系统包括无机物系统和除人以外的生物系统影响两大类。当前，环境变化对无机物系统的影响方面进展较慢，相对而言，对人类的影响方面较为迅速。相对于庞大的客观环境，由于人类生命的短暂和对生活条件的挑剔，人类在应对环境变化方面显示出极大的脆弱性，这种脆弱性反射在外环境上，就是生存环境的急剧变化引发的各种灾害。因此人类对

① 参见焦建玲等《应对气候变化研究的科学方法》，清华大学出版社，2015，第 5 页。

于自身和外环境的脆弱性的评估也显得极为重要。针对这些课题，采用什么样的方法和技术路线，就成为一个重要话题。在科学发展的前提下，综合交叉的研究较多，不同领域的专家采取了不同的技术和方法对气候变化和环境变迁进行了研究，但哪种方法是相对有效和全面的，成为学界关心的问题，故对方法和技术的有效性进行全面评估也是一个重要话题。当前，生命周期评价法和技术经济评价法是应用较广的方法，曲线法、比较分析法和能源经济环境模型法等具体方法也得到广泛采用。各种评价方法的基本思路是进行政策措施实施的成本与效益比较，虽然政策评估模型很多，依据建模思想主要分为自上而下模型、自下而上模型、混合模型以及综合评估模型。描述与分析经济发展和环境承载关系变化的 EKC 曲线、度量经济发展与环境承载相依程度的脱钩分析方法以及碳排放驱动因素分解方法都成为学术界采用的重要手段。[①]

千差万别的方法会导致千差万别的结果。就不同学科背景研究的实用性和有效性而言，德尔菲法不失为一种较为科学全面的方法。德尔菲法是起源于美国、被广泛应用的一种定性预测方法。“其特点是专家组成员的权威性和匿名性、预测过程的有控趋同性、预测统计的定量性。将此方法运用到交叉学科研究评价中，在评价的准备过程中要遴选专家、成立决策分析小组；实施要分为四步。结果处理最常用的量化方法是将各种评估意见用打分法转为分值，然后再求出各种评估意见的概率分布。依据交叉学科研究评价的实际情况，克服该方法的缺点，可以对该方法的某些规则进行修正，既保持该方法的基本特点，又兼顾其匿名、反馈等基本特征，并将交叉学科研究的某些特性作为加权数，使得预测范围更加接近交叉学科研究的现实”。[②] 鉴于此，本书采用德尔菲法，从多个领域进行观测和评估，最终揭示青藏高原生态环境变迁内在矛盾和拟解决的根本问题。本书主要集中在人与环境的关系问题上尝试突破。

---

① 参见焦建玲等《应对气候变化研究的科学方法》，清华大学出版社，2015，第 6 ~ 7 页。

② 刘学毅：《德尔菲法在交叉学科研究评价中的运用》，《西南交通大学学报》（社会科学版），2007 年第 2 期，第 48 页。

二　基本概念、案例和数据来源

（一）基本概念

如前所述，泛江河源区岛状生态环境变迁涉及泛江河源区和岛状生态环境变迁两个基本范畴。所谓泛江河源区，主要就是以青藏高原为依托的长江、黄河源区。所谓岛状生态环境，就是周边被大的断裂带控制，不仅地域单元相对独立，而且社会文化特征显著的整个青藏高原及其边缘500公里范围内的紧邻区域。在类似岛屿的青藏高原上，既发育了密如蛛网的、决定中国乃至四周命运的江河源头，又发育了具有鲜明特色的区域文化——以藏文化为代表的地方文化。这些自然及人文因素相互作用和影响，有机构成了青藏高原泛江河源区神秘复杂的生态巨系统。从地球空间的大尺度看，整个青藏高原犹如孤悬大洋之中的一座岛屿，形成举世瞩目的青藏高原泛江河源区岛状生态环境。所谓岛状生态环境变迁，就是一个世纪以来在自然因素、社会因素、人文因素等多重因素作用下，该区域发生了并正在发生深刻的生态环境变化，这种变化呈现加速的趋势。本书将尺度放在青藏高原边缘及其紧邻500公里内的范围进行数据提取和观测，这样有助于这一区域数据分析的相关性、完整性，为该区域研究的客观性、科学性和实用性提供可靠保证。

（二）案例和数据来源

本书所选取的案例是青藏高原泛江河源区的三个圈层的各个观测点。第一个圈层，是江河源区核心区，总面积约39.5万平方公里，包括玉树藏族自治州，果洛藏族自治州，甘孜藏族自治州的石渠、色达，阿坝藏族羌族自治州的壤塘和阿坝，海南藏族自治州，黄南藏族自治州和海西蒙古族藏族自治州格尔木市的唐古拉山镇，共198个乡镇。地理位置为30°11′~36°56′N，89.45°~111.05°E，平均海拔4000米以上。[①]

① 汤秋鸿等：《青藏高原河川径流变化及其影响研究进展》，《科学通报》2019年第27期，2807~2821；白晓兰等：《三江源区干湿变化特征及其影响》，《生态学报》2017年第24期，第24页；郭佩佩等：《1960—2011年三江源地区气候变化及其对气候生产力的影响》，《生态学杂志》2013年第10期，第100页。

该区域共有 17 个观测点，布点较为合理，数据较为完整可信（表 5 -5）。

第二个圈层就是青藏高原本体区。四至界限大致如下：东部与秦岭山脉西段和黄土高原相接，南起喜马拉雅山脉南缘，西部为帕米尔高原和喀喇昆仑山脉，北至昆仑山、阿尔金山和祁连山北缘，介于 26°00′～39°47′N 和 73°19′～104°47′E 之间，总面积大约为 250 万平方公里。观测站点分别为西藏、青海、四川、甘肃南部共 8 个主站点和 20 个辅助站点。8 个主要站点是安多、班戈、那曲、聂荣、嘉黎、比如、阿里、炉霍庭卡。19 个辅助站点分别是色达洛若、夏河完尕滩、布伦台、沱沱河源头、日土日松、普兰、纳久、曲当、浪卡子沙岗、墨脱背崩、察隅、曲登、茨巫、娘西、玛多、都兰、拉萨、纳木错、青海湖中部。

第三区域是泛江河源区。除青藏高原主体外，基本包括乔戈里峰—于田—羌诺—瓜州—河西走廊—宝鸡—陇南—汶川—西昌—攀枝花—香格里拉一线内侧区域，介于 40°00′～27°52′N 和 77°21′～107°17′E 之间，面积大约为 350 万平方公里。这一区域基本上是青藏高原紧邻的外围空间，与青藏高原发生着密切的生态联系、区域经济联系和社会互动联系。除新疆南部气候观测数据较为缺乏外，其余区域都建立了相对完整的气象观测站点。

这些站点多年积累的数据，成为分析该区域的重要数据来源。具体是敦煌、瓜州、张掖、武威、定西、天水、汉中、广元、黑水、汶川、雅安、西昌、攀枝花、香格里拉等区域。鉴于长江流域上游具有决定性意义的主要支流集中在四川南部和西南部，部分数据可能涉及攀枝花—宜宾段。

本书基本数据来自两个方面：一方面来自相关部门和单位对研究区域一个时间段内一手数据的搜集积累，这是原始数据或基础数据，具有真实客观性；另一方面来自参与具体事件的专家，以及部分虽未直接参与具体事件但对该项目所属行业具有较长时间的经验积累和较高声望的专家对相关指标的评判，这是对事件评估的参考和旁证，具有针对性和能动性。当然，基础数据的采集并不是整齐划一和万无一失的，专家的评判也不是检验真理的唯一

表 5-5 青藏高原主要水文观测点及其径流变化

河流	站点	纬度(N)	经度(E)	站海拔(米)	集水面积(平方公里)	时段(年)	趋势	方法	文献
黄河	吉迈	33°46′	99°39′	3955	57000	1959~2009	-	Mann-Kendall	[13]
	唐克	33°25′	102°28′	3435	7800	1981~2009	-	Mann-Kendall	[13]
	玛曲	33°58′	102°5′	3435	109000	1960~2009	-	Mann-Kendall	[13]
	唐乃亥	35°30′	100°09′	2700	122000	1956~2009	-	Mann-Kendall	[13]
	兰州	36°04′	103°49′	1600	220000	1956~2009	-	Mann-Kendall	[13]
长江	沱沱河	34°12′	92°24′	4533	15924	1959~2000	+	年代际差异	[14]
	直门达	33°01′	97°14′	3680	137704	1961~2011	+	线性趋势	[15]
澜沧江	香达	32°19′	96°27′	4235		1956~2000	+	线性趋势	[16]
	昌都	31°08′	97°10′	3260	53800	1968~2000	+	Mann-Kendall	[17]
雅鲁藏布江	拉萨	29°38′31.09″	91°08′48.65″	3659	26225	1956~2011	+	Mann-Kendall	[18]
	日喀则	29°17′	88°54′	3849	11121	1980~2011	+	Mann-Kendall	[18]
	更张	29°45′	94°09′	3213	15581	1979~2011	+	Mann-Kendall	[18]
	羊村	29°16′48″	91°52′48″	3500	153191	1956~2011	+	Mann-Kendall	[18]
	奴下	29°16′12″	94°20′24″	2780	189843	1956~2011	+	Mann-Kendall	[18]
怒江	嘉玉桥	30°52′41.43″	96°11′53.13″	3182		1980~2000	+	Mann-Kendall	[19]
叶尔羌河	卡群	37°58′48″	77°12′	1620		1954~2004	+	线性趋势	[20]
印度河	卡丘拉(Kachura)	35°26′48″	75°26′44″	4789	115289	1970~1997		无明显趋势	[21]

注：-表示下降趋势；+表示上升趋势。

标准。为了弥补上述不足，使结论更加接近真实并科学可信，本书辅之以深度访谈作为数据矫正，不仅如此，还进行个案剖析加以印证。因此，本书分六次共发放问卷 2127 份，回收率 89%，有效问卷率 85%；深度访谈、网络和电话访谈 265 人次，基本上涵盖了该项目主要方面。这些有益的补充手段，对于前期基础数据和专家打分都具有纠偏和补正的作用。

通过文献梳理发现，大量研究表明，一个世纪以来青藏高原岛状生态环境变化呈现加速恶化的趋势。[①] 导致这一趋势的原因是多方面的。对这些原因应当从自然因素、社会因素、人文因素等方面进行综合分析。因此数据的采集应该涵盖自然方面的地壳变化、地温变化、气温变化、水文变化、地势变化，也应该涵盖社会方面的工农业生产活动、社会政治变革、科学实验和军事行为等，还应该涵盖人文方面的村寨、各级各类单位、城镇变化以及以人为中心的生活行为变化等。这些研究在当今的生态环境变迁中，日益引起研究领域重视，而且应该成为今后研究生态环境变化的主要范式。事实上，近一个世纪以来，这些变化也常常是综合因素交织和交替所致，而并非单一因素使然。长江、黄河中下游平原、华北平原、松辽平原等平原地区是这样，江河交织的广大丘陵和中低山区也莫不如此。推而广之，在国外的其他广大地区也能清楚看到多种因素交织和交替作用下的生态环境变迁痕迹。为了使考察较为集中，本书在青藏高原泛江河源区及其周边分层布点、连点成线、连线成片地布置观测点，并对这些观测点采集到的数据进行整理分析，进而得出尽量接近实际的分析结论。按照“三大圈层三组指标”，即江河流域源头核心区域圈层、青藏高原本体区圈层、泛江河源区圈层，以及自然组群、人类扰动组群和人文社会组群三个数据群。这些数据群下分若干数据，由此建立综合有序的科学指标体系。

第一个数据圈层：江河流域源头核心区域，面积大约 39.5 万平方公里。

---

① 关于青藏高原气候是否向好，也有持不同意见的，这些意见主要从地表生态现象上说；而本书说的是气温的持续上升和岛状效应的不断加剧。

这是青藏高原生态环境的核心区域，是长江、黄河的正源和主要发育区，对江河源头发育起到关键作用，分为东西南北中五个观测点进行数据采集。第二个数据圈层：青藏高原本体区，面积大约 250 万平方公里。这是江河源头的孕育保护区，对江河正源和源区主要支流起到核心的保护作用，分为东西南北中五个观测点进行数据采集。第三个数据圈层：泛江河源区，是青藏高原区紧邻的外围空间区域，包括青藏高原边缘及其临近地区，面积大约 350 万平方公里。这个地区是江河源区的保护层，对长江、黄河上游地区起到重要的生态水源支撑作用，是上游生态屏障。本书拟以青藏高原东部、南部、北部为主要观测区，大约 500 ~ 800 公里范围内分气候区和流域区进行分点分片数据采集。最后，对上述三个数据片进行综合分析，再进行纠偏补正，得出结论。三个数据群指标，即自然组群、人类扰动组群和人文社会组群（图 5 - 1）。

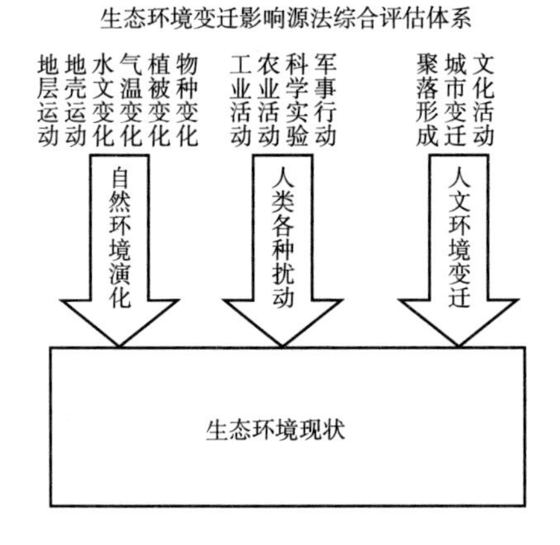

图 5 - 1　泛江河源区生态环境变迁影响源综合评估

上述三个组群下细分为多个数据组。

1. 自然组群

（1）气象

根据建站时间和数据的连续性、完整性情况，从数据的序列跨度上选取 1964 ~ 2017 年全国 450 个站点的年气温数据、480 个站点的年降水量数据、

440个站点的地温数据和210个站点的冻结深度数据。[①]

（2）冻土

本书参考了西藏自治区土地管理局关于西藏自治区土壤资源的调查数据，[②] 整理程国栋等提出的青藏高原地区高海拔多年冻土的分带方案和相关数据，[③] 连续系数数据来源于刘建坤等关于寒区岩土工程相关正式出版文献。[④] 所用的多年冻土年平均地温数据参考了库新勃硕士论文提供的2001~2002年相关人员在青藏铁路沿线的218个地温钻孔数据，[⑤] 同时参考了其他相关数据。[⑥]

（3）冰川

本书采用了姚檀栋等关于青藏高原及周边地区近期冰川状态相关数据，同时整理使用了中国科学院青藏高原研究所提供的近年来青藏高原冰川相关数据，以及《西藏自治区志水利志》相关冰川数据，[⑦] 同时参考了杨建平等对中国冰川脆弱性现状评估的相关数据。[⑧]

---

① 参见西藏自治区地方志编纂委员会《西藏自治区志·气象志》，中国藏学出版社，2005，第4页；施雅风等《中国气候与海面变化及其趋势和影响·中国历史气候变化》，山东科学技术出版社，1996，第24~45页，198~257页；《中国气象灾害大典》编委会：《中国气象灾害大典·西藏卷》，气象出版社，2008，第1~7页；《中国气象灾害大典·青海卷》，气象出版社，2007，第1~4页；《中国气象灾害大典·四川卷》，气象出版社，2006，第1~6页；结合中国气象网公布的数据整理而得。

② 西藏自治区土地管理局：《西藏自治区土壤资源》，科学出版社，1994，第26~29页。

③ 程国栋、王绍令：《试论中国高海拔多年冻土带的划分》，《冰川冻土》1982年第2期，第1~7页。

④ 刘建坤等：《寒区岩土工程引论》，中国铁道出版社，2005；又见青海省地方志编纂委员会：《青海省志·土地管理志》，青海人民出版社，2002，第50~89页。

⑤ 库新勃：《青藏高原多年冻土区天然气水合物可能分布区域研究》，中国科学院寒区旱区环境与工程研究所硕士学位论文，2007。

⑥ 南卓铜等：《近30年来青藏高原西大滩多年冻土变化》，《地理学报》2003年第6期，第817~823页；张文纲等：《近45年青藏高原土壤温度的变化特征分析》，《地理学报》2008年第11期，第235~254页。

⑦ 姚檀栋等：《青藏高原及周边地区近期冰川状态失常与灾变风险》，《科学通报》2019年第27期，第2770~2782页；青海省地方志编纂委员会：《青海省志·水利志》，黄河水利出版社，2001，第129页~134页。

⑧ 杨建平等：《中国冰川脆弱性现状评价与未来预估》，《冰川冻土》2013年第5期，第1077~1087页。

（4）草地

本书参考了陈春阳等关于青藏高原草地生态系统的相关数据，[①] 以及李岩等关于青藏高原高寒草原生态系统的相关数据，[②] 同时参考了西藏自治区志农业志、畜牧志相关数据，查阅了西藏自治区农业网、青海省农业网和四川省农业网等关于草地草原的相关数据，进行了归类整理。

（5）森林

本书参考了近年来国家林业局网站相关数据，青藏高原相关森林数据和中国科学院青藏高原综合科学考察队编《西藏森林》一书的相关数据，并进行整理。[③]

（6）河流湖泊

本书所用数据参阅了西藏自治区水利厅和青海省水利厅提供的近年水利数据，同时参阅了西藏自治区水利志[④]和青海省水利志相关数据，以及近年来西藏、青海、四川、甘肃等地相关水利水文网站公布的数据资料，并结合本书实地调查的部分数据做整理。[⑤]

2. 人类扰动组群

（1）工业

本书参考了近 60 年来西藏自治区工业志、青海省工业志，以及四川、甘肃藏族聚居区工业志书的部分数据，参阅了青海、西藏等地工业部门提供的部分工业数据，同时参阅了青藏高原相关行政区域近年公布的工业发展数

① 陈春阳等：《三江源地区草地生态系统服务价值评估》，《地理科学进展》2012 年第 7 期，第 31 页。

② 李岩等：《增温对青藏高原高寒草原生态系统碳交换的影响》，《生态学报》2019 年第 6 期；《西藏自治区志 · 畜牧志》编纂委员会：《西藏自治区志 · 畜牧志》，方志出版社，2015，91 ~ 104 页。

③ 中国科学院青藏高原综合科学考察队：《西藏森林》，科学出版社，1985，第 20 ~ 30 页；青海省地方志编纂委员会：《青海省志 · 林业志（1986 – 2005）》，陕西新华出版传媒集团三秦出版社，2017，第 28 ~ 90 页。

④ 《西藏自治区志 · 水利志》编纂委员会：《西藏自治区志 · 水利志》，中国藏学出版社，2015，第 7 ~ 30 页。

⑤ 同时参见冀钦等《1961—2015 年青藏高原降水量变化综合分析》，《冰川冻土》2018 年第 6 期，第 1092 ~ 1099 页相关数据及其分析。

据，结合了课题组调研获取的部门数据。[①]

（2）农业

本书参阅了西藏、青海两省区农业部门提供的历史资料，筛选了青海、西藏、四川和甘肃农业部门近年公布的网站数据，结合本课题调研的一手数据做整理。[②]

（3）科学实验

本书根据科技部公布的相关数据，以及青海、西藏科学技术部门和四川、甘肃相关区域科技部门提供的科研数据，结合课题组调研的部分数据做整理。[③]

（4）军事行动

本书参阅了《青海志·军事志》《西藏自治区志·军事志》，以及四川、甘肃相关军事和军事工业公布的相关资料，同时参阅了国防科工局公布的相关数据。[④]

3. 人文社会组群

（1）聚落形成

含人类起源地及其初期聚落形成和早期变迁等。相关数据资料的采集上限涉及旧石器时代相关考古资料，下限为部落形成初期的相关历史资料。这个时期是人类从树上栖息到地面穴居的进化过程，可以看成聚落形成的基本

---

① 青海省地方志编纂委员会：《青海省志·化学工业志》，青海人民出版社，2000，第39~86页；青海省地方志编纂委员会：《青海省志·冶金工业志》，西安出版社，2000，第44~122页；青海省地方志编纂委员会：《青海省志·煤炭工业志》，煤炭工业出版社，2001，第110~222页；青海省地方志编纂委员会《青海省志·石油工业志》，青海人民出版社，1995，第159~171页。

② 《西藏自治区志·农业志》编纂委员会：《西藏自治区志·农业志》，中国藏学出版社，2014，第30~53页；青海省地方志编纂委员会：《青海省志·农业志（1985~2005）》，青海民族出版社，2016，第32~109页；青海省地方志编纂委员会：《青海省志·林业志（1985~2005）》，陕西新华出版传媒集团三秦出版社，2017；青海省地方志编纂委员会：《青海省志·畜牧业志（1985~2005）》，青海民族出版社，2016，第22~88页。

③ 方修琦等：《植物物候与气候变化》，《中国科学：地球科学》2015年第5期，第707~708页。

④ 青海省地方志编纂委员会：《青海省志·军事志》，青海人民出版社，2001，第586~601页。

过程。[①]

（2）城市变迁

含城市的形成与演变扩张等过程中公布的确切记载和考古发现材料。经过数千年的演变，城市发生了巨大变化，到近现代出现了城市的急剧扩张。相关数据较为丰富，主要从历史记载和考古文献中整理获得。[②]

（3）文化活动

含哲学、宗教、艺术、科学研究、教育等。文化作为高层次的人类精神活动，基本上是国家出现之后才出现了相应的有组织有目的的文化活动。相关资料主要是历史文献、考古文献中的大量记载。近半个世纪以来的文化活动数据主要是各地文化部门提供和相关网站公布的数据。

三　方法和分析

（一）指标体系及方法

本书研究对象具有复杂性，涉及经济行为、社会行为和地方行政绩效等方面的诸多问题。作为一种跨学科的研究方法，德尔菲法对本书显示出其独到的作用和价值。这个方法是根据不同领域的专家从各自角度对复杂体的评价和赋值，得到定性和定量的判断，研究者通过对这些信息的综合处理，最后得出对研究对象的综合评价结论。[③] 经过近年来的实践观察，德尔菲法与AHP往往相伴出现在同一个问题的分析中，而且针对突击性的复杂体具有

① 张海朋等：《青藏高原高寒牧区聚落时空演化及驱动机制——以藏北那曲县为例》，《地理科学》2019年第10期；李彩瑛等：《青藏高原“一江两河”地区农牧民家庭生计脆弱性评估》，《山地学报》2018年第6期，第930～941页；杨阳《基于GIS的青藏高原东北部河谷地带史前聚落演变研究》，青海师范大学硕士学位论文，2018，第32～38页；谢光典：《公元七至九世纪青藏高原东北缘的历史地名研究》，兰州大学硕士学位论文，2011，第35～53页。

② 《西藏自治区志·城乡建设志》编纂委员会：《西藏自治区志·城乡建设志》，中国藏学出版社，2011，第124～125页；茫崖地方志编纂委员会《茫崖行政区志》，青海民族出版社，2003，第34～138页；《大柴旦镇志》编纂委员会《大柴旦镇志》，中国县镇年鉴社，2002，第58～61页。

③ 刘学毅：《德尔菲法在交叉学科研究评价中的运用》，《西南交通大学学报》（社会科学版）2007年第2期，第35页。

更加便捷和全面的分析功能，因此得到较为广泛的采用①。AHP的出现相对于德尔菲法稍晚些，如果把德尔菲法看作定性研究法的初步量化的话，那么AHP正好是对德尔菲法成果的进一步深化和量化研究。② 为进一步说明问题，本书在专家打分和层次分析的基础上，对相关因素进行模糊数量处理，使结论更加准确客观。对于生态环境变迁而言，自然因素、人类扰动因素和人文社会因素都直接产生重大影响，采用上述方法进行相关评估就很有必要。具体是，通过专家调查，基本确定如下评价体系。其评价指标体系见表5－6。

表5－6　应对泛江河源区生态环境恶化因素评价指标体系及其释义

三大能力	指标	释义
A应对自然环境因素影响强度能力	a1 应对气象灾害能力	预警系统建设能力和组织抗险救灾能力
	a2 应对森林减退能力	防止林地灭失和森林火灾能力
	a3 应对水域减退能力	防止地下水减少和降水减少能力
	a4 应对草地沙化能力	防止草原退化沙化和推进砂砾和戈壁治理
	a5 应对冻土消融能力	减排能力
	a6 应对冰川消融能力	减排能力和降温能力
B减少人类对环境的扰动程度能力	b1 应对工业无序扩张能力	减少工业污染和合理布局适度发展能力
	b2 应对农业乱象能力	退耕还林和发展绿色农业能力
	b3 应对科学实验污染	防止核污染和能源污染能力
	b4 应对军事行动破坏	科学现代的国防建设能力
C对人类社会变迁强度的控制力	c1 遵循和调适原始聚落演变的能力	对人类起源地及其初期聚落的研究和保护发展能力
	c2 控制城市无序扩张能力	控制城市污染和建筑污染的能力
	c3 提升文化活动的轻污染能力	把控宗教、艺术、科学研究、教育的绿色理念能力

关于三个一级指标的基本界定及其关系的解释。应对自然环境因素影响强度能力、减少人类对环境的扰动程度能力和对人类社会变迁强度的控制力

① 袁勤俭等：《德尔菲法在我国的发展及应用研究南京大学知识图谱研究组系列论文》，《现代情报》2011年第5期，第67页。

② 刘光富等：《基于德尔菲法与层次分析法的项目风险评估》，《项目管理技术》2008年第1期，第38页。

是三个维度的不同概念。应对自然环境因素影响强度能力是人类与生俱来的基本能力，如果人类不具备一定的应对自然环境因素影响强度的能力，就可能被自然所淘汰。这种能力主要表现为人类应对自然灾害、水域变化、森林变化、草地变化、冻土和冰川变化的能力。尽管人类还需要应对生物物种侵袭，但是，物种也是依存于上述变化而变化的，人类只要应对了上述变化，主要矛盾就解决了。因此应对自然环境影响强度的能力，是考察泛江河源区生态环境变迁的重要指标。

减少人类对环境的扰动程度能力是人类从生产技术层面出发调适人与自然关系的一个基本能力。这种能力主要体现在生产活动方面，由工业、农业、科学实验和军事活动四个指标构成。这四个指标，在不同的时间和空间状态下所发生的效力不同。在远古的人类社会初期，传统农业和狩猎的权重很大，而到近现代，工业、科学实验和现代军事活动的权重不断增加。工业革命中前期，工业的权重远大于其他权重，而随后的大规模战争尤其是世界大战以及围绕这些战争进行的军备竞赛和军事活动对于环境的影响是显而易见的，这个阶段应该是军事活动的权重占据主导地位。进入和平竞赛以来，军事活动的地位有所下降，而工业、农业和科学实验并驾齐驱，达到了四分天下的地步。四分天下中，就当前而言，工业所占的权重显然更胜一筹，人类进入工业社会以来，工业已经成为人类扰动环境的最大因素。所以，工业的强烈扰动，成为考察泛江河源区生态环境变迁的重要指标中的主要因素之一。

对人类社会变迁强度的控制力是从人类自身意识形态引发的一种自觉、自省能力。这种能力主要体现在人类对自身起源和存在的探索、对当前行为的反思和对未来的思想安排、制度安排上，主要由三个方面的指标来体现。一是人类对于自身起源空间和时间节点的探索，即通过对原始聚落起源及其演变的探索，寻求自身发展、自然发展以及自身与自然之间关系的规律。随着技术的进步和视野的开阔，这种能力在当前得到了一定的体现。二是人类意识到自身与自然间的协调关系后，开始认识过度扩张的聚居环境，即现代城市带来的负面效应，并试图加以控制。这种能力是当前人类处理好人与自然关系的主要矛盾，是一个复杂的巨系统工程问题，既是技术层面的问题，又是人类发展观的问题，故在评估体系中所占权重最大。三是提升人类文化活动的轻污染能力。文化活动是人类区别于低等动物的分水岭，有什么样的文化创意就会导致什么样的行为和物质生产。比如独占意识促进了军事行动，军事行动促进了大规模核武器竞赛。所以文化活动尽管不直接作用于生态环境，却是影响生态环境的根源。如何在文化设计的初期就控制文化活动带来的环境污染，是考察人类与自然和谐相处能力的最高层面，故应当赋予其相应的权重。

上述三个一级指标之间的关系，分属于三个维度，在考察生态环境变迁中具有相互补充、相互印证的意义。应对自然方面的能力是人在其与生俱来的生物本能基础上的不断完善和提升，是基础层面的东西。减少对环境扰动的能力是人类处理自身与自然关系的基本技术性功能，是人类得以存在发展的推动力，应该属于生产力层面的东西。对于社会变迁强度的控制力是在人类本能和基本技能基础上的升华，更多属于上层建筑领域。三个指标体系，基本涵盖了人的生物本能、人类社会经济基础和上层建筑，能够更好地考察人与自然环境的关系。

在确立指标体系的基础上，第一步，首先采用 SPSS 软件对第二轮专家问卷进行频数分析，筛选出认可频率较高的选项，用 AHP 方法构造一、二级指标的成对比较矩阵。再用 MATLAB 程序对各比较矩阵的最大特征值 λmax 及其对应的特征向量求解，以 Rc 指标对矩阵进行一致性校验，求得其符合满意一致性时，最大特征值对应的特征向量即为权重向量，对此做归一化处理后即得到各相应指标的权重。第二步，由专家以三级评价方式对每一个二级指标进行独立评价。使用 SPSS 对指标评分专家问卷（第三轮德尔菲法）进行频数统计，得出每一个二级指标对应的模糊隶属度向量，并计算每一个二级指标的得分。第三步，组合同组二级指标的模糊隶属度向量后，便得到每个一级指标的模糊隶属度矩阵；再将对应的权数向量与模糊隶属度矩阵相乘，得到每个一级指标对应的模糊隶属度向量，做归一化处理，便得出每个一级指标分值。第四步，将所有一级指标的模糊隶属度向量组合，得到总体指标的模糊隶属度矩阵；将对应的权数向量与该矩阵相乘，得到总体指标 Q 对应的模糊隶属度向量，归一化处理后，算出总体指标 Q 分值。本书涉及大量数据演算和矩阵图示，为了便于阅读，将这些工作放在后台处理，直接展示演算结果，以便读者直观了解该问题的基本分析脉络。

根据公式求得反映专家意见收敛情况的变异系数：

$$Mj = \frac{\sum_{i=1}^{mj} Cij}{mj} \tag{1}$$

式（1）中，Mj 为 j 方案的评分平均值，mj 为参加 j 方案评价的专家数；Cij 为第 i 号专家对该方案的评价值。

根据公式再求的该方案的平均方差：

$$Dj = \frac{\sum_{i=1}^{mj} (Cij - Mj)^2}{mj} \tag{2}$$

式（2）中，Dj 为第 j 个方案的平均方差；Cij 为第 i 个专家对 j 个方案的评价值；Mj 为 j 方案的评分均值；mj 为全体专家数。

在根据公式得到 j 方案的标准差：

$$\sigma j = \sqrt{\frac{1}{mj} \sum_{i=1}^{mj} (Cij - Mj)} \tag{3}$$

式（3）中，σj 为第 j 个方案的标准差，Cij 为第 i 个专家对第 j 个方案的评价值。Mj 为第 j 个方案的均值，mj 为参评专家人数。

根据下列公式求得 j 方案的评价变异系数：

$$Vj = \sigma j / Mj \tag{4}$$

（4）式的 Vj 为第 j 个方案专家们意见的协调度，Vj 值越小，协调程度越高，众多意见收敛表明征询反馈意见过程基本完成。

根据上面四步计算得到如下结果（表 5－7）。

表 5-7 各指标的评价结果

模糊隶属度向量：(0.0563 0.2504 0.4243 0.2508 0.0240)；得分：69.04

指标		权重	得分		模糊隶属度向量
			分项	综合	
A 应对自然环境因素影响强度能力	a1	0.216	82.54	70.59	0 0.1304 0.3142 0.3550 0
	a2	0.181	75.01		
	a3	0.161	73.32		
	a4	0.156	69.12		
	a5	0.149	62.12		
	a6	0.147	61.45		
B 减少人类对环境的扰动程度能力	b1	0.280	71.12	68.87	0.0508 0.3866 0.3795 0.0831 0
	b2	0.250	68.81		
	b3	0.240	68.23		
	b4	0.230	67.32		
C 对人类社会变迁强度的控制力	c1	0.298	68.65	65.77	0 0.2000 0.3500 0.4200 0
	c2	0.462	61.23		
	c3	0.240	67.43		

（二）分析

1. 应对自然环境因素影响强度能力

A 指标权重的降序排序是 a1、a2、a3、a4、a5、a6，得分结果的降序排列也是 a1、a2、a3、a4、a5、a6。在指标 A 系列中，大多数专家认为应对自然环境影响强度最大的能力是 a1 应对气象灾害能力，权重 0.216，分得 82.54。事实上任何一个时期，气候变化的最显著标志即气象现象，这是最有力、最直接的要素。迄今没有任何因素对自然界的影响强度超过了自然环境自身的变化节律。地球经历了多个不同的干湿期和冷暖期，正是这种变化造成了今天全球的自然格局。自然具有人类难以抗拒的作用力，人类为了生存发展，必须在应对这气象灾害上作出出色反应。近百年来，随着生产和科学发展，人类应对气象灾害的能力显著提高，特别是借助通信卫星，对于气象进行了全程观测和预报，大大减少了气象灾害对于人类的危害程度，大大提升了人类对于气象灾害的干预程度。所以专家给予了较高的分值。

对 A 类指标产生重要影响的两个指标分别是应对森林减退和水域减退的能力，分别得分 75.01 和 73.32，仅次于 a1 气象因素。一般而言，森林和水域在大自然中是保持生态平衡和生态发展的两个主要因素，在气候确定的前提下，这两个因素是整个生态环境赖以存在和发展的基本屏障和摇篮。一定面积和流量的稳定水源能够为区域提供必要的生物用水和生态水，而一定覆盖面积的森林不仅是水域的屏障，也是生物进行能量交换的重要平台。所以森林与水域的分量在整个生态平衡中应该是一对相互依存的重要因素，缺一不可。但作为陆地世界主导的人类社会，森林的意义较之水域更为重要，故在得分上也略高，这是符合实际的。

草地作为生态的屏障，其意义不仅在保持水土上，也在生物的繁衍发展上。但是其生态战略意义，没有森林和水域强大。换句话，森林和水域的生态功能可以全部替代草地的生态功能，而草地生态功能则不能替代前两者。所以，就目前看，草地的得分低于前两者，但高于 a5 和 a6 是合理的。

最后是人类应对冻土消融 a5 和冰川消融 a6 的能力得分最低，分别是 62.12 和 61.45 分，其权重分别为 0.149 和 0.147。其原因在于，冻土和冰川在过去漫长的时间尺度中，没有显示出对江河源区具有决定性的影响力，冻土的影响和逐步解冻是在近半个世纪逐步被发现的。冻土对于青藏高原整体生态的影响长期未凸显出来，导致人类长期忽视了这个重大问题。近年来随着科学研究的不断深入，人类发现了这一问题的严峻性和复杂性，但作为一个复杂的巨系统工程，人类显然显得无力。有人注意到“冻土退化和沙漠化加剧是陆表环境变化的主要特征”,[①] 冻土和冰川的消融，不仅仅是局部增温的结果，更是全球温室效应的直接反应。要动用全球的生态力量进行保护，在当前显然是不现实的。故冻土和冰川的保护和治理将是一个漫长和复杂的工程，不可能得到很高的分数。

从评价结果看，A 类指标综合得分 70.59 分，总体看，人类对于自然环境因素的影响强度是显著的，人类既可以保护自然，也可以毁掉自然。

2. 减少人类对环境的扰动程度能力

B 指标权重的降序排序是 b1、b2、b3、b4，而得分结果的降序排列也

---

① 陈德亮等：《青藏高原环境变化科学评估：过去、现在与未来》，《科学通报》2015 年第 32 期，第 32 页。

是 b1、b2、b3、b4，这种得分结果与权重布局吻合。B 类指标中，大多数专家认为工业、农业、科学实验和军事行动对生态环境影响的程度所占比重是不同的。其中影响最大的应该是工业，其次是农业，再次是科学实验（含核试验和航天实验），最后是军事行动。

有研究表明，人类活动的负面影响主要是由人口和经济增长、矿产资源开发、农牧业发展、城镇化、旅游业发展、交通设施建设和周边地区污染物排放等引起的。其中，青藏高原农牧业发展对生态系统格局与功能的变化产生了一定影响，矿产开发和城镇发展对局部地区的环境质量影响较大，城市人均污水排放水平高于全国均值。周边地区污染物排放的影响在不断加剧，20 世纪 50 年代以来，青藏高原大气污染物如黑炭、重金属等含量增加了 2 倍。[①]

从近代全球环境看，工业无序扩张是造成全球温室效应的最大因素，这也符合研究区域的环境变化扰动因素强度判断。其次是农业，近半个世纪来，研究区域载畜量翻番，盲目垦荒和化肥农药的过量使用，导致农业发展对生态环境破坏严重，导致水土流失、沙化、板结，森林灭失，林地草地退缩，畜种退化，落后和污染农业成为仅次于工业的第二大破坏因素。再次是科学实验，这里主要是核试验和航空航天实验。半个多世纪来，国家的主要核试验基地在青藏高原及其紧邻地区。尽管以核试验为主的科学实验不是大面积全局性的，但是这些分散的布点和试验本身巨大的生态扰动，对青藏高原的生态影响强度作用不可低估，所以专家们普遍认为应该放在一个重要位置予以考察。最后是 b4，军事行动，得分 67.32，说明军事行动是有影响的，但是不如前面三者那么显著。半个多世纪来，在青藏高原及其紧邻地区的军事行动较为频繁。但进入改革开放后，这一行为有所减弱，但常规实弹演练演习断续存在。大型军事武器还是不断出现在生态保护区。近半个世纪

① 参见陈德亮等《青藏高原环境变化科学评估：过去、现在与未来》，《科学通报》2015 年第 32 期，第 33 页；相关数据参见：Xu B. Q. , Cao J. J. , Hansen J. , et al. , "Black soot and the survival of Tibetan glaciers", *Proc Natl Acad Sci USA*, 2009, 106 (52): 22114 ~ 22118; Kaspari S, Mayewski P. A. , Handley M. , et al. , "Recent Increases in Atmospheric Concentrations of Bi, U. , Cs, S. and Ca from a 350 - year Mount Everest Ice Core Record", *JGR*, 2009, 114 (4): 4302。

来，人们认识到自身对于环境的扰动力的强度，遂进行了反思和节制发展、科学发展。以 2000 年为界，通过前后对比，可以看出区域环境内的人类活动变化具有明显的正负效应变化。此前的活动负面效应大于正面效应，此后逐渐接近正面效应，但是很多问题的解决需要长时间的努力。这里既有生态历史旧账的偿还，也有地方政策、中央政策的博弈。

3. 对人类社会变迁强度的控制力

C 指标权重的降序排序是 c2、c3、c1，而得分结果的降序排列是 c1、c3、c2，这种权重与分值的反序分布，直接压低了 C 类综合指标分值。从评价结果看，权重最大的指标控制城市无序扩张能力 c2 得分为 61.23 分，低于提升文化活动的轻污染能力 c3 的得分（67.43 分）和遵循调适原始聚落演变的能力 c1 得分（68.65 分），降低了 C 类指标对人类社会变迁强度的控制力的得分，凸显出人类对社会变迁强度的控制力的短板效应。这个问题通过问卷、深度访谈等印证。

提升文化活动的轻污染能力，其实是人类自觉提升文明程度的能力。这种能力是随着社会进步和人类文化觉醒实现的。大致分为三个阶段：第一个阶段是远古时代，始于对自然灾害的恐惧和对大自然的敬畏而产生的迷信和崇拜。第二个阶段是人类对于迷信和崇拜的反思并试图用科学的方法去印证和证实。第三个阶段是人类对于自然的探索得到了很大进步并找到了与自然和谐相处的路径。当前处于第三个阶段的早期，也就是工业文明的后期。这个阶段人们已经遭受了工业文明带来灾难性洗劫，处在反思与探索中。

控制城市无序扩张能力，是指人类有计划有目的地推进城市化进程，进而实现人的现代化的能力。人类在工业化的冲击下，过度开采矿产和使用声光电并享受着这种行为带来的刺激，导致现代城市尤其是其近一个世纪以来的盲目扩张，造成了难以治愈的城市病和空前污染，而这样的进程中人类的自我控制力几乎没有有效体现。

遵循和调适原始聚落演变的能力，是人类从生存空间的起源上找到生存发展的坐标的能力，是通过人类活动的时间和空间关系建构起科学的生存发展体系的能力。由于人类自身的渺小和活动能力的限制，这种探索局限于一个狭小的空间和一个短暂的时间范围，迄今人类没有确切地解答自身的起源，也没有足够地证明起源地存在的确切空间。人类能够企及的时空基本上是人类发展到已经距今很近的时空，只能用千年的时间尺度和有限的地理尺度进行考量。但事实上人类存在的历史，应该是远在这个时空之外的。

人类对于社会变迁强度的自我控制力，主要取决于人类对于城市盲目扩张的反思和控制力、对于提升人类自身文化活动的轻污染力，以及对于自身发源地的正确认识和维护能力等三个方面。其中，防止城市扩张的控制力是最为重要的一个方面，其次是提升文化活动的轻污染力，再次是人类对于其自身发源地的正确认识和维护能力。城市的盲目扩张和无序扩张，导致土地被大量侵占、人口过度集中和资源紧张。加之人类对于自身活动的轻污染力把控能力不足，导致大量的污染，致使人与自然环境的关系日趋恶化。人类对于自身轻污染能力的培养不够，导致城市化进程中“三废”呈几何倍数增加，生态破坏严重，温室效应加剧，而这一切都是对于人类社会变迁强度的控制力所决定的。在旅游文化拉动的当前，人类出于对原始聚落的好奇和探索，加大了对于古迹的保护力度，导致古迹及其相关设施投入较多，造成了人类重视自身发源地环境的假象，进而得到了一个相应的高分。但是就实质来看，人类发源地的生态环境破坏在旅游开发中不但没有得到减弱，反而随着旅游人数的急剧增加而有所加剧。对中国 20 个人类早期文化发源地的调查显示，从 20 世纪 80 年代初至 2010 年的近 30 年间，“三废”的排量增加了 5 倍，环境主要指标水、空气和泥土质量下降 4 个百分点。① 尽管近年来国家采取了一系列政策措施加以整治，也取得了一定成效，但尚未从根本上扭转污染源的扩大和促进环境主要指标回归正常。专家们认为，在经济效益的拉动下，城市以房地产经济为龙头的盲目扩张在短期内还不会得到有效

① 根据国家社会科学基金项目“一个世纪以来青藏高原泛江河源区生态环境变迁”问卷调查数据整理。

遏制，人类对于自身控制污染扩大的能力即提升文化活动的轻污染能力还得不到有效改善，这将决定人类对于控制社会变迁强度的能力长期在低位徘徊。这将决定人类对于控制社会变迁强度的能力的得分低于人类应对自然环境因素影响强度能力和减少人类对环境的扰动程度能力的得分。

四　结论和意义

（一）结论

根据专家打分和科学测算，该体系一级指标权重均分为三等份，即各占 0.333。综合得分降序排列是 A（70.59 分）、B（68.87 分）、C（65.77 分）。从上述三个一级指标看，分值最高的是 A 应对自然环境因素影响强度能力，其次是 B 减少人类对环境的扰动程度能力，最后是 C 对人类社会变迁强度的控制力。这说明，就泛江河源区生态环境而言，人类的能力主要还是体现最低级的层次即在最原始的生存本能上；而在自我认知和处理人与自然的关系上，表现平平，尤其是在作为区别于低等动物的第三个一级指标对人类社会变迁强度的控制力上，显得明显能力不足。这说明，泛江河源区生态环境的变迁进程中，人的作用更多属于低层次的求生存和索取型的开发，没有充分地体现人作为万物之灵的高等生物所应该发挥的主观能动性，以及对自然环境的建设性和人与环境关系的良性互动。这种评估结果，与泛江河源区及其周边落后的经济社会环境相印证，基本符合事实。

（二）意义

泛江河源区人与环境关系的和谐相处，关涉“第三极”和“泛第三极”的稳定发展，关涉到“一带一路”建设的成败，关涉到全球气候应对战略。长期以来，人们对于青藏高原在生态战略中的重要性认识不足、研究不够，迄今没有建立起科学系统的评估人地关系战略性与战术性相结合、全局性与区域性相结合、多维度与纵深度相结合的综合评估体系。人们对于青藏高原泛江河源区人地关系、自然环境和人类社会的演变及其互动关系认识不足，导致人类在处理人与自然关系问题上，长期停留在最初和最低级的原始本能层次。基于这样的认识，人类采取了一系列反自然规律的发展模式，导致了灾难性的后果。这些后果主要体现在以下四个方面。

大气增温。根据近60年数据的整理结果，从1950年至2010年，青藏高原总体气温呈上升趋势，其中，前一个30年上升了2.5℃，后一个30年上升了4.3℃，呈现出加速上升的趋势。总体平均值上升了3℃以上。[①] 这与青藏高原泛江河源区及其临近区域人类为了基本生存而出现了的掠夺性开发具有密切关系。

冻土和冰川消融、雪线上升。根据相关研究，青藏高原冻土和冰川消融趋势正在加速。1960～2010年，冻土体积缩小了1/5强，冰川消融了1/3强。这个过程中，先是山区雪线逐年上升，随后是冰川逐年消融，再后就是冻土化解。在青藏高原东部山地，近50年中，雪线平均上升了300～800米。在海拔7000米以上的高山中，有80%的山峰雪线由50年前的海拔3000米退到3500～4300米，有的甚至到了4800米的高度，如海拔7700米的贡嘎山，30年前尚存的巨大原始冰川已经消失。

江河流量改变、稳定性降低。泛江河源区的众多河流，近70年来，基本上已经发生了显著的流量变化，这种流量变化是多方面因素造成的。冰川消融、冻土融化和水土涵养的破坏是主要原因。同时，大修水利工程，导致河流改道，流域淹没和沿河生态变化，也是重要原因。

水土流失。泛江河流域水土流失不仅仅与草场林地毁坏有关，也与地震、山洪泥石流等灾害密切相关。过去近70年里，由于过牧、开荒和采伐，全域植被遭受较大破坏。地震造成山崩地裂和山地滑坡，进一步造成江河断流和水土流失的现象频繁发生。黄河曾出现断流，长江含沙量逐年升高，不仅威胁到中下游超大型水利设施安全，同时威胁到中国经济重心长江经济带的全局安全。

灾害加剧。据不完全统计，近60年来，各种气象灾害频发，而且逐年加剧、密集，特别是历史上较为稳定的长江流域，近年来险情增加。泛江河

① 有研究认为青藏高原过去50年中，99%的区域每十年平均增温1.75℃。如果按这个推算，近60年青藏高原总体增温10.5℃。参见于惠《青藏高原草地变化及其对气候的响应》，兰州大学博士学位论文，2013，第15～25页。

源区的各种气象灾害加剧，导致高原生态、生产生活已经受到重大威胁，高原泛江河源区过密的人口实施大搬迁的课题已经提上日程。

人类与自然相处过程中体现出来的低下的适应能力和高度的破坏能力，在科学的评估体系中得到了清晰的展现。如何提高人类对自身社会发展强度的控制力，减少人类对环境的破坏力，是当前最严峻的课题。

（三）发展中应当注意的重点

鉴于青藏高原泛江河源区已经出现的生态危机，最佳的干预方式就是人类自觉的行为调适。在诸多调适方式中，最有效、最能持久和最具有强制性的方式就是政策法律干预。对此，对于青藏高原泛江河源区的生态环境抢救性保护应该从政策和法律两个角度实施。

政策层面，一是兼顾微观、中观和宏观三个维度，注意把“一带一路”发展与青藏高原“泛第三极”发展进行整合，将岛状生态环境提升到世界级的环境保护层面，进行综合治理和综合保护。从生态建设角度实施行政区划调整，将青藏高原整体设置为“一带一路”生态环境建设区。

二是加强青藏高原生态环境对人口和相关动植物的承载力调查与综合研究，科学分区，并结合分区对城镇和村落发展的布局、特点、规模进行科学调整。江河源头区域近40万平方公里土地，划为水源保护区、水质涵养区和生态修复区。水源保护区原则上不住人，不发展经济产业，不繁衍有害物种。水质涵养区严格限制人口居住并进行敏感带封闭管理。生态修复区严格控制常住人口发展和超载旅游活动，严格控制有害生态平衡的生物物种繁衍。在推行河长制的同时，推行生态区域分层分级区长制，大区实行大区长负责制，小区实行小区长负责制，各点实行点长负责制。区长与地方政府签订具有实质工作内容的协议或合约，便于规范管理、责任落实和过错追究。各区实施实体生态建设管理，与国际国内环保组织建立经济、技术、人才联合保护经营机制，解决保护区的经费、技术和人才问题。

三是建立青藏高原泛江河源区专业生态环境保护机构。从实际出发，兼顾经济和人口制定统一而科学的环境保护规划。在减少污染和破坏生态环境的机构的同时，建立专业的生态环境保护机构。机构采取政府监管、企业运作的方式，在生态维护、环境修复、物种检测、污染查处和责任追偿等几个方面建立功能和开展业务，把生态建设与环境保护与科学研究、政策宣传与贯彻落实结合起来，形成泛江河源区生态建设的责任主体代理人制度，做到防护有位、追责有人、清偿有据。

四是实施全息化科学和技术管理。在生态高度敏感区和重点保护区内，建立全息化的数据观测站点。开发多层级、多角度和跨学科的环境监测软件系统，对接卫星监测功能与大数据，动态掌握核心区域的生态环境变化。重点开发遥感、全球定位系统和地理信息系统的新功能，定位到人、定位到家、定位到点线面，对地面和地幔、大气和外层空间实施全面监测，并随时发布最新动态，以便学术界和行政系统对于区域现状的研究和良性干预。

法律法制层面，以青藏高原为核心制定“青藏高原法”、“长江法”和“黄河法”。鉴于青藏高原以及长江、黄河对于国家和民族的特殊生态地位，非法制不可保护，非法律不可维护。要做到保护青藏高原和长江、黄河有法可依，须加强此三项立法工作，主要从几个方面进行规定。

一是阐明青藏高原、长江、黄河的生态地位和经济地位，指出其全国乃至全球“第三极”的战略意义，作为立法的法理依据。青藏高原和长江、黄河的生态地位具有全局性、战略性的意义，其保护和建设已经超出了一般生态环境的范畴，需要进行特殊的研究和保护。

二是规定违反青藏高原、长江和黄河生态建设的具体行为。特别是近年建设的大型工程，如水利电力、高铁和航空、核试验等对于生态环境扰动巨大的经济行为，是环境法等普适性法律不能涉及的，需要有专业的法律进行规范和保护。

三是阐明违反青藏高原和长江、黄河生态建设的行为，应该受到何种制裁，主要是从集团性、规模化的扰动层面进行干预。在补偿制度尚未完善的情况下，防范一些经济实体进入进行资源过度开发，造成生态掠夺和资源透支的严重后果。尤其是防范和纠正在产业链转移过程中，地方在西部大开发的“错觉”和经济锦标赛中盲目引进一些大型特大型项目带来的生态灾害和生态后遗症。

四是要明确制裁措施的实施方式和执行主体。做到青藏高原泛江河源区的生态治理有法可依、有法必依。建立民众监督、地方监管、国家监控、机构实施的多层级、网络化追责执行体制，使各种违法活动处于全面监督之下。

上述法律规范并不是当前的《环境保护法》所能够完全包括和取代的。青藏高原及其发源的长江、黄河流域，具有其特殊性和敏感性，不能视为一般的环境保护对象，而应该实施专门的法律保护。相应地，地方也应该出台一些针对特殊环境的环境保护法规，以配合并保证国家法律的贯彻实施。地方性政策法规，对于因地制宜地保证国家法律的贯彻实施具有很好的实施效应和补充意义。在国家法律精神的指导下，各个行政层级、各个执法主体因地制宜、因事制宜地制定法规、工作规定和实施细则，以推动“青藏高原法”“长江法”“黄河法”的落地生根。

第六章
总结论与全局战略

第一节 总结论

一 一个世纪以来人类对青藏高原泛江河源区岛状生态环境的扰动大于过去任何时候，但没有撼动其世界最洁净区域的生态地位

人类对青藏高原泛江河源区岛状生态环境的扰动主要分为正面和负面两大部分。正面在于，随着人类对于青藏高原泛江河源区生态地位的认识认知不断深化，实施环境保护和生态建设工程，加快从传统高碳能源向洁净能源转型，划定生态功能区和禁止天然林采伐，限制人口无序增长等，使产业结构得到优化，人口增长得到适度控制，林草面积稳步增长，水土流失得到控制，物种得到保护，将人类对生态环境的负面扰动降低到新的水平。

负面影响在于，一个世纪以来，人对青藏高原泛江河源区岛状生态环境的扰动大于过去同时间尺度的任何时期。青藏高原人口翻了近两番，载畜量翻了一番左右，森林面积骤降和草地、湿地退化显著，土壤沙化和水土流失量成倍增加，区内外因素交织叠加，其对于环境的作用的负面影响主要表现为工农业生产、旅游业发展、交通设施建设和周边污染加剧，单位汽车年均耗能及其排碳量高于全国平均值，城市人均污水排放量高于全国平均值。尤其是近半个世纪以来青藏高原重金属、黑炭、$PM_{2.5}$等有害物质的含量增加了 2 倍以上。

生态系统系统结构发生重大变化。高寒草甸萎缩而高寒草原面积增加，

植被物候返青期提前而枯黄期推后，1982 年至 2011 年的 30 年间，草地净初级生产力增长 20%。表现在农作物上，冬小麦和青稞种植海拔线分别上升 130 米和 550 米，作物适种空间和时间空前扩大，直接影响到农作物物候和种植制度，农业发展向好趋势明显。在森林生态系统演化上，1998 年是一个分水岭，此前森林面积缩小和积蓄量降低的趋势在此后得到显著改变，森林面积和木材积蓄量大增，其背后动因在于国家天然林保护工程的大力实施。

从人类对于区域扰动的结果看，正面与负面并存、破坏与保护并行，负面扰动与科学治理交锋激烈，正负相抵为盈。事实表明，青藏高原区域污染物环境背景值明显低于人类活动密集区，其居于地球最洁净生态环境的地位没有根本动摇，近期也没有动摇的可能。青藏高原泛江河源区将持续发挥生态平衡稳定效应。

一个世纪以来青藏高原泛江河源区岛状生态环境变幅和变速超过了历史上同尺度任何时期。年平均气温升呈上升趋势，相对湿度呈下降趋势，年总降水量呈减少趋势，年水蒸发量呈增加趋势，年总日照时间和年无霜期也呈增加趋势。尤其是近半个世纪以来，气温升温率超过全球变幅的 2 倍以上，达到 1.5～2℃以上，创近 2000 年以来最温暖纪录。由于气候变暖，青藏高原及其相关区域冻土活动层也快速增厚，冻土层上限温度也以每年 0.03℃的幅度升高。

一个世纪以来，区域气候逐步变暖变湿，导致水循环加强。降水量区域间变化显著，一个世纪以来青藏高原北部降水显著增加，而南部降水减少，区域整体表现为降水增加，近期以每年 0.22% 的速度增加。一个世纪以来，青藏高原持续增温，导致冰川整体后退，1980 年至 2000 年的 20 年间，冰川面积以每年 1% 的速度减退，其中喜马拉雅山及其周边区域较为显著。相应地，积雪和雪水当量也出现曲线变化，尤其是近期高原湖泊数量增加较快，1990 年至 2010 年仅 20 年就增加 134 个，面积扩展 7700 平方公里，蓄水量大大增加。而高原湿地面积总体减少，仅 1990 年至 2006 年的 16 年间，减少 3000 平方公里，且这种趋势还在持续。

二　一个世纪以来，青藏高原泛江河源区自然生态地位极端重要性凸显，相关研究成果卓著，引发世界广泛关注

青藏高原泛江河源区岛状生态环境经过漫长的地质变迁，导致了全球大气环流改变；青藏高原泛江河源区岛状生态环境及其高大山系和水域，改变了亚洲乃至整个欧亚大陆的地形地貌格局。一个世纪以来，青藏高原泛江河源区岛状生态环境的全球“第三极”地位通过气候变化、地形地貌变化等方式，清晰地展现在人类面前。

研究表明，青藏高原泛江河源区岛状生态环境气温变化单位幅度，将导致世界气温成倍响应；相应地，全球气候变化特定的幅度，将会导致青藏高原泛江河源区岛状生态环境敏感响应。青藏高原泛江河源区岛状生态环境生态效应深刻影响了生态环境的时空范围，是与青藏高原泛江河源区岛状生态环境隆升发生的“生态放大器效应”同时出现的“气候触发器效应”。

一个世纪以来，人类对青藏高原泛江河源区岛状生态环境的关注大于过去同时间尺度的任何时期。人类从生态环境变化和人文社会变迁多个角度关注青藏高原泛江河源区岛状生态环境变化，出现了研究热潮，取得了大量成果，揭开了过去很多谜团，开辟了广阔的学术空间，引起了人类对青藏高原泛江河源区岛状生态环境相关的深刻认识和反思。一些问题演化为国际争端，一些问题上升到理论高度和学科高度。青藏高原泛江河源区岛状生态环境相关知识已经超出了国界，成为与人类命运紧密相关的共同话题。

从 1956 年至 2019 年的 63 年中，青藏高原相关学术期刊由 3 个增加到 180 多个，这些学术期刊拥有不同侧重的研究领域和研究层次，各类报刊共发表研究青藏高原相关论文 31000 多篇。这些成果都建立在青藏高原泛江河源区岛状生态环境提供的平台之上，这证明了青藏高原事实上超过了南极和北极对极地科学研究的直接贡献，在人类文明进程中充当了最近便的天然生态实验室和观测台。青藏高原泛江河源区岛状生态环境相关理论的消长存亡，将随着人类探索的不断深入而改变。

三 青藏高原泛江河源区岛状生态环境学科综合交叉研究亟待加强

一个世纪以来，科学研究进展表明，人类对于地球物理和太空物理的认识尚处于探索期，导致对于自身所处环境认识的重大限制，对于地球极地的划分和极地的认知尚未形成完整科学的系统知识体系。南极、北极、青藏高原泛江河源区岛状生态环境之间的相互关系和地位尚不明确，为此人类将继续付出更大的代价。

长期以来，青藏高原泛江河源区世居族群与外来居民在互动中生存发展。青藏高原泛江河源区岛状生态环境世居族群与周边尤其是黄河、长江流域居民发生密切交流，导致世居族群与江河流域居民具有密切的基因联系，深刻影响了中华民族的体质人类学研究进程。青藏高原泛江河源区岛状生态文明与黄河文明和长江文明等共同演进，显示出同工异曲之变。藏文字的创立和藏传佛教的兴起，极大地影响了整个青藏高原泛江河源区岛状生态环境的人文历史面貌。中原王朝在长期的文化社会变革中，发挥了主导作用和推动作用。

一个世纪以来，围绕青藏高原巨大综合体还没有建立一个与之相称的综合研究机构，科学研究领域没有形成以青藏高原泛江河源区为主要对象的综合研究体系，人文社会科学与自然工程科学在相关研究中依然泾渭分明、各立门户。这种局面，已不适应全球增温背景下加速变化的岛状生态环境建设。统筹学科建设，组织科学力量，定期攻坚克难，建立青藏高原科学研究体系，确立该科学体系在应对全球气候变化和推进中国特色生态社会建设中的地位，势在必行。

第二节 资源匹配策略

一 规则

本书采取基于重心公式的多元匹配评估模型和分级标准，用于分析各要素的多元时空匹配特征，分析地理空间、生态环境、人文环境、政策资源、发展模式等对多元时空匹配特征的影响，并进行契合关联优选，最终确定东西部资源的战略匹配度和匹配方案。本书以资源观为基本视角，通过文献研究和数据整理，并结合专家评估和实地调研访谈，最终确定参与资源配置的区划范围。学界对资源具有四个基本属性的界定，即区域资源具有价值性、稀缺性、难模仿性和不可替代性。参与本次资源配置的西部地区和东部地区，普遍具有这四个属性。而且，这些属性具有较强的互补性。从自然资源层面看，东西两大区域的互补性主要表现在人口分布均衡性、人口密度、资源人均占有量等几个指标上；从经济资源看，主要表现在人均 GDP 值、消费结构、产业结构等几个指标上；人文社会资源主要表现在法制建设、行政管理效率和历史文化传承等几个指标上。数据来源主要为各相关部门、行政区门户网站公布的历年生态、经济和相关人文数据，同时采用本课题调研整理的大量资料和云计算数据。

基本模型如下：

$$A_i = 1 - \frac{|r_{t(k)} - \min(r_i)|}{\max(r_p \quad s_i) - \min(r_p s_i)}[i = 1,2,3,\cdots,T(K)],(1,2,3,T),$$

$$\text{其中},r_i = -\frac{x_1}{\sum_{i-1}^{T} x_i},s_i = -\frac{y_1}{\sum_{i-1}^{T} y_i}$$

并按照如下方式运算：

$$A_k = 1 - \frac{|(r_i - s_k)|}{\max(r_p \quad s_j) - \min(r_p s_j)}[j = 1,2,3,\cdots,T(K)],(1,2,3,K),\text{其中},$$

$$r_k = -\frac{x_k}{\sum_{j-1}^{k} x_j},s_k = -\frac{y_k}{\sum_{j-1}^{k} y_i}$$

因本书所涉及的区域资源匹配是一个多元的复合匹配，既涉及宏观性和战略性，也涉及微观性和技术性，因此在计算上采取分级分类求和并建立多元关联和回归的方案，具体是：将变量可利用资金量 p、可利用土地面积 S 和产出量 A 按照时间（区域）分为 T_k 个时段，不同的数组 $P_{t(k)}, S_{t(k)}, a_{t(k)}$ 分别为变量可利用资金量 p、可利用土地面积 S 和产出量在第 t（k）个时段的值，按照下式计算出每个时段所占的比例 $r_{t(k)}, v_{t(k)}, w_{t(k)}$：

$$R_{i(k)} = \frac{P_{T(k)}}{\sum_{i=1}^{T(k)} p_i}, V_{i(k)} = \frac{P_{t(k)}}{\sum_{i=1}^{t(k)} S_i}$$

$$W_{i(k)} = \frac{a_{T(k)}}{\sum_{i=1}^{T(k)} a_i}, [i = 1,2,3\cdots\cdots, T(K)]$$

然后对结果进行标准化法处理，得到：

$$a_{i(k)} = \frac{|r_{t(k)} - \min(r_i)|}{\max(r_i) - \min(r_i)}[i = 1,2,3,\cdots, T(K)]$$

$$\beta_{i(k)} = \frac{|v_{t(k)} - \min(v_i)|}{\max(v_i) - \min(v_i)}[i = 1,2,3,\cdots, (K)]$$

$$\gamma_{i(k)} = \frac{|w_{t(k)} - \min(w_i)|}{\max(w_i) - \min(w_i)}[i = 1,2,3,\cdots, (K)]$$

设 $P'(x_1, y_1), S'(x_2, y_2), A'(x_3, y_3)$，其中，

$$x_1 = -\frac{1}{2} + a_{i(k)} \cdot cos\frac{\pi}{3}$$

$$y_1 = -\frac{\sqrt{3}}{6} + a_{i(k)} \cdot sin\frac{\pi}{3}$$

$$x_2 = \beta_{i(k)} + a_{i(k)} \cdot sin\frac{\pi}{6}$$

$$y_2 = -\frac{\sqrt{3}}{3} + \beta_{i(k)} \cdot cos\frac{\pi}{6}$$

$$x_3 = -\frac{1}{2} + \gamma_{i(k)} \cdot y_3$$

构成一个新三角形 ΔP′S′A′，其重心为 O′（x_0，x_0）（图 6－1），然后，根据国际通用的基尼系数的划分标准与相关文献确定二元匹配度分级标准，再在二元匹配度分级标准的基础上，利用重心公式思维，逐一确定不同区域资源结构系数，并按照不同的系数，进行类型划分，评估资源与发展之间的协同关系，[①] 最后，在此基础上，提出多元匹配度分级标准，进行类型互补匹配。

① 姚海娇等：《从水土资源匹配关系看中亚地区水问题》，《干旱区研究》2013 年第 3 期，第 391～395 页；何理等：《全球气候变化影响下中亚水土资源与农业发展多元匹配特征研究》，《中国科学：地球科学》2020 年第 9 期，第 4～12 页。

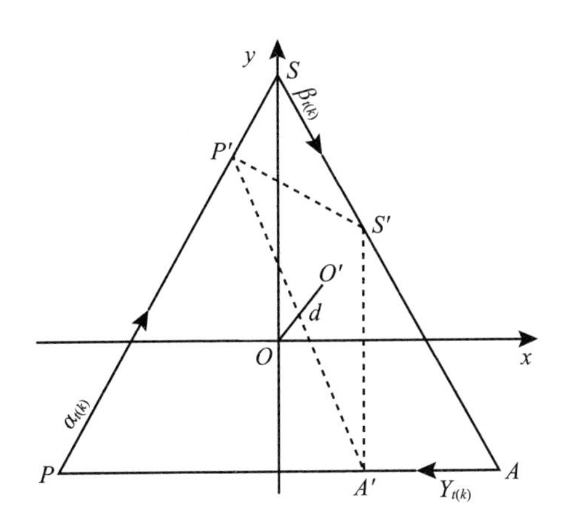

图 6－1　多元匹配度演算示意

按照前述研究，并结合半个世纪来沿海区域发展状况分析，将下列区域列入资源匹配范畴。西部地区的西藏自治区阿里地区、那曲市、昌都市、林芝市，新疆维吾尔自治区喀什地区、和田地区、克孜勒苏州、阿克苏地区、巴音郭楞州，青海省海西州、玉树州、果洛州，甘肃甘南州、酒泉市、张掖市、金昌市、武威市，四川省甘孜州和阿坝州，内蒙古阿拉善盟和巴彦淖尔市，共 21 个地级行政区参与东部资源评估和匹配。

参与资源匹配的东部较发达区域，由北至南分别为辽宁省、河北省、北京市、天津市、山东省、江苏省、浙江省、上海市、江西省、福建省、广东省、海南省和香港特区、澳门特区等，共计 14 个省级行政区参与东西部资源评估和匹配。

未能参与的省区和地区建制及其隶属关系不变，待条件成熟再做评估和匹配。大致方案是：西藏的拉萨、日喀则、山南、察隅等四地组建新的省级行政区，归中央政府直接管理；新疆维吾尔自治区的乌鲁木齐、克拉玛依、吐鲁番、哈密、昌吉、博尔塔拉、塔城和阿勒泰等八市州组建新的省级行政区。东部地区考虑到直辖市过于密集和不利于缓解首都出海通道建设，考虑与首都功能建设一并重新规划。

二 “第三极”及其相关区域资源结构与发展测度

在长期观测调查基础上，用筛选法通过对相关区域资源结构和发展模式的大数据关联分析，发现资源或资源指数排序在研究区域发展方面具有重大意义。实验观测到，这些不同资源指标站位，深刻影响区域发展。本书中，按照区域分组采集数据形成不同数列，并按照不同的数列进行整理归类。具体是，将第一序位指标排列相同的数列归为一级相关数据组；第一、第二序位相同的数列归为二级相关数据组；将第一、第二、第三序位相同的数列归为三级相关数据组，将第一、第二、第三、第四序位相同的数列归为四级相关数据组，以此类推，数列越长，区域资源相关度分析越细化。不同组别的数列序位相同越多，表明实践中区域间发展相似度越高。基于有限数据框架，假设资源结构数为 10，其中，第 1 指标决定区域资源结构类别，第 2 指标决定区域间资源浅源结构相关度，第 3、第 4、第 5、第 6 指标决定区域间资源深源结构相关度。第 7、第 8、第 9、第 10 作为角标指标归为辅要素，决定区域资源潜在结构及其变化方向，该组指标对未来资源结构产生隐性影响。不同数据组的辅要素指标排序，对于资源结构和发展走向的作用也不同。在剔除主要素指标影响之后，单就辅要素指标进行排序，即区域隐性发展测度排序。为便于演示和运算，将上述关系置于坐标系内。将第一序位指数设定为一个象限；第二序位指数设定为一个象限的二分之一，依此细分……第 N 序位设定为一个象限的 n 分之一。在多个辅要素排列完全相同的情况下，两组数据在不同象限中呈角对称关系。表现为两个区域间（或两个经济体间）未来走向的高度一致性（图 6－2）。

坐标系中，在第二象限由 O 次第引 n 条射线作 n 次角平分；假定在第二象限中按任意一对相同的主要素赋值，则可以得到 θ 和 ι 之间的面 μ，而在 μ 的角对称象限中得到 μ′，θ 和 ι、θ′和 ι′分别是这个两个面的上下边界。如在 α 上任意一点 m 微分，由 $\lim\limits_{\Delta x\to 0}(2x+\Delta x)=2x$ 推出 $m=\lim\limits_{\Delta x\to 0}\frac{\Delta y}{\Delta x}=2x$；当 α 趋于零，则 ι 与 θ 重合，μ 成为一条射线。其实验意义在于，当给定的要素足够多而细时，两个区域资源结构关系重合，这对现实空间和隐性发展空

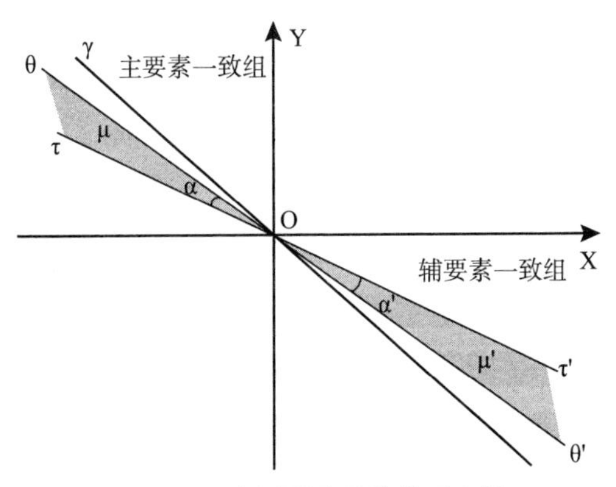

图 6－2　资源要素结构关系坐标

间有同样的意义。假定赋值主要素数为 N，则进行运算结果为 $90/2^n$。在实验中，若两个或两个以上区域发展的主要素排序相同，则其发展范畴共面。因其发展具有共演的特征，故这个面称为共演面。若通过相似度关联运算，结合实验印证可以得到一个关联结果，暂定为区域共演定律：

若两个或两个以上区域发展的主要素组的相似度满足数列｛An｝的递减条件，则这些区域存在关联资源需求和关联发展取向。

假定在另一个角对称的象限中，提取前四位主体要素值并以 O 为起点分别做 θ 的反向射线，在第四象限中得到与其对称且大小相同的夹角和绝对值相同的面积。联系到实验中的区域发展辅要素，可以得出一个合乎逻辑的推演：辅要素相同的不同区域，在区域发展的隐性空间内具有共演面。这个隐性空间中的发展就是“隐性发展”。这种“隐性发展”在要素的高度关联性和联合增长的一致性推动下，最终使辅要素高度一致的区域进入相同或相似的发展路径。若通过相似度关联运算，并结合实验印证可以得到一个关联结果，暂定为区域隐性发展定律：

若两个或两个以上区域辅助发展要素组的相似度满足数列｛Sn｝的递减条件，则这些区域存在隐性关联资源需求和隐性关联发展取向。

为了更加明确地表述各个区域资源结构，将生态、经济、人文社会等方面的十个指标进行降序排列，得到每个区域的详细分类结果（表 6－1）。

表 6-1 "第三极"及其相关区域资源结构状况

序号	区域	A 可用土地指数	B 可用洁净水源指数	C 可用洁净空气指数	D 经济发展指数	E 社会发展指数	F 生态发展指数	G 文化发展指数	H 网络信息化发展指数	I 能源发展指数	K 区位指数
1	阿坝	0.3021	0.7121	0.6298	0.6312	0.6431	0.6022	0.6291	0.5311	0.7012	0.3828
2	阿里	0.0912	0.6051	0.6981	0.1213	0.2019	0.9101	0.3902	0.1301	0.2034	0.2012
3	阿拉善	0.5204	0.6231	0.7132	0.5211	0.3023	0.8921	0.3214	0.2898	0.4653	0.2678
4	阿克苏	0.5135	0.7811	0.7798	0.3979	0.2891	0.7659	0.3674	0.2876	0.3989	0.2543
5	巴彦淖尔	0.5102	0.7912	0.7812	0.5978	0.3187	0.7894	0.3573	0.2981	0.6521	0.2631
6	巴音郭楞	0.4012	0.5611	0.7791	0.5921	0.2981	0.6921	0.3634	0.3011	0.4987	0.2781
7	昌都	0.2001	0.8165	0.7011	0.4121	0.4910	0.8111	0.6973	0.3210	0.5089	0.3012
8	甘南	0.4301	0.4124	0.6372	0.4952	0.5122	0.5012	0.5112	0.5001	0.4362	0.3651
9	甘孜	0.3012	0.8988	0.7014	0.4832	0.5012	0.7812	0.7098	0.4321	0.6981	0.3412
10	果洛	0.2951	0.8131	0.7001	0.2143	0.3901	0.8011	0.5581	0.2891	0.6678	0.3123
11	和田	0.0912	0.6623	0.7921	0.3101	0.3112	0.7121	0.2341	0.2781	0.7912	0.2901
12	海西	0.1941	0.5121	0.7082	0.3945	0.3231	0.6883	0.3721	0.3561	0.6892	0.3120
13	金昌	0.4219	0.5612	0.7613	0.4012	0.3998	0.6106	0.3198	0.3781	0.3131	0.3521
14	酒泉	0.3021	0.5745	0.7301	0.5101	0.4042	0.6010	0.5998	0.6321	0.3121	0.3561
15	喀什	0.3091	0.7112	0.8188	0.4010	0.4451	0.6989	0.3989	0.3971	0.3897	0.3765
16	克孜勒苏	0.4101	0.3051	0.8123	0.3898	0.3998	0.7010	0.3893	0.3998	0.3789	0.2998
17	林芝	0.2906	0.8798	0.7019	0.2919	0.4061	0.7998	0.5312	0.3999	0.7799	0.2787
18	那曲	0.1012	0.8788	0.6999	0.2153	0.3021	0.9112	0.4017	0.2501	0.3120	0.2465
19	武威	0.4011	0.5113	0.7719	0.4118	0.4098	0.6081	0.3018	0.3084	0.3187	0.3491
20	玉树	0.3033	0.8733	0.7119	0.2178	0.4001	0.8211	0.5619	0.2999	0.6779	0.3283
21	张掖	0.4021	0.5711	0.7816	0.4122	0.4001	0.6212	0.3207	0.3987	0.3219	0.3678

注：1. 上述各指数越高，说明发展越快或越向好。A 是可利用土地面积除以总面积；B 是洁净水总储量除以可利用水量；C 是总面积内洁净空气含氧量除以宜人居住区空气含氧量；D 是总税收除以规模企业（年产值 5000 万元及以上）数；E 是近 50 年科教文卫总投资数除以就业人数；F 是近 50 年生态投入总数除以生态足迹；G 是 50 年来高等教育人数除以总人数 + 当地历史名人人数除以有文字记载年代跨度；H 是截至 2019 年的互联网基站、现代物流、手机通信覆盖率；I 是石油、天然气、煤、水能、风能、太阳能的总储量除以可开发量；K 是域内海陆空交通总里程除以客流量；供参考的标准类型是 KFABCIDEGH。2. 区域按首字拼音顺序排列。3. 表 6-3 标准相同，不再赘述。

按照上述方法，提取近 70 年生态和社会发展数据，对"第三极"21 个地级行政区域进行测评，得到如下结果（表 6-2）。

表 6-2 "第三极"及其相关区域资源匹配契合度

序号	区域	资源类型	匹配方案	匹配指数
1	阿坝	BIEDCGFHKA	Ⅱ	0.8125
2	阿里	FCGBIKEHDA	Ⅲ	0.9765
3	阿拉善	FCBDAIGEHK	Ⅲ	0.6651
4	阿克苏	BCFDAIGEHK	Ⅴ	0.7689
5	巴彦淖尔	BFCIADGEHK	Ⅲ	0.7121
6	巴音郭楞	CFDBIAGHEK	Ⅲ	0.7512
7	昌都	BFCGIEDHKA	Ⅱ	0.9143
8	甘南	BCEGFHDIAK	Ⅴ	0.8311
9	甘孜	BFGCIEDHKA	Ⅴ	0.9765
10	果洛	BFCIGEKHAD	Ⅳ	0.9212
11	和田	CIFBEDKHGA	Ⅲ	0.8003
12	海西	CIFBDGHEKA	Ⅱ	0.8932
13	金昌	CFBADEHKGI	Ⅳ	0.7081
14	酒泉	CHFGBDEKIA	Ⅲ	0.6901
15	喀什	CBFEDGHIKA	Ⅴ	0.7245
16	克孜勒苏	CFAEHDGIBK	Ⅲ	0.7101
17	林芝	BFICGEHDAK	Ⅳ	0.9805
18	那曲	FBCGIEHKDA	Ⅴ	0.9821
19	武威	CFBDEKIHGA	Ⅲ	0.9012
20	玉树	BFCIGEAKHD	Ⅳ	0.9146
21	张掖	CFBADEHKIG	Ⅳ	0.6241

注：1. 匹配方案：主要是通过大数据采集的两个区域间的不同数值进行归类运算和整理，然后通过规定的方法进行匹配运算得到不同的匹配模式。2. 匹配指数：按照上述方法通过规定的程度进行匹配运算后得到一定的匹配值，进而不同的指数形成不同的资源匹配模式，这个匹配值就是匹配指数。具体是对关联区不同资源指数进行分段和分类求和、求均值、求中位数，然后按照关联法进行分类配对运算，得到的值即匹配指数越接近1，则匹配契合度越高。3. Ⅱ是生态资源型，以生态自然资源的整合为主要配对基础；Ⅲ是经济资源型，以经济资源的配对为主要基础；Ⅳ是社会人文资源型，以社会人文资源配对为基础；Ⅴ是复合型，兼顾综合因素。基本规则是：生态指数排位靠前且生态关涉大局的要害区和生态脆弱区，以生态为基础进行资源匹配；经济指数排位靠前的经济欠发达区，以经济发展为基础进行资源匹配；社会人文资源指数靠前的地区，以社会人文指数为基础进行资源匹配；各主要资源指数差距不超过0.2的，进行复合配对。此外，为避免数值化配对的机械模式带来的弊端，对各种配对模式采取纠偏，发现偏差超过正常值，即对特殊的情况不完全按照数值配对。4. 表6-4同此表，不再赘述。

上述评估结果可分为 4 类：B 类的地区 9 个，阿坝、阿克苏、巴彦淖尔、昌都、甘南、甘孜、果洛、林芝、玉树等，该类区域可用洁净水排序第一；C 类地区 9 个，巴音郭楞、和田、海西、金昌、酒泉、喀什、克孜勒苏、武威、张掖等，该类区域可用洁净空气排序第一；F 类地区 3 个，阿里、阿拉善、那曲等，该类区域生态发展指数排序第一，大致因三地大部分地区属于无人区，人为扰动较少。

值得注意的是，青藏高原核心地带几个区域可用洁净空气指数总体数值较周边低，并非空气质量本身洁净程度不高，而是高海拔低气压造成空气含氧量较低，影响了空气可利用度，但这些区域大部分洁净的可用水很占据很高地位。

如前述，排序前六位的因素为主要素，用大写字母表示；排序后四位因素为辅要素，用小写字母并角标表示。这样，得到 21 组数据构成的集合，即匹配集合Є：

$1BIEDCG^{fhka}$　$2FCGBIK^{ehda}$　$3FCBDAI^{gehk}$　$4BCFDAI^{gehk}$
$5BFCIAD^{gehk}$　$6CFDBIA^{ghek}$　$7BFCGIE^{dhka}$　$8BCEGFH^{diak}$
$9BFGCIE^{dhka}$　$10BFCIGE^{khad}$　$11CIFBED^{khga}$　$12CIFBDG^{heka}$
$13CFBADE^{hkgi}$　$14CHFGBD^{ekia}$　$15CBFEDG^{hika}$　$16CFAEHD^{gibk}$
$17BFICGE^{hdak}$　$18FBCGIE^{hkda}$　$19CFBDEK^{ihga}$　$20BFCIGE^{akhd}$
$21CFBADE^{hkig}$

按照首位因素归类法对以上 21 组数据进行归类：

一是 F 类共 3 个：依次是那曲、阿里、阿拉善，对应数据组为：

$1FCGBIK^{ehda}$　$2FCBDAI^{gehk}$　$1BIEDCG^{fhka}$

二是 B 类共 9 个：依次是阿坝、阿克苏、巴彦淖尔、昌都、甘南、甘孜、果洛、林芝、玉树，对应数据组为：

$1BIEDCG^{fhka}$　$4BCFDAI^{gehk}$　$5BFCIAD^{gehk}$　$6BFCGIE^{dhka}$　$7BFGCIE^{dhka}$
$8BCEGFH^{diak}$　$17BFICGE^{hdak}$　$20BFCIGE^{akhd}$

三是 C 类共 9 个：依次是巴音郭楞、和田、海西、金昌、酒泉、喀什、克孜勒苏、武威、张掖，对应数据组为：

5CFDBIA^{ghek}　11CIFBED^{khga}　12CIFBDG^{heka}　13CFBADE^{hkgi}
14CHFGBD^{ekia}　15CBFEDG^{hika}　16CFAEHD^{gibk}　19CFBDEK^{ihga}
21CFBADE^{hkig}

结合实例根据上述原理进行阐释。将“第三极”的21个区域大致分为三大类。第一类地区生态指数作为第一要素确立了该区域在存在与发展中的应有地位；洁净的可用水、洁净的空气与生态环境指数一同进入具有决定意义的前四位要素之中。这类区域应该是一个以生态环境保护为总体特征的区域。其中有所不同的是，那曲和阿里的文化指数进入了前四位，且阿里的文化指数处于第三位、那曲的文化指数处于第四位，这可能与相关区域众多古代人类活动遗迹和历史上的象雄文明、古格王朝等有关，同时，阿里与那曲一部分处于西藏文化与西域文化交融地带，这里也曾经是民族走廊和人类活动的交通线。阿里和那曲无人区较多，尽管空气质量较好，但是海拔高气压低，氧气含量严重不足，可利用成分少。根据区域共演定律，这些区域具有共同依存的现实空间，在发展上具有明显的同向发展取向和相同相似的资源需求。

第二类地区可利用的水资源指数作为第一要素确立了该区域在存在与发展中的地位。从第一指数的降序排列，依次是甘南、甘孜、林芝、玉树、昌都、巴彦淖尔、阿克苏。前四位基本上处在长江、黄河的源头区域，属于源区生态环境的核心，发育了大量的河流湖沼。从要素地位排序看，巴彦淖尔与阿克苏有惊人相似之处。能利用的洁净水、洁净的空气、经济发展指数、可利用的土地和能源无一例外都进入了前六位起决定作用的要素中，而文化、社会、网络、区位指数作为辅要素惊人相似地排列一致，因此，这两个地区资源结构高度相似。根据区域共演定律，这些区域具有共同依存的现实空间，在发展上具有明显的同向发展取向和相同相似的资源需求。根据区域隐性发展定律，它们存在隐性发展的共演空间，并在隐性发展中具有密切的关联发展取向和相同相似的资源需求。

第三类地区可利用的洁净空气指数作为第一要素确立了该区域在存在与发展中的地位。从指数降序排列看，依次是克孜勒苏、喀什、巴音郭楞、和田、张掖、武威、海西、金昌、酒泉。前四位地区主要在新疆南部，气候较为干燥、海拔适中、含氧量足、污染少，空气质量较好，具有较好的空气资源。后五位主要处在河西走廊，海拔不高、气压适中、污染较少，空气质量较好，但受内蒙古冷气流南下和东进带来的沙尘影响，质量不如南疆有关区域。在各要素降序排列中，发现金昌、张掖可利用的洁净水指数、生态指数、洁净空气指数、土地指数四个指标排列顺序完全相同，唯克孜勒苏尽管处于塔里木河流源头，但是河流大部分都在高山峡谷，可开发利用率不高。和田、海西的空气指标、能源指标和可利用的洁净水指标排序完全相同，其资源结构高度相似。根据区域共演定律，这些区域具有共同依存的现实空间，在发展上具有明显的同向发展取向和相同相似的资源需求。

三　中国经济较发达地区资源结构状况

按照统筹论和全局战略，将以青藏高原为核心的“第三极”核心区域与东部经济较为发达区域进行匹配（表6－3）。

为了对这些参与匹配的区域进行科学合理的匹配，须通过大数据进行精确计算，得到其契合度指数，并根据不同的区域类型和契合度尽可能进行细分（表6－4）。

表6－3　参与“第三极”及其相关区域资源匹配的东部地区资源结构状况

序号	区域	A可用土地指数	B可用洁净水源指数	C可用洁净空气指数	D经济发展指数	E社会发展指数	F生态发展指数	G文化发展指数	H网络信息化发展指数	I能源发展指数	K区位指数
1	北京	0.9996	0.4051	0.4981	0.8913	0.9918	0.3713	0.9981	0.9909	0.2174	0.9999
2	福建	0.8679	0.7231	0.6121	0.7212	0.8212	0.6932	0.8917	0.8891	0.5654	0.8959
3	广东	0.8975	0.7021	0.6189c	0.9543	0.9097	0.5676	0.9678	0.9811	0.4985	0.9989
4	河北	0.9089	0.4911	0.3912	0.9178	0.8919	0.3121	0.9123	0.8987	0.4528	0.9035
5	海南	0.9982	0.7611	0.9956	0.6923	0.8982	0.7126	0.8004	0.9012	0.4188	0.9791
6	江苏	0.9801	0.7161	0.6011	0.8829	0.9956	0.4121	0.9981	0.9216	0.4081	0.9032
7	江西	0.9131	0.7121	0.6931	0.7175	0.9724	0.4987	0.9621	0.9021	0.5211	0.8945
8	辽宁	0.8912	0.6611	0.7613	0.7022	0.8901	0.4912	0.8981	0.8311	0.5983	0.8823
9	山东	0.9451	0.4781	0.4911	0.8189	0.9308	0.4139	0.9518	0.8933	0.4101	0.8898

续表

序号	区域	A可用土地指数	B可用洁净水源指数	C可用洁净空气指数	D经济发展指数	E社会发展指数	F生态发展指数	G文化发展指数	H网络信息化发展指数	I能源发展指数	K区位指数
10	上海	0.9987	0.6621	0.6521	0.9808	0.9978	0.3011	0.9929	0.9918	0.1123	0.9998
11	天津	0.9282	0.4623	0.4923	0.7508	0.9317	0.3128	0.9114	0.9232	0.1112	0.9312
12	浙江	0.9891	0.7181	0.7082	0.9912	0.9908	0.4187	0.9951	0.9728	0.4101	0.9890

表6-4　参与“第三极”及其相关区域资源匹配的东部地区资源契合度

序号	区域	资源类型	匹配方案	匹配指数
1	北京	KAGEHDCBFI	Ⅴ	0.9125
2	福建	KGHAEBDFCI	Ⅳ	0.8132
3	广东	DHGKEABCFI	Ⅲ	0.9231
4	河北	DGAKHEBICF	Ⅱ	0.9098
5	海南	ACKHEGBFDI	Ⅴ	0.9341
6	江苏	GEAKHDBCFI	Ⅱ	0.8756
7	江西	EAGHKDBCIF	Ⅳ	0.7321
8	辽宁	GEAKHCDBIF	Ⅲ	0.7981
9	山东	GEAKDHCBFI	Ⅲ	0.7981
10	上海	KAEGHDFBCI	Ⅴ	0.9112
11	天津	EKAHGDCBFI	Ⅴ	0.9033
12	浙江	GDEAKHBCFI	Ⅳ	0.8123

上述区域中，K组3个，即北京、上海、福建，该类区域以区位优势指数排序第一；D组2个，即广东、河北，该类区域以经济指数优势排序第一；A组1个，即海南，该区域土地利用率指数排序第一，究其原因，不能排除因该区域陆地面积较小而气候宜人，生态保护较好的可能；G组区域4个，即江苏、浙江、山东、辽宁，皆以文化指数优势排序第一，该类区域不但为历代文化繁盛之地，同时也是当今文化发展较快的区域，在发展中具较突出的文化地位。

需要说明的是上述区域中，没有排序第一的指标，并非说明其要素不重要，个案有恰恰相反的例证，如北京，从优势指数排列上看，是区位第一，而其文化指数也是很高的，但是没有排在第一。这说明北京在历史发展中，首先是具有区位优势，被定位为历代首都，在此基础上发展成为文化首善之区。又如上海，尽管区位指数排列第一，但是近代以来其经济地位相当突出，经济发展指数也很高，但是评估结果是区位指数排在第一，说明这个区域的发展总体上和源头上是具有区位优势，至少在近代凸显了其重要区位价值，在此基础上逐步成为经济重心所在地。那么江苏、浙江、山东、辽宁等区域，明显是长江中下游、黄河中下游和东北的文化腹心地带，这些地方的文化具有全局的影响力，其文化影响力远远超过了经济影响力，大数据运算和评估结果显示其发展源头上是以文化因素带动了其余因素发展。至于广东和河北何以成为经济指标排序第一的区域，根本原因在于两地占据了南北两个发展中心的近邻优势。河北包围了京津，依山傍海，广东包围了港澳，同样山海相连。长期以来，这两处为南北两大中心提供强大的经济和战略后盾支持，在两大中心扶持中其经济得到了很大发展。河北的钢铁制造业在量上一度跻身世界前列，而广东在近代以来一直是诸多经济、政治重大事件的滥觞之地、策源之地，拥有巨大的政策扶持优势、海外投资优势和海洋发展优势。因此这两大区域分别成为南北经济的重心所在。江西和天津等地，在其发展的诸要素中，社会发展指数占据了突出地位，这种靠社会综合发展形成优势的，在国内外不在少数。是什么原因造成这种状况的？就天津看，其与河北一样，背靠北京面向大海，本来可以成为经济发展的重心，但是其空间局限在北京东部与渤海之间的小块地方，市场同时受到北京和河北的挤占，很难形成经济优势；而小块土地上，文化发展依次被华北文化圈、河北文化圈、首都文化圈层层覆盖，因此在经济和文化上没有更多的突出优势地位。在其余要素中，除了社会发展具有随大流的搭便车优势，其余优势不明显。同样，江西也被江浙和湖广文化交叉覆盖，同时，经济上受到湖广经济带的挤占，自身的文化优势、经济优势很难凸显出来。因此，江西只能选择与湖广经济圈层同进退、与江浙文化圈共繁荣的发展道路。这种靠近强势区域的次发展区域，需要进行战略调整，化被动为主动。

与前述一致，为了在分析中更加具备层次性，用同样方法得到 14 组数据构成的集合，即匹配集合。

$1KAGEHD^{cbfi}$　$2KGHAEB^{dfci}$　$3DHGKEA^{bcfi4}$　$4DGAKHE^{bicf}$
$5ACKHEG^{bfd\,l}$　$6GEAKHD^{bcfi}$　$7EAGHKD^{bcif}$　$8GEAKHC^{dbif}$
$9GEAKDH^{cbfi}$　$10KAEGHD^{fbci}$　$11EKAHGD^{cbfi}$　$12GDEAKH^{bcfi}$

K组北京、上海、福建，在发展中区位优势起到了第一位的作用，D组广东、河北在发展中经济优势起到了第一位的作用，A组海南在发展中土地开发优势起到了第一位的作用，G组江苏、浙江、辽宁、山东在发展中，文化优势起到了第一位的作用。E组江西、天津在发展中社会综合优势起到了第一位的作用。北京、上海和福建，尽管排第一位的都是区位优势，但也存在不同。北京、上海的前四位因素惊人相同，分别是KAGEHD和KAEGHD，也就是说决定这两区发展的一般因素都是区位优势、土地开发优势、文化优势或社会发育优势，其次是网络发展和经济发展优势。从近些年两地发展情况看，确实也印证了这个规律。它们长期具有文化中心、政治中心、经济中心和交通枢纽的地位，利用这地位，加速了经济发展和社会发育，进而推动科技发展，形成了新型的网络化经济。而福建则有所不同，福建利用靠近台湾，连接广东、浙江区位的优势，文化、网络和经济社会取得了较快发展。应该说这个区域是与周边发展存在密切的关联互动的，如果台海局势吃紧或粤浙经济低迷，福建必然受到很大影响。而福建正是在这种被动局面中，力图摆脱对周边的依赖，加速发展网络经济，导致网络经济一度失控，出现了发展乱象。这种乱象又在文化和社会发展综合中得到一定的调适和弥补。海南建省较晚，其发展分为两段，建省前属于广东的欠发达地区，并没有因为广东的区位优势搭上便车。其间开发较慢，生态得到较好维护。建省后通过提高土地利用价值，实施“土地开发”驱动。本来海南从国防战略上看，属于边疆欠发达地区，具有洁净的可利用的空气和水资源，海南充分利用洁净的空气水土资源优势发展第三产业，推动了经济发展。即海南占据了“第三极”的净土、净水、净空气生态优势，又具备沿海发达经济区的区位优势，同时具备国家强化国防、海防和边疆的政策优势，因此，海南建省是一个重大的历史机遇。在中国新一轮发展中，海南将较其他区域获得更大的中长期优势。如果海南加入东西部资源匹配，将很快取得新的发展奇迹。

从辅助四要素看，北京、天津、山东相同，根据区域隐性发展定律，这些区域存在隐性发展的共演空间，在隐性发展中具有密切的关联发展取向和相同相似的资源需求。而广东、江苏、浙江的辅助四要素也相同，根据上述定律，这些区域也存在隐性发展的共演空间，在隐性发展中同样具有密切的关联发展取向和相同相似的资源需求。

四　发达地区与“第三极”资源科学合理匹配

通过对上述区域的大数据分析，按照区域共演定律和区域隐性发展定律，进行Є—Э匹配，即将“第三极”相关区域和东部区域关联配对。

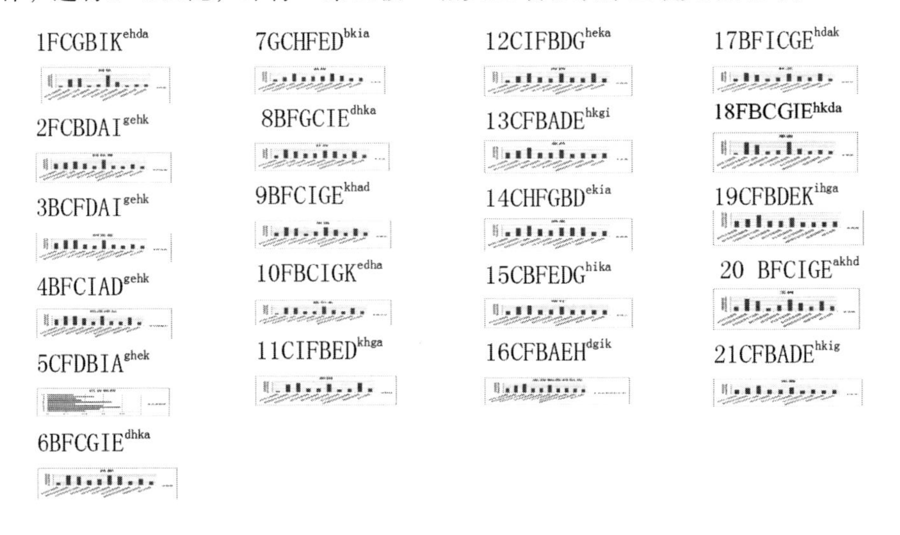

方阵 6－1　“第三极”21 个相关区域大数据方阵

在集合Є中，得到如下 12 个单位的要素群（方阵 6－2）。

通过两两数据分析发现，如下区域在资源结构中具有较高的契合度，北京、天津、上海地域狭小而位置特殊的区域与喀什、阿克苏、甘孜、甘南等地具有高度的契合度，综合匹配指数超过了 0.9（表 6－5）。

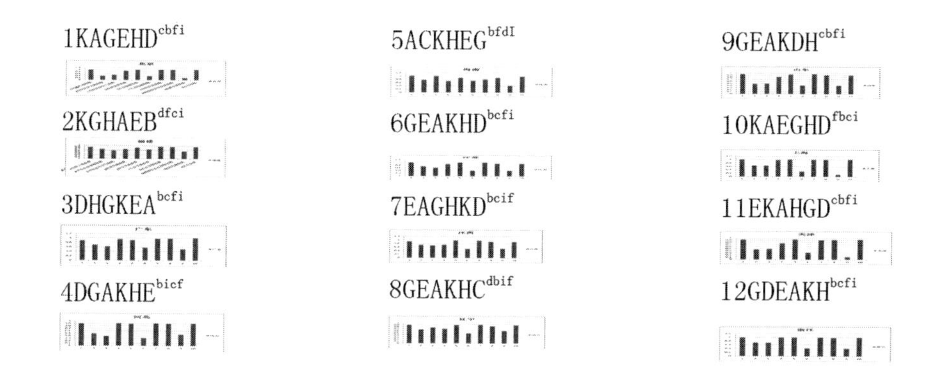

方阵6－2　东部12个区域大数据方阵

表6－5　东西部资源匹配方案

Є集合区	Э集合区	综合匹配指数	匹配方案
北京、天津	阿克苏、喀什	0.9102	Ⅴ
海南	和田、那曲	0.9156	Ⅴ
上海	甘南、甘孜	0.9211	Ⅴ
河北	海西	0.9213	Ⅱ
江苏	昌都	0.9767	Ⅱ
广东	阿拉善、巴彦淖尔、巴音郭楞	0.8912	Ⅱ
山东	阿坝、阿里	0.9101	Ⅲ
辽宁	酒泉、武威、克孜勒苏	0.9089	Ⅲ
福建	金昌、张掖	0.8798	Ⅳ
浙江	果洛	0.8671	Ⅳ
江西	玉树、林芝	0.8998	Ⅳ

按多种匹配关系和模式，一种是必要匹配，一种是充分匹配，一种是充要匹配。第一种是必要匹配，主要是从战略上考虑。如北京—南疆模式，把首都管辖范围从最东端延伸到最西端，对于稳定边疆具有重要的战略意义。第二种是充分匹配，如广东—那曲模式，在资源上达到了高度契合。第三种是充要匹配，如上海—甘孜模式，从长江生态上完成下游对上游、从入海口对源头的管辖，从经济、文化、土地、水源等方面进行战略性重组和整合。上述三类匹配模式，首选充要模式，其次是充分模式和必

要模式。

对于必要模式中的契合不充分问题，有必要进行政策填补和修正。如北京—南疆模式中，应当从自然和人文多方着手，进行生态社会人口发展规划，具体由中央和北京整合资金，细化工程，层层落实，步步跟进，实现长治久安。而对于浙江—果洛模式，在中央通盘考虑经费和整合地方经费的同时，加强生态脆弱区的修复和科学开发论证，促进两地资源的充分盘活利用。

五　区划综合调整

与资源匹配同步进行的是相应的区划调整。区划调整的实质也是通过行政杠杆对资源进行科学匹配和充分整合。较之于经济杠杆，行政杠杆也是资源科学匹配和充分整合的有效手段，只不过这个手段更加直接而高效，至少在有限时空内是这样的。在资源的科学匹配和充分整合策略中，资源富集与资源贫乏的两极是重点，主要关涉相关区域的区划调整。

第三节　推动“第三极”一体化进程

一　“第三极”一体化思路

当前对于全球生态起到决定性影响的三极分别是南极、北极、青藏高原。这三极曾经都是人烟稀少和人迹罕至的地方。南极、北极都是冰雪覆盖的高纬度地区，但在地理结构和治理结构上二者有很大的差异。“南极是海洋包围着大陆，被称为南极洲；而北极是陆地包围着海洋，号称北冰洋。北冰洋周边的大陆分别归属俄罗斯、美国、加拿大等国家。南北极是全球气候变化的指示器，北极气温上升的速度是全球平均升温速度的两倍”。[①] 北极已经被分割占领，而南极则暂时缺乏人类进驻条件。青藏高原

① 杨剑：《中国发展极地事业的战略思考》，《人民论坛·学术前沿》2017年第11期，第13页。

作为世界“第三极”，与其他两极一样，在全球生态环境变化和生态建设中具有举足轻重的战略地位。青藏高原不仅“在我国气候系统稳定、水资源供应、生物多样性保护、碳收支平衡等方面具有重要的生态安全屏障作用”，而且是“亚洲冰川作用中心和亚洲水塔，也是亚洲乃至北半球环境变化的调控器”。[①] 大量研究表明，“青藏高原的隆升使西风发生绕流，并通过‘放大’海陆热力差异导致亚洲夏季风的增强，影响了全球气候系统，从而改变了地球行星风系”，[②] “使亚洲东部和南部避免了出现类似北非和中亚等地区的荒漠景观，成为我国及东南亚地区气候系统稳定的重要屏障”；[③] “青藏高原的隆升使其成为长江、黄河、恒河、印度河等亚洲大江大河的发源地，孕育了诸如两河文明、印度文明和中华文明”。[④] “第三极”对于全球极其重要，它关涉全球30亿人口的生死存亡。[⑤] 其他两极不能为一国所控制，而且人类生存条件更为恶劣，短期内不易开发和掌控。而青藏高原几乎全部处于中国版图之内，其发展规划全在中国掌控中。中国充分利用

---

① 姚檀栋等：《从青藏高原到第三极和泛第三极》，《中国科学院院刊》2017年第9期；Yao T., Wu F., Ding L., et al., "Multispherical Interactions and Their Effects on the Tibetan Plateau's Earth System: A Review of the Recent Researches", *National Science Review*, 2015, 2 (4): 468 ~ 488; Yao T. D., Thompson L., Yang W., et al., "Different Glacier Status with Atmospheric Circulations in Tibetan Plateau and Surroundings," *Nature Climate Change*, 2012, 2 (9): 663 – 667.

② 姚檀栋等：《从青藏高原到第三极和泛第三极》，《中国科学院院刊》2017年第9期；叶笃正：《西藏高原对于大气环流影响的季节变化》，《气象学报》1952年第Z1期，第33 ~ 47页。

③ 姚檀栋等：《从青藏高原到第三极和泛第三极》，《中国科学院院刊》2017年第9期；刘晓东等：《青藏高原隆升对亚洲季风 – 干旱环境演化的影响》，《科学通报》2013年第Z2期，第2906 ~ 2919页。Wu G., Liu Y., He B., et al., "Thermal Controls on the Asian Summer Monsoon," *Scientific Reports*, 2012 (5): 402.

④ 参见姚檀栋等《从青藏高原到第三极和泛第三极》，《中国科学院院刊》2017年第9期；刘晓东等：《青藏高原隆升对亚洲季风 – 干旱环境演化的影响》，《科学通报》2013年第Z2期，第2906 ~ 2919页。Wu G., Liu Y., He B., et al., "Thermal Controls on the Asian Summer Monsoon," *Scientific Reports*, 2012 (5): 402.

⑤ 姚檀栋等：《从青藏高原到第三极和泛第三极》，《中国科学院院刊》2017年第9期；崔鹏等：《气候变暖背景下青藏高原山地灾害及其风险分析》，《气候变化研究进展》2014年第2期，第928页。

现有优势条件，在青藏高原的研究进展上取得了举世瞩目的成绩。尽管，中国对于青藏高原具有绝对的领导权和发言权，但迄今为止，没有一个针对青藏高原的整体规划，更没有一部统一的法律法规来统筹规范青藏高原的科学开发和有序使用。长期以来，政出多门，各个行政区各自为政，导致青藏高原生态环境建设长期得不到统一协调。

本书所指的国内一体化，主要指在中央统一领导下，利用大数据管理，实现资源适度配置，消除历史上区域分割、条块割据的被动局面，达到资源有序开发和依法共享，人口有序流动和各尽其能，社会稳步发展，大局长期稳定。时代发展进入一体化时代，青藏高原作为全球的一极，自然不能避开一体化。一体化的原则是东西兼顾、边腹结合、贫富相济、内外有别、圈层互动、法制规范、一体推进、成果共享。

东西兼顾，就是东部的经济“火车头”地位与西部的“第三极”生态战略地位兼顾。历史上中国发展重心主要在中原和长江中游地区，至近代，经济社会发展重心主要向东部沿海地区转移。从历史上看，中西部地区并非没有发展条件，而主要是区位优势的丧失。当前国际国内发展大趋势表明，以“第三极”为核心的广大西部地区是今后一个时期增长的重点地区。但当前中国又不能放松东部发展的大好机遇而全力去建设西部，因此最佳的选择就是中西兼顾的发展战略。通过资源整合，把西部重点区域与东部精准配置，使东部与西部形成一轮新发展的“动车组”，彻底改变过去那种靠一个区域的“火车头”带动的发展局面，使每个西部区域都有经济社会、生态建设的“火车头”带动。为此，须将东部沿海地区与西部内陆地区结合起来规划，为内陆地区打通出海口，为土地紧张的沿海地区拓展发展空间。

边腹结合，就是把边疆的国防战略地位与腹地的文化经济带动地位结合起来，形成新的国家治理现代化的行政格局。中国现在的行政格局，基本上还是历史上形成的。参照一些发达国家的行政格局，比如美国、加拿大等国家，其行政格局较为科学合理，少受传统影响，这可能也是其发展较快的一个原因。在当今中国，将边疆区与政治文化腹心区和核心区结合起来，为边疆薄弱的法制建设、文化建设和社会建设提供现代化治理基础和条件，为政治、法制和文化核心区提供试验区和观测区，势在必行。

贫富相济，就是将东部经过数十年发展积累的富裕资源，充分利用起来发展国内贫困薄弱地区，同时将中国现成宝贵的生态文化资源用作东部紧张资源的补充，把短期富裕与长期富裕结合起来，缩小贫富差距，化解社会矛盾，减少社会震荡，保障社会稳定发展。在长期的发展中，东部大部分地区因区位优势、资金优势、地理优势以及人才科技优势占据了政策优势和发展优势，形成了强大的资源吸附效应，导致西部地区本来有限的人才、生态、技术、资金、矿产、能源等资源流向东部，形成越来越大的发展差距。这种差距引起了区域之间的矛盾，这些矛盾通过所谓民族问题、社会问题等暴露出来，影响了国家稳定和经济社会发展。通过资源整合，将东部经济发展较快和经济实力较强的区域与西部经济实力较弱和发展乏力的区域结合起来，缩小东西部差距，对实现国家长远稳步发展具有重要而长远的意义。

内外有别和圈层互动，就是围绕国内外发展大势，建立多圈层发展模式，具体是：参考历史和现实，按照不同的区域和经济类型，建立不同的经济社会发展圈层，便于对内加强合作，对外扩大开放。在国内发展较快的环渤海经济圈、长江三角洲经济圈（下称“长三角”）、[①] 珠江三角洲经济圈（下称“珠三角”）、[②] 环北部湾经济圈、长江中游经济圈、成渝地区双城经济圈中，实行圈层互动和互补，建构和推动环环相扣的发展战略。用已经成熟且发展较快的经济圈层与“第三极”相关区域结合，以实现资源互补和圈层带动。长三角经济圈和珠三角经济圈发展数十年，最大的问题是生态资源、净水资源、土地资源以及洁净能源压力越来越大，人口密度居高不下，现代病、城市病泛滥，与西部辽阔的区域结合，可以合理均衡布局资金、人才、能源和净水等资源，实现新型圈层的新一轮增长。尤为重要的是，在新的圈层中，东西部差距、生态问题都能够得到很好的解决。

---

① 长三角：全称“长江三角洲地区”，指以长江三角洲为基础，延伸扩大的经济协作区域。参见《辞海》，上海辞书出版社，2010，第199页。

② 珠三角：珠江三角洲地区的简称，指以珠江三角洲地区为基础，延伸扩大的区域。见《辞海》，上海辞书出版社，2010，第2512页。

在解决好东西部大圈层战略互动的同时，要放眼南北大圈层的战略互动和战略衔接。在以珠三角为核心的深港[①]圈层带动下，南部、东南部经济快速增长数十年，已经积累了可观的经济总量，具备输出资金、技术、人才的基本条件，也具备外向发展的基本条件。随着港澳经济高峰从全球金融格局中退潮，深港经济渡过了宝贵的波峰阶段，其引领中国改革开放红利释放的进程已经告一段落。而下一轮改革开放和经济高速增长的重心开始发生战略转移。转移的区域，必须满足世界范围内有一个或多个经济增长引擎带动、全国范围内有足够的发展基础和政策空间支持等先决条件。以京津为核心的渤海经济圈，除了具有北京、天津两个特大直辖市外，还有广大的海域和为数众多且优良便利的港口，并且环渤海有鲁冀辽等中国经济靠前的大省强省聚合支撑和拱卫护航。何况近年来，京津鲁冀辽综合经济实力已经超过珠三角和长三角[①]。据国家统计局公布数据，2019 年环渤海京津鲁冀辽 GDP 已经远超珠三角深港地区，也远超长三角地区，而与珠三角和长三角最强的两个省——广东和江苏之总和持平。这已释放出珠三角经济圈和长三角经济圈区域经济的优势地位已经逐步弱化、国家新一轮经济强劲增长极正在发生战略转移的强烈信号。

从世界经济增长极看，原有的欧洲、北美、东亚已积累了相当的体量，在各自的区域占据绝对优势，但这样的优势在长期的区域发展中，已经完成内生性增长，也完成了第一轮外向型发展。下一轮增长必然是这几个区域深层次的联合互动增长。北欧经济圈（包括俄罗斯）、东亚经济圈（包括日、韩）、北美经济圈（包括美、加）的天然经济地理连接带就是泛渤海区域。日本、韩国因发展空间狭小和人口有限，不具备成为整个北太平洋经济圈层核心的条件。而中国具有广阔的内陆和庞大的人口总量，在环渤海经济圈承接珠三角、长三角经济增长领跑地位的基础上，自然对临近的世界经济圈层形成强大的吸引力，成为下一轮北太平洋乃至世界经济高速增长的最佳投资环境。环渤海经济圈以其独到的地缘优势、传统优势、经济优势、科技优势、文化优势、

① 深港：本文指以香港为核心，以深圳为示范的经体区域。

人口优势、政治优势和军事优势，当之无愧地成为下一轮经济高速增长的核心。

法制规范，就是将国内法律法规与国际法律法规结合起来，将国内行政区域改革和机构改革与国际合作组织建立和国际战略拓展结合起来。具体是：设立两个根本性的法律和规范性文件，一个是“青藏高原法”，一个是“第三极协约”，前者是对内起到规范和约束作用的国家法律，对于东西部资源合理规范匹配、有序开发和共同利用都具有重大的法律意义。围绕“青藏高原法”形成的实施细则和各区域的贯彻条例，如相应的“长江法”“冰川冻土法”“黄河法”，是落实“青藏高原法”的具体方式，须在实践中不断探索完善。而“第三极协约”，是以青藏高原为核心的“第三极”以生态建设与和平发展为主题建立的相关区域合作组织的基本准则。采取协议的形式与各相关国家形成互利互惠的合作框架。各个国家和地区按照协议精神，履行自身义务，参与“第三极”协约，共同维护生态安全、领土安全，组织开展科学有序的能源开发、技术合作、人才共享、网络共用等事务。上述两个文件约束的范围是不同的，“青藏高原法”是国家法律，“第三极协约”是国际公约。后者可在时机成熟的时候升级成较为完备的国际法。就世界范围看，其余两极都有成文的国际法律法规约束，北极有代表性的《极地规则》及其相关法律法规，南极有《南极条约》等公约体系，类似的国际法律法规和公约，为两极的安全与有序开发、和平利用奠定了法律基础，提供了和平开发和资源有序共享的依据，也为“第三极协约”的草创和建立开辟了道路。当前，对外酝酿并推进“第三极协约”，对内制定统一的青藏高原发展战略规划，制定统一的“青藏高原法”，制定统一协调青藏高原生态补偿和修复方案，在世界范围内推进青藏高原“第三极”和“泛第三极”发展，势在必行。

一体推进，就是在总体设计规划的指导下，采取统一的标准、统一的规制、统一的号令、统一的行动、统一的进程，推进经济圈层建构。并在此基础上，进一步建立大数据共享平台，建设圈层覆盖、互联互通的一体化交通网、通信网和能源网，形成中央总控的全息化、全局化的发展新格局。统一的标准，就是用国家治理现代化的标准推进行政管理和社会治理；统一的规制，就是国家大政方针和法律法规的准绳；统一的号令，就在落实各项规定的方方面面体现中枢的至高权威；统一的行动，就是涉及的区域分门别类、因地制宜地贯彻执行；统一的进程，就是全国都要有个规定的短期、中期和长期计划，并细化方案，将具体任务落实到位，按期完成改革任务。资源匹配战略和国际发展战略，牵一发而动全局，须全局配合，协同推进。中国具有社会主义的制度优势，在一体推进中，具有其他国家和地区无可比拟的先决条件，因此在推进一体化进程中，顶层设计和高层统筹是事业成功的根本保证。正确的路线、方针和政策，以及配套的法律法规体系，是这场改革的生命线。

二　制定“青藏高原法”

（一）“青藏高原法”

1. 指导思想

2019 年 10 月 31 日，中国共产党第十九届中央委员会第四次全体会议通过《中共中央关于坚持和完善中国特色社会主义制度推进国家治理体系和治理能力现代化若干重大问题的决定》，明确提出：

> 建设中国特色社会主义法治体系、建设社会主义法治国家是坚持和发展中国特色社会主义的内在要求。必须坚定不移走中国特色社会主义法治道路，全面推进依法治国，坚持依法治国、依法执政、依法行政共同推进，坚持法治国家、法治政府、法治社会一体建设，加快形成完备的法律规范体系、高效的法治实施体系、严密的法治监督体系、有力的法治保障体系，加快形成完善的党内法规体系，全面推进科学立法、严格执法、公正司法、全民守法，推进法治中国建设。[①]

这个决定，把加快形成完备的法律法规体系作为国家治理现代化的重要

① 《中共中央关于坚持和完善中国特色社会主义制度　推进国家治理体系和治理能力现代化若干重大问题的决定》，《人民日报》2019 年 11 月 6 日；《中共中央关于坚持和完善中国特色社会主义制度　推进国家治理体系和治理能力现代化若干重大问题的决定》，人民出版社，2019，第 13～14 页。

目标任务提到了一个新的高度。要实现中华民族伟大复兴的中国梦，建构人类命运共同体，必须做到有法可依、有章可循。事实证明，青藏高原及其相关区域不仅仅是神圣国土资源，更是关涉人类文明进步的宝贵资源，是中国国家发展的战略资源和战略依靠。青藏高原及其相关区域的稳定、祥和、文明、富裕、团结、进步是国家发展和民族幸福的崇高追求。保护、建设和发展青藏高原及其相关区域，对于国家全面强盛、民族全面复兴、区域和平进步、世界共享福祉具有重大的现实意义和广泛的长远意义。顺势推进青藏高原的生态环境法制化建设，制定“青藏高原法”，从保护江河源区和泛江河源区生态环境、冰川冻土、历史文化等角度，实现法制化、规范化；从经济发展、社会建设、行政规范、改革开放与交流合作等领域，大力推进法制化进程，快速整体提升国家发展质量。把青藏高原整体作为国家发展和民族复兴的重要战略资源进行保护和建设，避免不同行政区之间的不良竞争，避免生态建设政出多门，避免一边治理一边污染、上游治理下游污染或下游治理上游污染不良循环。内引外联，放眼厚重的北部，对扬富庶的东部，承接兴盛的南部，振兴广大的西部，抬升鼎力的中部，促成东、西、南、北、中全面振兴和再次飞跃。以“青藏高原法”为泛江河源区及其周边区域建设的准绳，通过统一规划、统一政令、统一治理、统一利用、统一税收和统一国债，力争在较快时间内实现青藏高原生态安全和经济社会发展的全面向好和根本转变，推动青藏高原整体进入全国发展、国际区域发展的快车道。

2. 应用价值

“青藏高原法”不是单纯的生态保护法，而是全面的区域保护和发展法。“青藏高原法”的适时出台，可以全面释放和发挥青藏高原强大的生态功能、政治功能、文化功能和国防功能。“青藏高原法”从生态上增强国家生态靠山的底定功能，为泛江河源区，尤其是长江、黄河经济带生态建设提供法律依据和法制参考，进而推动全域生态建设法制化进程。“青藏高原法”从政治上增强国家对青藏高原及其相关区域的全面管理能力，尤其是为防范并打击分裂主义和恐怖主义，防止动乱和保持区域持续稳定发展提供强大法律支持。“青藏高原法”从文化上增强国家对于多元一体民族文化大国的治理力度，抓住、抓紧、抓好青藏高原在民族大融合进程中的文化纽带作用，进一步推动东、西、南、北、中文化认同实现空前大融合。“青藏高原法”从国防上增强国家对中国西部及其相关区域的防卫能力和维持世界和平稳定的能力，国家依法驻军，依法部署战略型、战术型武器，依法划分防区，依法宣布常态和非常态，依法进行各种科学和军事试验，师出有名，处罚有据，打击有理，进而为遏制里通外国势力、觊觎国土势力、制造区域冲突势力活动打开方便之门和快捷通道。“青藏高原法”从法治上增强了中枢关于西部决策的法制依据和法律平台，关涉西部稳定发展的“西藏工作会议”“新疆工作会议”等一系列精神都可以纳入“青藏高原法”的建设和实施中。

3. 实施基础

处理好保护与发展的关系。青藏高原是中国国家的生态靠山，也是全球相关国家和民族的生态命脉。保护好青藏高原就是保护中国自己，就是保护地球“第三极”，就是保护相关国家和民族生存发展的基础。制定法律法规，建构保护体系，规范保护行为，防范负面影响，推动生态向好，共享生态繁荣是人心所向。在青藏高原保护体系中，明确主体职能，细化保护职责，落实保护任务，追究失范渎职，确保青藏高原生态平衡效能充分展现、生态母体功能的全面发挥、生态跨领域穿透力持续强劲、生态文化辐射力稳定释放。保护的目的在于发展，发展是为了更好地保护。在保护中求发展，在发展中加强保护是“青藏高原法”的核心使命。发展要规制，建设要依法。在法律框架中，统一制定发展规划，统一发展步调，为建立起分工有序、轻重有别、开发有序、成绩有奖、过错有咎的发展体系提供法律保证。

“青藏高原法”重在落实。青藏高原及其相关区域的全面建设，涉及各地区千差万别的自然和人文环境。在全局意义的“青藏高原法”框架内，在统一标准的前提下，指导各地区制定适合自身特点的实施细则和条例，制定适合各地区自身特点的政策措施和保护发展规划。依据“青藏高原法”的框架，从区域、单位、集体和具体的行为人等不同层级进行系统化、条例化和具体化，确保“青藏高原法”得到全面遵守和贯彻落实。

三　谋划“第三极协约”“泛第三极协约”

1. 指导思想

立足自身发展。青藏高原是中国领土的重要组成部分，中国有天然的责任和义务对其进行管理、建设、保护和开发。同时，青藏高原又是地球“第三极”，具有世界意义，青藏高原的生态安全是世界生态安全，“第三极”和“泛第三极”成员是世界稳定发展的重要力量，是新一轮增长的重点区域。中国作为世界最大的发展中国家和最古老的文化大国，长期以来取得了伟大而成功的发展建设经验，这些经验是对人类文明进步的重要贡献。中国强大起来，愿意把这些经验贡献给世界和全人类。倡议“一带一路”发展，推动“第三极”和“泛第三极”共同繁荣是中国的国家使命。古丝绸之路的开辟和贯通是中国带动“泛第三极”发展形成的历史经验，也是中国与全人类共同发展、共同进步的历史经验，更是中国亲和世界各国、主动为世界各国做贡献、建构人类命运共同体的历史经验。这条历史经验，既是中国发明，也是中国与“第三极”和“泛第三极”其他国家民族共同创造的重大文明成果。古丝绸之路的创立和发展，成为中国引领“泛第三极”发展的历史典范，特别是在古代欧亚大陆纷争不断、拉非澳洪荒扞格时代，丝绸之路以“和平、进步、文明、共享”的精神和胸怀，演奏人类文明进步的主旋律，成为时代先锋和和平发展楷模。任何时候，首先办好自己的事情，与世界携手共进，建构人类命运共同体，同样是中国的伟大梦想。

高举生态旗帜。保持良好的自然生态环境、文化生态环境，形成生态优化循环、文化百花齐放的局面，是全人类的福祉。世界起源于多物种竞争、共同循环、互为依存的有机环境。生态至上就是人类安全至上，文化和谐发展就是人类自信的发展。高举生态大旗，唱响生态至高、人类文化至上主题曲，是全人类共同心愿。“第三极”和“泛第三极”内严格控制核试验、禁止核扩张、禁止使用生化武器、禁止使用核武器、禁止过量开采非清洁能源、禁止各种生态破坏、禁止各种形式的文化侵略扩张。

坚持命运共同方向。千万年人类发展的历史就是地球上各种文化共演的历史，千万年人类发展的历史就是各种文化互动共进的历史。中华民族提出的建设人类命运共同体，是一项伟大的事业，奋进、坚韧、和平、友善、共演、共进、共融的主线贯穿全过程。中华民族是人类命运共同体的中坚，是引导“泛第三极”和全人类进步的忠实代表。本着和平交换和有偿互利，相关国家和平互利利用各国资源，和平互利利用旅游、海洋、地热、水利等资源。

“一带一路”发展格局中，结合国家总体战略，对应谋划“以青藏高原为腹心一带，以青藏高原为轴心一路”，把”泛第三极”整体纳入“一带”中，以世界南极、北极和第三极为轴心的大三角为“人类复兴之路”，树立远大的“一带一路”共产观。通过青藏高原生态文明建设的新时代生态观，推动区域参与，共建共享文明成果；谋划并推动“第三极协约”和“泛第三极协约”建设，发挥中国在世界“第三极”和“泛第三极”的积极作用，是人类文明进步的必由之路。

2. 国际应用价值

“第三极协约”和“泛第三极协约”的建立和推进，以青藏高原作为“第三极”建构人类命运共同体的战略抓手和重要平台，能增强中国在“泛第三极”中的生态建设主体地位和和平发展中坚地位。以“第三极协约”和“泛第三极协约”的谋划为轴线，建构一体化的“第三极”和“泛第三极”发展规划，可以在国际上坐实中国在亚洲、中东乃至北太平洋区域的生态主导地位；广泛联合并带动相关地区，推动各相关国家共同抵制世界霸权。

“第三极协约”和“泛第三极协约”的建立和推进，可以实现以青藏高原生态建设为核心，以“第三极”和“泛第三极”共同发展为合作基础，以打通“第三极”和“泛第三极”交通、通信、商贸、生态环线为载体和纽带，发展一方主导、多方参与、共同发展、互利共赢的多边合作机制。采取国内统一领导，全球规范参与的“第三极”和“泛第三极”合作机制，吸引全球投资，整合中东、东欧、北非、东亚、东南亚、南亚，乃至北太平洋区域的资源，建构共建共享的太平盛世。

“第三极协约”和“泛第三极协约”的建立和推进，可以凸显中国在建构“第三极”合作中的创新作用，与《极地规则》《南极条约》形成呼应的发展态势，建立分层的国际区域应对气候变暖的合作机制，以及更加广泛的国际合作组织，有利于带动“一带一路”规范发展。

“第三极协约”和“泛第三极协约”的建立和推进，可以增强中国在实现相关国家的国土资源互补、军事国防互补、能源互补、水利资源互补、科技资源互补和文化互补中的调控地位和平衡能力，充分发挥中国在国土面积、人口基数、科技进步、国防建设、水源能源等方面强大的储备吞吐能力，形成区域凝聚合力。

3. 实施基础

《极地规则》《南极条约》等国际规制和法律体系为中国倡议的“第三极”和“泛第三极”发展道路提供了和平、法制的蓝本和依据。制定好国家“青藏高原法”，种好国际协议和国际法的试验田，进而使围绕这个国家法律形成的国际合作框架更具有合法性和规范性，建立起里程碑式的国家治理现代化范本。

青藏高原作为地球“第三极”，具有巨大的生态体量和巨大的建设工程。以一国之力完成世界级的工程，耗时太长。应该将该工程作为全球战略做好顶层设计，做好全球规划，吸引全球投资，动员全球参与。在原有国际合作机制的基础上，重点发挥最大发展中国家中国在国际合作组织中的主导作用，制定有序参与、长期合作、和平共享的国家合作机制。

在规范和法制的框架内，抓住当前契机呼吁全球低碳发展和节能减排合作，启动青藏高原生态环境和人类生态共同体论坛；以青藏高原生态建设和“泛第三极”生态安全为主题，推动青藏高原生态环境保护和生态文明建设共同体的发展。

采取项目合作、经济战略、国防战略等合作方式与各国建立伙伴关系。对于国土资源匮乏的国家，采取土地租赁和项目开发方式，建立有限期有限度的合作。利用以色列开发戈壁滩和沙砾地发展农业的经验和技术，合作开发西北戈壁，进行绿化建设；利用中东石油，打通西部石油管线，建立新的“泛第三极”石油联盟；帮助中东国家发展科技、人才、国防，增强地区安全防御能力；帮助南亚国家发展经济、科技和国防，共同抵御区域大国的霸权主义；帮助内陆国建立通海项目，本着共同投资、共同开发的原则，进行海岸线项目合作。帮助以山地、高原为主的国家建立高原生态项目、租赁平原限期合作项目等。帮助一些军事弱国发展现代化武器装备，帮助“泛第三极”地区发展卫星、制导技术，共同建立外太空开发战略合作机制。帮助“泛第三极”国家发展大数据（5G）系统，抵制超级大国的数据垄断、现代通信垄断和电子技术垄断。建立“泛第三极”合作，组织区内三个圈层要分层发展，依托第一圈层，筑牢第二圈层，重点巩固第三圈层。

四　统筹青藏高原发展

（一）范围和意义

青藏高原面积大约为250万平方公里，是中华人民共和国神圣领土，是地球上除南极洲大陆和北冰洋海域外的“第三极”，是地球上海拔最高的高原大陆，是人类文明的摇篮，是地球生物和地质构造的天然博物馆，是多种大型矿藏和丰富天然能源的储备地，是亚洲人类生活用水的主要发源地和储备地，主宰着东亚、南亚、东南亚主要大江大河的源头和重要支流，对全球生态环境具有不可替代的重要意义。其地理范围广大、域内文化纷呈，是人类文明中多民族共演的大舞台。青藏高原发展规划，是一个内外兼顾的综合发展战略思路，对内规范青藏高原发展建设和有序开发，对外实施能源、生态、人才、技术乃至国家安全和国防战略，构筑中国加快发展的多层安全屏障和外围空间。围绕国家安全、区域安全，确立发展项目和发展目标，订立合作机制，前瞻性地抢占新一轮发展先机，是中国当前考虑的重大课题。

（二）生态环境基本评估

青藏高原是年轻的高原，平均海拔在4000米以上，最高处达到8800多米。青藏高原的隆起，是全球发展史上的重大事件，也是人类生存发展史上的重大事件。青藏高原强烈地抵挡了印度洋北上暖湿气流和太平洋西进暖湿气流，使西风发生绕流，放大了海陆热流差异并导致亚洲夏季风增强，对大气环流发生重大影响，极大改变了地球行星风系。青藏高原内部具有深厚的冻土层和丰富的水源，是长江、黄河、恒河、印度河等大江大河的发源地，对中国文明、两河流域文明、印度文明等人类文明的孕育和发展起到了重要作用。青藏高原奇特的地理环境孕育并保存了大量的物种，对于生物物种演化、生物圈层演变起到了重要作用。青藏高原是除南极洲和北冰洋外全球最大的冰川活动中心，冰川的进退对于生态环境和全球海平面的升降变化产生巨大影响。随着人类活动频率加强和人类扰动加剧，特别是全球温室效应增强，青藏高原出现了生态环境恶化趋势。西风和印度季风相互作用导致青藏高原环境发生变化。青藏高原气候变化的历史律动表明，“泛第三极”地区的升温速率成倍地超过全球气温平均变化速率，不久的未来，这一地区的升温将超过4℃。青藏高原冰川消融速度大于全球冰川变化速度，正在加速改变这一地区的水循环，给相关区域人类生存发展变化带来不可预见的隐患。人类排放的“三废”和 $PM_{2.5}$ 以沙尘暴、酸雨等方式猛烈袭击了“泛第三极”及其以外的广阔空间，严重影响到人类生态生存环境的质量。华北地区曾发生的多次沙尘暴直接影响到华北—渤海湾经济圈，对中国首都生态圈构成极大威胁。

（三）青藏高原生态环境变迁趋势和现实意义

青藏高原变暖、冰川加速融化和冻土萎缩，使青藏高原面临温室效应的重大威胁。青藏高原温室效应，即平均气温上升的增速至少是周边平原和沿海地区的2倍。哥本哈根气候大会公认的事实是，全球气温在未来一个时期的增幅最高可达到2℃以上，青藏高原的气温增幅将达到4℃以上。如果这样，整个高原的冰川将消融60%以上，冻土将萎缩70%以上，江河源头的冰川消融水源将基本枯竭，建筑在冻土层的青藏铁路和大量交通线将大面积摧毁，喜马拉雅山将出现整体滑坡，喜马拉雅山涉及冰川的地方将垮塌，珠穆朗玛峰将随着喜马拉雅山整体下降，可能不再是世界最高峰。来自印度洋的暖湿气流和来自太平洋的季风将以20%以上的增量翻越喜马拉雅山到达青藏高原及其以北、以西的广大地区。印度高原、长江中下游平原将变得较现在干热，中亚、西亚一带将变得较现在暖湿，亚洲东部大量江河将断流或枯竭，特别是长江、黄河、雅鲁藏布江、恒河、印度河等发育过灿烂文明的大江大河及其流域经济社会将遭受重大影响。亚洲以青藏高原为源头的大江大河及其流域供水将出现巨大困难，影响亿万人的生活用水。同时，青藏高原大量冰川消融，如果达到极限，将导致海平面上升 30 至 40 厘米以上，全球沿海将有大约 300 万平方公里的大陆被海水淹没，欧洲、亚洲和北美洲、拉丁美洲的很多低海拔地区和岛屿将不复存在。中国的华东地区、华北地区包括北京、上海等部分地带可能被海水淹没。全球很多地方将遭受灭顶之灾。这样的结局，将对“泛第三极”地区、欧亚大陆乃至全球生态问题造成重大影响，带来巨大灾难。青藏高原生态问题已经成为人类生存发展的重大问题。[①]

（四）保护的方面

一是研究、保护、改善青藏高原的生态环境，不仅是当前青藏高原核心国家面临的重大问题，也是全球的重大问题。二是大气保护：推动洁净能源使用，减少大气污染；控制工业矿业发展，减少二氧化碳排放；控制人口发展和人类扰动，推动垃圾分类和垃圾净化处理。三是水资源和森林草场保护：控制不当水利设施，减少人为大型水流改变；控制工业废水污染，减少源区人类活动和扰动，保护源区和支流水源地洁净；推行退牧还草和退耕还林，防止水土流失。加大天然林和天然草场保护，做好水源地禁牧禁伐。四

---

① 王宁练等：《全球变暖背景下青藏高原及周边地区冰川变化的时空格局与趋势及影响》，《中国科学院院刊》，2019 年第 11 期，第 187 页；邬光剑、姚檀栋等：《青藏高原及周边地区的冰川灾害》，《中国科学院院刊》，2019 年第 11 期第 93 页；崔航、曹广超等：《青藏高原及毗邻山地利用冰川地貌重建古气候的研究综述》，《冰川冻土》2021 年第 1 期，第 102 页；汪秋昱、易爽等：《青藏高原的冰川激增可能诱发地震》，《2016 中国地球科学联合学术年会论文集（三十一）——专题 55：空间大地测量与地壳动力学》、专题 56：空间大地测量的全球变化研究、专题 57：地震大地测量学》，2016 年 10 月；吴丹丹：《青藏高原地区冰川动态变化遥感研究》，中国地质大学（北京）硕士学位论文，2016，第 53 页；赵瑞、叶庆华：《青藏高原南部佩枯错流域冰川 – 湖泊变化及其对气候的响应》，《干旱区资源与环境》2016 年第 2 期，第 15 页；张瑞江：《地球上奇特的固体水库——现代冰川与自然资源》，《国土资源科普与文化》2016 年第 1 期，第 129 页。

是矿藏资源保护：科学规划、统一规划，有序利用、循环利用不可再生资源，谨慎开发资源，防止资源污染和重复污染。五是土壤保护：加强土壤勘测和土壤调查，分类划定保护区，结合退耕退牧和天然林保护工程，推动水土涵养和土壤分类保护。六是物种保护：开展物种普查，规划物种保护区，坚持“自然、生态、禁入、禁猎、禁捕”，做好物种谱系编写，制定物种保护和科学有效利用法规，分类实施保护。七是文物古迹保护：按照前期文物普查和文物地图，深入推进普查，制定和完善文物普查法律法规，建立文物古迹查阅体系和信息平台，互动互利使用文物信息数据，做好文物分级归类保护。八是非物质文化遗产保护：做好社会调查、族群调查、文化调查，结合世界非物质文化遗产保护，扩大保护范围，细化保护种类，加大保护力度，提高保护质量。

（五）青藏高原生态补偿和修复规划

长期以来青藏高原及其发源河流上下游的补偿问题引发关注。区域发展不平衡和国家税收政策、规划政策、移民政策、扶贫政策和区域发展等牵一发而动全局，其配套推进成为关键问题。实行科学合理的行政区划调整，将上下游区划结合起来，推动经济发展较快的地区参与广大的西部地区生态建设。配合行政区划调整实施生态移民，原则上青藏高原不再增加居民人口，不再搞大规模工业企业，不再修建大型以上水电和能源设施，不再开发任何透支生态资源和污染性强的能源，从时间上设置青藏高原生态观测期和维护期。对外方面，通过国际合作协议建立跨国合作组织，让相关国家和地区参与到区域发展和生态建设的框架中来，实施协调有序和互利互赢的产业合作计划、技术合作计划、人才人口合作计划。

五　加快青藏高原研究，坐实青藏高原制高点

建立起以青藏高原“第三极”“泛第三极”为研究对象的大型、特大型综合的、开放合作的国家级研究机构和高端智库，形成对国家发展、“一带一路”、“泛第三极”框架、“国家治理现代化”的战略支撑。推动青藏高原研究在国家战略、国际战略、生态战略、能源战略、对外开放合作战略研究

等方面取得重大突破。从国家建设层面，整合中国顶尖科学机构——中国科学院、中国工程院和中国社会科学院，以及其他相关研究机构，集中组织力量建立跨学科、跨国家和跨地区的研究机构——“第三极科学院”，与北极研究、南极研究机构和相关跨国合作机构对接，建成中国研究青藏高原相关问题的专门机构。全力从自然科学、人文社会科学与跨学科交叉研究方面实施重大突破，把生态安全、区域安全、国家安全、国际安全结合起来研究，定期推出建设人类命运共同体的系列重大成果，转化为国家方略、全球方略，从科学和理论上引领区域和世界科学研究、经济增长和区域合作健康发展。

做好“申遗”工作。青藏高原是中华民族的发源地之一，也是世界文明的发源地，是全世界古生物资源宝库、生态资源宝库和人文资源宝库。青藏高原以突兀的海拔高度和奇特的地理地质现象担当了世界生态屋脊、地理屋脊、地势屋脊和“环境屋脊”的责任。过去漫长岁月，青藏高原积累了大量的地质宝藏、能源宝藏和古生物宝藏，是人类不可复制和不可替代的物质文化遗产；其独特的人文元素是人类不可多得的非物质文化遗产。以青藏高原整体申报世界物质文化遗产和非物质文化遗产，抢占研究和发展先机。

六　调适“青藏高原法”、“泛第三极”合作组织，统筹青藏高原规划之间的关系

“青藏高原法”、“第三极”和“泛第三极”合作框架、“青藏高原规划”等构成有机互动框架。“青藏高原法”从法律角度肯定了相关问题的合法性，最大限度防止和避免了可能出现的争端，是青藏高原经济社会发展、生态环境建设、制定中长期规划、实施改革和对外开放合作的法律基础。这部法律对内协调各种利益集团和地区之间矛盾关系，保护受益人的合法权利，推动高原科学发展。“第三极”和“泛第三极”合作组织是国家实施对外开放和推动区域合作发展的有效形式。秉承中国作为最大发展中国家，长期不懈致力于国际合作和区域发展，以及“三个世界”划分的国际战略思想，在上海合作组织、博鳌论坛等良好的区域影响和世界效应基础上，推动

“一带一路”发展进程，把当前人类共同关心的生态发展与人类命运共同体结合起来，建立“第三极合作组织”和“泛第三极合作组织”。在法制化建设和国家治理现代化进程中，推动国际合作规范和国家法的变革和发展，为加速以中国为核心的“第三极”和“泛第三极”区域发展开辟广阔的前景。统筹青藏高原规划，从宏观角度，统筹国内国际两个大局，做到发展目标、建设进程、建设和发展方式等协调发展。

综上，“青藏高原法”、“泛第三极合作框架”和青藏高原统筹发展规划是一个战略中的三个方面，分别从法制建设、国际合作、统筹发展的方式、方向和进程等方面进行了规范，使青藏高原的治理和发展成为合法的、统一有序的、科学前瞻的国家行为和国际合作行为，充分发挥青藏高原世界“第三极”和人类命运共同体强大载体的突出作用。

参考文献

一　期刊论文

〔德〕安可·海因：《青藏高原东缘的史前人类活动——论多元文化“交汇点”的四川凉山地区》，张正为译，李永宪校，《四川文物》2015年第2期。

《2018年中国水电发展趋势探讨》，《中国水能及电气化》2018年第3期。

安成邦等：《甘青文化区新石器文化的时空变化和可能的环境动力》，《第四纪研究》2006年第6期。

白嘉启等：《青藏高原地热资源与地壳热结构》，《地质力学学报》2006第3期。

白玛措：《从考古遗迹看藏族先民的文化生活》，《西南民族大学学报》（人文社科版）2007年第9期。

白晓兰等：《三江源区干湿变化特征及其影响》，《生态学报》2017年第24期。

陈昂等：《中国水电工程生态流量实践主要问题与发展方向》，《长江科学院院报》2019年第7期。

陈春阳等：《三江源地区草地生态系统服务价值评估》，《地理科学进展》2012年第7期。

陈德亮等：《青藏高原环境变化科学评估：过去、现在与未来》，《科学通报》2015年第32期。

陈发虎、刘峰文等:《史前时代人类向青藏高原扩散的过程与动力》,《自然杂志》2016年第4期。

陈隆勋等:《青藏高原隆起及海陆分布变化对亚洲大陆气候的影响》,《第四纪研究》1999年第4期。

陈民新:《水碓的形制与审美文化研究》,《美术大观》2010年第9期。

陈涛:《中国史前时期石磨盘、石磨棒功能研究——来自科技考古的证据》,《农业考古》2019年第6期。

程国栋、王绍令:《试论中国高海拔多年冻土带的划分》,《冰川冻土》1982年第2期。

程国栋等:《青藏高原多年冻土特征、变化及影响》,《科学通报》2019年第27期。

褚俊杰:《试论吐蕃从部落制向国家制的过渡》,《西藏研究》1987年第3期。

崔航等:《青藏高原及毗邻山地利用冰川地貌重建古气候的研究综述》,《冰川冻土》2021年第1期。

崔鹏等:《气候变暖背景下青藏高原山地灾害及其风险分析》,《气候变化研究进展》2014年第2期。

邓涛等:《中国新近纪哺乳动物群的演化与青藏高原隆升的关系》,《地球科学进展》2015年第4期。

丁琳等:《冻土退化预报模型研究》,《黑龙江大学工程学报》2019年第3期。

董昶宏等:《青藏铁路多年冻土区路基变形特征及影响因素分析》,《铁道标准设计》2013年第6期。

董广辉、张山佳等:《中国北方新石器时代农业强化及对环境的影响》,《科学通报》2016年第26期。

董元宏等:《气候变暖背景下拟建青藏高速公路沿线典型区段多年冻土未来50年退化特征》,《灾害学》2019年第S1期。

方修琦等:《植物物候与气候变化》,《中国科学·地球科学》2015年第5期。

付碧宏等:《青藏高原大型走滑断裂带晚新生代构造地貌生长及水系响应》,《地质科学》2009年第4期。

高星、周振宇、关莹:《青藏高原边缘地区晚更新世人类遗存与生存模式》,《第四纪研究》2008年第6期。

高振会等:《黄河径流量与秋季渤海底层盐度相关性初步分析》,《海洋通报》1991年第3期。

格勒:《对解放前四川色达草原游牧部落社会的研究》,《西南民族学院学报》(哲学社会科学版)1982年第4期。

格勒:《论古代羌人与藏族的历史渊源关系》,《中山大学学报》(哲学社会科学版)1985年第2期。

格勒:《西藏高原也是原始人类的故乡》,《中山大学学报》(哲学社会科学版)1986年第2期。

葛全胜、戴君虎等:《过去300年中国土地利用、土地覆被变化与碳循环研究》,《中国科学·地球科学》2008年第2期。

郭佩佩等:《1960—2011年三江源地区气候变化及其对气候生产力的影响》,《生态学杂志》2013年第10期。

郭正堂、羊向东、陈发虎等:《末次冰盛期以来我国气候环境变化及人类适应》,《科学通报》2014年第20期。

郭正堂等:《末次冰盛期以来我国气候环境变化及人类适应》,《科学通报》2014年第30期。

韩艳:《龙泉驿区生态环境变化与林地保护关系研究——兼论龙泉驿区绿色发展战略》,《林业经济》2018年第10期。

何景熙:《四川、西藏、青海藏族人口自然变动比较分析》,《西藏研究》1994年第3期。

侯光良:《青藏高原的史前人类活动》,《盐湖研究》2016年第2期。

侯光良等:《晚更新世以来青藏高原人类活动与环境变化》,《青海师范大学学报》(自然科学版)2015年第2期。

侯奎等：《开发和建设西南能源基地的战略意义》，《自然资源学报》1992 年第 3 期。

胡东生、王世和：《可可西里地区乌兰乌拉湖湖泊环境变迁及古人类活动遗迹》，《干旱区地理》1994 年第 2 期。

胡东生、王世和：《青藏高原可可西里地区发现的旧石器》，《科学通报》1994 年第 10 期。

黄慰文：《柴达木盆地发现旧石器》，《人类学学报》1985 年第 1 期。

霍巍：《昌都卡若：西藏史前社会研究的新起点——纪念昌都卡若遗址科学考古发掘 30 周年》，《中国藏学》2010 年第 3 期。

吉学平、薛顺荣等：《云南古猿系统分类研究新进展》，《云南地质》2004 年第 1 期。

冀钦等：《1961—2015 年青藏高原降水量变化综合分析》，《冰川冻土》2018 年第 6 期。

贾营营等：《青藏高原东缘龙门山断裂带晚新生代构造地貌生长及水系响应》，《中国科学院地质与地球物理研究所第十届（2010 年度）学术年会论文集（中）》2011 年 1 月。

江卫华等：《基于全国人口普查的西藏人口预测数模实验分析》，《西藏科技》2019 年第 5 期。

蒋昌波等：《长江源典型辫状河道边滩变化及与径流量的关系》，《水力发电学报》2019 年第 12 期。

蒋海：《中国退耕还林的微观投资激励与政策的持续性》，《中国农村经济》2003 年第 8 期。

康世昌、李潮流：《青藏高原不同时段气候变化的研究综述》，《地理学报》2006 年第 3 期。

雷学军：《植物成型封存储碳降低大气二氧化碳技术研究》，《中国能源》2013 年第 6 期。

李彩瑛等：《青藏高原“一江两河”地区农牧民家庭生计脆弱性评估》，《山地学报》2018 年第 6 期。

李德威：《关于大陆构造的思考地球科学》，《中国地质大学学报》1995年第1期。

李吉均：《青藏高原隆升与晚新生代环境变化》，《兰州大学学报》（自然科学版）2013年第2期。

李泉等：《青藏高原东部若尔盖盆地泥炭发育记录的全新世气候突变》，《第四纪研究》2019年第6期。

李延河：《同位素示踪技术在地质研究中的某些应用》，《地学前缘》1998年第2期。

李岩等：《增温对青藏高原高寒草原生态系统碳交换的影响》，《生态学报》2019年第6期。

李勇、黎兵等：《青藏高原东缘晚新生代成都盆地物源分析与水系演化》，《沉积学报》2006年第3期。

梁中效：《试论中国古代粮食加工业的形成》，《中国农史》1992年第1期。

廖涛等：《稻城亚丁的旅游环境承载力分析》，《资源开发与市场》2013年第3期。

廖忠礼等：《西藏阿里地热资源的分布特点及开发利用》，《中国矿业》2005年第8期。

林圣龙：《中国是否存在一个从猿到人的独自进化系统》——与陈恩志同志商榷》，《社会科学评论》1989年第7期。

刘成明：《青海省人口再生产类型及转变》，《青海师范大学学报》（哲学社会科学版）2005年第1期。

刘光富等：《基于德尔菲法与层次分析法的项目风险评估》，《项目管理技术》2008年第1期。

刘光莲等：《地球科学发展趋势的思考——以地球动力学和超大型矿床形成机制为例》，《科技导报》2015年第11期。

刘景芝：《青藏高原小柴达木湖和各听石制品观察》，《文物季刊》1995年第3期。

刘景芝、赵慧民：《西藏贡嘎县昌果沟新石器时代遗址》，《考古》1999年第4期。

刘晓东、DONG Bu Wen：《青藏高原隆升对亚洲季风–干旱环境演化的影响》，《科学通报》2013年第Z2期。

刘学毅：《德尔菲法在交叉学科研究评价中的运用》，《西南交通大学学报》（社会科学版）2007年第4期。

龙西江：《论藏汉民族的共同渊源——青藏高原古藏人“恰、穆”与中原周人“昭、穆”制度的关系》，《战略与管理》1995年第3期。

罗怀良：《试论西南地区水能开发与经济持续发展》，《西南师范大学学报》（哲学社会科学版）1997年第4期。

马康虎等：《基于2012年数据的四川生态足迹计算与分析》，《西部发展评论（2014）》2015年4月。

马晓京：《西部地区民族旅游开发与民族文化保护》，《旅游学刊》2000年第5期。

孟进宝等：《青藏铁路路堑地基下多年冻土演化规律研究》，《铁道建筑》2018年第10期。

孟宪萌等：《长江流域水系分形结构特征及发育阶段划分》，《人民长江》2019年第3期。

南卓铜等：《近30年来青藏高原西大滩多年冻土变化》，《地理学报》2003年第6期。

潘保田、李吉均：《青藏高原：全球气候变化的驱动机与放大器——Ⅲ.青藏高原隆起对气候变化的影响》，《兰州大学学报》1996年第1期。

潘保田、李吉均等：《青藏高原：全球气候变化的驱动机与放大器——Ⅰ.新生代气候变化的基本特征》，《兰州大学学报》1995年第3期。

潘桂堂：《青藏高原地质构造及资源评价》，《板块构造》2007第3期。

祁国琴：《有关禄丰古猿的几个问题》，《考古》1994年第2期。

钱方等：《藏北高原各听石器初步观察》，《人类学学报》1988年第1期。

秦炳涛等：《相对环境规制、高污染产业转移与污染集聚》，《中国人口·资源与环境》2018年第12期。

邱中郎：《青藏高原旧石器的发现》，《古脊椎动物学报》1958年第2、第3期合刊。

色达县政协文史资料小组：《色达历史新编》，健白平措译：《色达瓦徐部落史话》，《康定民族师专学报》（文科版）1990年第1期。

邵晓梅等：《中国耕地资源区域变化态势分析》，《资源科学》2007年第1期。

沈坤荣等：《地方政府竞争、垂直型环境规制与污染回流效应》，《经济研究》2020年第3期。

沈茂英：《西南生态脆弱民族地区的发展环境约束与发展路径选择探析——以四川藏区为例》，《西藏研究》2012年第4期。

沈志忠：《青藏高原史前农业起源与发展研究》，《中国农史》2011年第3期。

史晓雷：《繁峙岩山寺壁画《水碓磨坊图》机械原理再探》，《科学技术哲学研究》2010年第6期。

汤秋鸿等：《青藏高原河川径流变化及其影响研究进展》，《科学通报》2019年第27期。

滕吉文、刘有山等：《青藏高原深部地球物理探测70年》，《中国科学：地球科学》2019年第10期。

滕吉文等：《地球内部各圈层的物质运动与动力学响应和力源》，《地质论评》2016年第3期。

滕吉文等：《青藏高原深部地球物理探测70年》，《中国科学：地球科学》2019年第10期。

童恩正：《西藏考古综述》，《文物》1985年第9期。

童恩正、冷健：《西藏昌都卡若新石器时代遗址的发掘及其相关问题》，《民族研究》1983年第1期。

万天丰等：《板块运动的机制与动力来源学术争鸣》，《地学前缘》2019

年第6期。

汪洋等:《中国西部及邻区岩石圈热状态与流变学强度特征》,《地学前缘》2013年第1期。

王超等:《基于随机森林模型的西藏人口分布格局及影响因素》,《地理学报》2019年第4期。

王红霞、王兵、李保玉等:《退耕还林工程不同林种生态效益评估》,《林业资源管理》2014年第3期。

王鸿祯:《地球的节律与大陆动力学的思考》,《地学前缘》1997年第Z2期。

王宁练等:《全球变暖背景下青藏高原及周边地区冰川变化的时空格局与趋势及影响》,《中国科学院院刊》2019年第11期。

王仁湘:《关于曲贡文化的几个问题》,《西藏考古》(第1辑)1994年。

王腾等:《基于网络治理的我国西南地区国际河流水能开发跨境合作机制研究》,《重庆理工大学学报》(自然科学)2016年第4期。

王新前:《四川稻城亚丁生态旅游景区开发建设管见》,《经济体制改革》2007年第3期。

王云璋等:《黄河径流量变化与太阳活动关系初探》,《山东气象》1993年第2期。

文艳林:《近代以来川西北枪支问题研究》,《青海民族研究》2015年第3期。

邬光剑、姚檀栋等:《青藏高原及周边地区的冰川灾害》,《中国科学院院刊》2019年第11期。

肖方:《从游牧到定居——中国游牧民族的社会经济文化变迁》,《民族团结》1999年第6期。

邢永杰等:《太阳辐射下不同地表覆盖物的热反应及对城市热环境的影响》,《太阳能学报》2002年第6期。

杨建平等:《中国冰川脆弱性现状评价与未来预估》,《冰川冻土》2013

年第 5 期。

杨剑：《中国发展极地事业的战略思考》，《人民论坛·学术前沿》2017 年第 11 期。

姚檀栋等：《从青藏高原到第三极和泛第三极》，《中国科学院院刊》2017 年第 9 期。

姚檀栋等：《青藏高原及周边地区近期冰川状态失常与灾变风险》，《科学通报》2019 年第 27 期。

叶笃正：《西藏高原对于大气环流影响的季节变化》，《气象学报》1952 年第 Z1 期。

叶茂林：《黄河上游新石器时代玉器初步研究》，《东亚玉器》1998 年第 7 期。

叶茂林：《青藏高原东麓黄河上游与长江上游的文化交流圈——兼论黄河上游喇家遗址的考古发现及重要学术意义和影响》，《中华文化论坛》2005 年第 4 期。

叶茂林等：《四川汶川县昭店村发现的石棺葬》，《考古》1999 年第 7 期。

叶仁政等：《中国冻土地下水研究现状与进展综述》，《冰川冻土》2019 年第 1 期。

仪明洁、高星、张晓凌、孙永娟等：《青藏高原边缘地区史前遗址 2009 年调查试掘报告》，《人类学学报》2011 年第 2 期。

殷志华：《古代碓演变考》，《农业考古》2020 年第 1 期。

袁勤俭等：《德尔菲法在我国的发展及应用研究——南京大学知识图谱研究组系列论文》，《现代情报》2011 年第 5 期。

张博庭：《中国水电 70 年发展综述——庆祝中华人民共和国成立 70 周年》，《水电与抽水蓄能》2019 年第 5 期。

张东菊等：《史前人类向青藏高原扩散的历史过程和可能驱动机制》，《中国科学：地球科学》2016 年第 8 期。

张海朋等：《青藏高原高寒牧区聚落时空演化及驱动机制——以藏北那

曲县为例》,《地理科学》2019 年第 10 期。

张立海等:《青藏高原隆起对中国地质自然环境影响》,《青藏高原地质过程与环境灾害效应文集》2005 年 11 月。

张瑞江:《地球上奇特的固体水库——现代冰川与自然资源》,《国土资源科普与文化》2016 年第 1 期。

张世雯等:《钻石模型视角下的西藏文化旅游产业发展分析研究》,《阿坝师范学院学报》2020 年第 2 期。

张文纲等:《近 45 年青藏高原土壤温度的变化特征分析》,《地理学报》2008 年第 11 期。

张正为等:《藏北安多布塔雄曲石室墓动物遗存的鉴定分析》,《藏学学刊》2015 年第 1 期。

赵其国等:《中国耕地资源变化及其可持续利用与保护对策》,《土壤学报》2006 年第 4 期。

赵瑞等:《青藏高原南部佩枯错流域冰川 - 湖泊变化及其对气候的响应》,《干旱区资源与环境》2016 年第 2 期。

赵元艺等:《西藏谷露热泉型铯矿床年代学及意义》,《地质学报》2010 年第 2 期。

钟洁等:《四川民族地区旅游资源开发与生态安全保障机制研究》,《民族学刊》2014 年第 4 期。

周新郢等:《陇东地区新石器时代的早期农业及环境效应》,《科学通报》2011 年第 Z1 期。

周玉杉:《基于多源遥感数据的青藏高原及其周边区域冰川物质平衡变化研究》,《地理与地理信息科学》2019 年第 4 期。

朱燕等:《基于 GIS 的青藏高原史前交通路线与分区分析》,《地理科学进展》2018 年第 3 期。

宗冠福等:《四川省甘孜藏族自治州炉霍县发现的古人类与旧石器材料》,《史前研究》1987 年第 3 期。

二　专著类

《旧唐书·吐蕃传》卷一九六。

《四川省国民经济和社会发展第七个五年计划（1986－1990）》，四川人民出版社，1987。

安成邦：《环境变化与人类文明进程中国地理学会百年纪念研讨会论文集》，文物出版社，2012。

长江水利委员会水文局：《长江志·水系》，中国大百科全书出版社，2003。

陈隆勋、朱乾根、罗会邦等：《东亚季风》，气象出版社，1991。

恩格斯：《家庭、私有制和国家的起源》第一版序言，《马克思恩格斯全集》，中央编译局，1965。

格勒：《藏族早期历史与文化》，商务印书馆，2006。

国家文物局：《中国考古60年（1949～2009）》，文物出版社，2009。

侯石柱：《西藏考古大纲》，西藏人民出版社，1991。

黄河水利委员会黄河志总编辑室：《黄河志·卷二·黄河流域综述》，河南人民出版社，2016。

焦建玲等：《应对气候变化研究的科学方法》，清华大学出版社，2015。

李怀顺等：《甘青宁考古八讲》，甘肃人民出版社，2008。

林耀华：《原始社会史》，中华书局，1984。

刘建坤等：《寒区岩土工程引论》，中国铁道出版社，2005。

吕红亮：《更新世晚期至全新世中期青藏高原的狩猎采集者》，《藏学学刊》（第11辑），中国藏学出版社，2014年12月。

罗布江村、蒋永志：《雪域文化与新世纪》，四川民族出版社，2001。

石硕：《藏彝走廊：文明起源与民族源流》，四川人民出版社，2009。

四川省编辑组：《四川省阿坝州藏族社会历史调查》，四川省社会科学院出版社，1985。

四川省文物考古研究所：《四川考古报告集》，文物出版社，1998。

四川省文物考古研究所：《四川考古论文集》，文物出版社，1996。

孙鸿烈：《青藏高原的形成演化》，上海科学技术出版社，1996。

陶宝祥、董锁成：《天水三江：三江源自然保护区诞生记》，人民邮电出版社，2019。

王明珂：《游牧者的抉择：面对汉帝国的北亚游牧部族》，广西师范大学出版社，2008。

王善思：《青藏高原地质过程与环境灾害效应文集》，地震出版社，2005。

王祯著、王毓瑚校：《王祯农书》，农业出版社，1981。

文艳林：《多元文化共演与经济社会变迁：川西北牧民定居调查》，社会科学文献出版社，2018。

文艳林：《西康研究》，中国人文科学出版社，2019 年 8 月。

吴汝康：《古人类学》，文物出版社，1989。

西藏文物管理委员会：《西藏岩画艺术》，四川人民出版社，1994。

西藏自治区土地管理局：《西藏自治区土壤资源》，科学出版社，1994。

西藏自治区土地管理局：《西藏自治区土壤资源》，科学出版社，1994。

西藏自治区土地管理局：《西藏自治区土壤资源》，科学出版社，1994。

西藏自治区文物管理委员会、四川大学历史系：《昌都卡若》，文物出版社，1985。

西南联大研究所：《西南联大研究（第二辑）》，中国大百科全书出版社，2014。

严文明：《农业发生与文明起源》，科学出版社，2000。

张丕远：《中国历史气候变化》，山东科学技术出版社，1996。

赵殿增、李明斌：《长江上游的巴蜀文化》，湖北教育出版社，2004。

中共中央文献研究室，中共西藏自治区委员会：《西藏工作文献选编（1949－2005 年）》，中央文献出版社，2005。

中国科学院地理研究所：《青藏高原地图集》，科学出版社，1990。

中国科学院青藏高原综合科学考察队：《青藏高原隆起的时代、幅度和形式问题》，科学出版社，1981。

中国科学院青藏高原综合科学考察队：《西藏森林》，科学出版社，1985。

三 地方志、年鉴类，

《大柴旦镇志》编纂委员会：《大柴旦镇志》，中国县镇年鉴出版社，2002。

《大河放歌》编委会：《大河放歌——黄河上游水电建设实录》，青海人民出版社，2009。

《西藏年鉴》编纂委员会：《西藏年鉴（2015）》，西藏人民出版社，2015。

《西藏自治区电力工业志》编委会：《西藏自治区电力工业志》，民族出版社，1995。

《西藏自治区志·城乡建设志》编纂委员会：《西藏自治区志·城乡建设志》，中国藏学出版社，2011。

《西藏自治区志·农业志》编纂委员：《西藏自治区志·农业水利志》，中国藏学出版社，2014。

《西藏自治区志·畜牧志》编纂委员会：《西藏自治区志·畜牧志》，方志出版社，2015。

阿坝藏族羌族自治州阿坝县地方志编纂委员会：《阿坝县志》，民族出版社，1993。

阿坝藏族羌族自治州地方志编纂委员会：《阿坝州志》，四川民族出版社，2010。

长江水利委员会综合勘测局：《长江志·卷一》，中国大百科全书出版社，2007。

成都市龙泉驿区建设局：《成都市龙泉驿区城乡建设志》，方志出版社，2004。

甘孜藏族自治州地方志编纂委员会：《甘孜州志（1991－2005）》，四川人民出版社，2010。

甘孜州志编纂委员会：《甘孜州志》，四川人民出版社，1997。

海西蒙古族藏族自治州地方志编纂委员会：《海西州志·卷一》，陕西人民出版社，1995。

黄河流域概况编纂委员会：《黄河流域概况》，河南人民出版社，2017。

黄河水利委员会黄河志总编辑室：《黄河志·卷二》，河南人民出版社，2016。

凉山彝族自治州史志办公室：《凉山年鉴（2018）》，新华出版社，2019。

凉山彝族自治州志编纂委员会、凉山彝族自治州史志办公室：《凉山彝族自治州年鉴》（2019），方志出版社，2020。

龙泉驿区地方志编纂委员会：《成都市龙泉驿区志》，成都出版社，1995。

茫崖地方志编纂委员会：《茫崖行政区志》，青海民族出版社，2003。

青海省地方志编纂委员会：《青海年鉴（2015）》，青海年鉴社，2015。

青海省地方志编纂委员会：《青海年鉴（2016）》，青海年鉴社，2016。

青海省地方志编纂委员会：《青海年鉴（2017）》，青海年鉴社，2017。

青海省地方志编纂委员会：《青海年鉴（2018）》，青海年鉴社，2018。

青海省地方志编纂委员会：《青海年鉴（2019）》，青海年鉴社，2019。

青海省地方志编纂委员会：《青海省志·化学工业志》，青海人民出版社，2000。

青海省地方志编纂委员会：《青海省志·军事志》，青海人民出版社，2001。

青海省地方志编纂委员会：《青海省志·林业志（1986－2005）》，陕西新华出版传媒集团三秦出版社，2017。

青海省地方志编纂委员会：《青海省志·煤炭工业志》，煤炭工业出版社，2001。

青海省地方志编纂委员会：《青海省志·农业志（1985－2005）》，青海民族出版社，2016。

青海省地方志编纂委员会：《青海省志·气象志》，黄山书社，1996。

青海省地方志编纂委员会：《青海省志·石油工业志》，青海人民出版社，1995。

青海省地方志编纂委员会：《青海省志·水电志》，青海人民出版社，2009。

青海省地方志编纂委员会：《青海省志·土地管理志》，青海人民出版社，2002。

青海省地方志编纂委员会：《青海省志·畜牧业志（1985－2005）》，青海民族出版社，2016。

青海省地方志编纂委员会：《青海省志·冶金工业志》，西安出版社，2000。

若尔盖县地方志编纂委员会：《若尔盖县志（1989－2005）》，九州出版社，2011。

四川年鉴社：《四川年鉴（2015）》，四川年鉴社，2015。

四川年鉴社：《四川年鉴（2016）》，四川年鉴社，2016。

四川年鉴社：《四川年鉴（2017）》，四川年鉴社，2017。

四川年鉴社：《四川年鉴（2018）》，四川年鉴社，2018。

四川年鉴社：《四川年鉴（2019）》，四川年鉴社，2019。

四川省丹巴县志编纂委员会：《丹巴县志》，民族出版社，1996。

四川省文物考古研究所：《四川考古论文集》，文物出版社，1996。

四川省志编纂委员会：《四川省志·水电志》，方志出版社，2012。

西藏昌都地区地方志编纂委员会：《昌都地区志》，方志出版社，2005。

西藏自治区地方志办公室：《西藏年鉴2016》，西藏人民出版社，2016。

西藏自治区地方志办公室：《西藏年鉴2017》，西藏人民出版社，2018。

西藏自治区地方志办公室：《西藏年鉴2018》，西藏人民出版社，2019。

西藏自治区地方志办公室：《西藏年鉴2019》，西藏人民出版社，2020。

西藏自治区地方志编纂委员会：《西藏自治区志·气象志》，中国藏学出版社，2005。

西藏自治区地方志编纂委员会：《西藏自治区志·文物志》，中国藏学出版社，2012。

西藏自治区地方志编纂委员会、西藏自治区日喀则地区地方志编纂委员会：《日喀则地区志》，中国藏学出版社，2011。

西藏自治区墨脱县地方志编纂委员会：《墨脱县志》，中国藏学出版社，2017。

玉树藏族自治州地方志编纂委员会：《玉树州志》，三秦出版社，2005。

云南省迪庆藏族自治州地方志编纂委员会：《迪庆藏族自治州志》，云南民族出版社，2003。

张伦编《新疆农业志·畜牧篇》，乌鲁木齐，新疆人民出版社，1995。

四 工具书类

《中国气象灾害大典》编委会：《中国气象灾害大典·青海卷》，气象出版社，2007。

《中国气象灾害大典》编委会：《中国气象灾害大典·四川卷》，气象出版社，2006。

《中国气象灾害大典》编委会：《中国气象灾害大典·西藏卷》，气象出版社，2008。

国家文物局：《中国文物地图集·甘肃分册》，测绘出版社，2011。

国家文物局：《中国文物地图集·青海分册》，中国地图出版社，1996。

国家文物局：《中国文物地图集·西藏自治区分册》，文物出版社，2010。

王巍：《中国考古学大辞典》，上海辞书出版社，2014。

五 学位论文

艾莎莎：《我国污染密集型产业的空间转移及其影响因素研究》，西南交通大学硕士学位论文，2019。

陈珊珊：《基于贝叶斯网络的东北多年冻土退化及温室气体排放研究》，哈尔滨师范大学硕士学位论文，2019。

高宝金：《吉林哈尼地区16000年来的环境演变研究》，华东师范大学硕士学位论文，2015。

高成：《青藏高原南部下地壳向北流动的依据》，中国地质大学博士学位论文，2014。

郭颖：《青藏高原不同植被类型土壤磷分布特征及影响因素》，天津师范大学硕士学位论文，2017。

库新勃：《青藏高原多年冻土区天然气水合物可能分布区域研究》，中国科学院寒区旱区环境与工程研究所硕士学位论文，2007。

李萍云：《春末夏初青藏高原对欧亚大气环流的影响》，中国气象科学研究院硕士学位论文，2009。

刘佳：《晚新生代天水盆地孢粉记录的气候变化与青藏高原隆升》，兰州大学博士学位论文，2016。

刘涛：《高地震烈度区大型水电工程对岩土工程性质的影响研究》，西南交通大学硕士学位论文，2011。

孙永娟：《青藏高原东北部晚更新世以来史前人类活动年代学研究及其环境意义》，中国科学院研究生院（青海盐湖研究所）博士学位论文，2013。

覃自成：《长江源区高寒高海拔典型小流域水循环规律研究》，长江科学院硕士学位论文，2019。

唐川敏：《流域重大工程和气候变化对长江河口净分流比和盐通量的影响研究》，华东师范大学硕士学位论文，2019。

田莉：《三峡水库蓄水前后下荆江河流景观变化及评价》，湖北民族大学硕士学位论文，2019。

王炳春：《论中国农地资源安全》，东北农业大学博士学位论文，2007。

王琳：《青藏高原东部红原地区7380年以来环境变迁》，华东师范大学硕士学位论文，2017。

乌日陶克套胡：《蒙古族游牧经济及其变迁研究》，中央民族大学博士学位论文，2006。

吴丹丹：《青藏高原地区冰川动态变化遥感研究》，中国地质大学（北京）硕士学位论文，2016。

肖岚：《低碳旅游系统研究》，天津大学博士学位论文，2014。

谢光典：《公元七至九世纪青藏高原东北缘的历史地名研究》，兰州大学硕士学位论文，2011。

杨阳：《基于GIS的青藏高原东北部河谷地带史前聚落演变研究》，青海师范大学硕士学位论文，2018。

于惠：《青藏高原草地变化及其对气候的响应》，兰州大学博士学位论文，2013。

章啸程：《源自青藏高原主要河流近期入海物质通量的时空变化及其机制》，华东师范大学硕士学位论文，2019。

朱红波：《中国耕地资源安全研究》，华中农业大学博士学位论文，2006。

朱利东：《青藏高原北部隆升与盆地和地貌记录》，成都理工大学博士学位论文，2004。

六　资料汇编类

《山语清音：第二届地学文化建设学术研讨会文集》，2012年11月。

李俊明、童恩正：《六江流域民族综合科学考察报告之二雅砻江上游考察报告》，中国西南民族研究学会、甘孜藏族自治州人民政府编印本，1985年7月。

马柱国等：《海峡两岸地理学术研讨会暨2001年学术年会论文摘要集》，2001年8月。

石应平：《卡若遗存若干问题的研究》，《西藏考古》（第1辑），2002年7月。

汪秋昱、易爽等：《2016中国地球科学联合学术年会论文集（三十一）——专题55：空间大地测量与地壳动力学、专题56：空间大地测量的全球变化研究、专题57：《地震大地测量学》，2016年10月。

七 文件公告类

《中共中央关于坚持和完善中国特色社会主义制度、推进国家治理体系和治理能力现代化若干重大问题的决定》，人民出版社，2019年11月。

青海省人民代表大会常务委员会：《青海省实施〈中华人民共和国森林法〉办法》（1996年1月26日）。

四川省人大常委会：《四川省天然林保护条例》（1999年1月29日）。

四川省人民政府：《关于停止天然林采伐的布告》（1998年8月20日）。

西藏自治区人民政府：《西藏自治区林地管理办法》（2009年6月12日）。

西藏自治区人民政府：《西藏自治区森林防火实施办法》（1997年8月8日）。

向巴平措：《西藏自治区"十一五"时期国民经济和社会发展规划纲要——二○○六年一月十二日在自治区第八届人民代表大会第五次会议上》。

中共青海省委、青海省人民政府：《关于保护森林发展林业的若干补充规定》（1981年6月3日）。

中国藏学研究中心：《西藏经济社会发展报告》，2009年3月30日。

中国互联网新闻中心：今日西藏，新华社，2001年5月24日。

八 英文资料

P. J. Brantingham et al, "Peopling of the northern Tibetan Plateau", *World Archaeology*, 2006, 38 (3).

Wu G, Liu Y, He B, et al, "Thermal controls on the Asian summer monsoon", *Scientific Reports*, 2012, (5).

LiR, ZhaoL, DingYJ, et al, "Temporal and spatial variations of the active layer along the Qinghai - Tibet Highway in a permafrost region", *Chinese Science*

Bulletin, 2012, 57 (35) .

Yao T, Wu F, Ding L, et al, "Multispherical interactions and their effects on the Tibetan Plateau's earth system: A review of the recent researches", *National Science Review*, 2015, 2 (4) .

Li XQ, Sun N, Dodson J, et al, "The impact of early smelting on the environment of Huoshiliangin Hexi Corridor, NW China, as recorded by fossil charcoal and chemical elements", *Palaeogeography Palaeoclimatology Palaeoecology*, 2011, 305 (1 -4) .

Madsen D B, Ma H, Brantingham P J, et al, "The Late Upper Paleolithic occupation of the northern Tibetan Plateau margin", *Journal of Archaeological Science*, 2006, 33 (10) .

J. E. Kutzbach, W. L. Prell, and Wm. F. Ruddiman, "Sensitivity of Eurasian Climate to Surface Uplift of the Tibetan Plateau", The Journal of Geology, 1993, 101 (2).

P. J. Bantingham, Xing. G, John. wo Lesen, Ma Haizhou, DavidRhond, Short Charongloge for the Peapling of the Tibetan Plateaur Late Quaternzry Climate Change, and, Hunman, Adaptationin, Arid . Chioa . Madsen, ChenFa ~ Hu, GaoXing, eds, Amsterdam: Elsevier, 2007 (129) .

L. A. Owen, R. C. Finkel, H. Ma, PBarnard, "Late Quaternary Landscape Evolution in the Kunlun Mountains and Qiadam Basin, Northern Tibet: A Framework for Examining the Links Between Glaciations, Lake Level Changes and Alluvial Fan Formation", Quaternary International, 2006, 154 (5) .

Dodson JR, LiXQ, Zhou XY, et al, "Origin and Spread of Wheat in China", *Quaternary Science Reviews*, 2013, 72.

Ma MM, Dong GH, Lightfoot E, et al, "Stable Isotope Analysis of Human and Faunal Remains in the Western Loess Plateau, Approximately 2000 cal BC", Archaeometry, 2014, 1 (Suppl) .

P. J. Brantingham and Gao Xing, "Peopling of the Northern Tibetan Plateau"

World Archaeology, 2006, 38 (3).

Yao TD, Thompson L, Yang W, et al, " Different Glacier Status with Atmospheric Circulations in Tibetan Plateau and Surroundings", *Nature Climate Change*, 2012, 2 (9).

图书在版编目(CIP)数据

泛江河源区岛状生态地位论 / 文艳林著. -- 北京：社会科学文献出版社，2022.11

ISBN 978-7-5201-9294-1

Ⅰ. ①泛… Ⅱ. ①文… Ⅲ. ①青藏高原-河流环境-生态环境保护-研究 Ⅳ. ①X143

中国版本图书馆CIP数据核字(2021)第227414号

泛江河源区岛状生态地位论

著　　者 / 文艳林

出 版 人 / 王利民
责任编辑 / 王　展
责任印制 / 王京美

出　　版 / 社会科学文献出版社
地址：北京市北三环中路甲29号院华龙大厦　邮编：100029
网址：www.ssap.com.cn
发　　行 / 社会科学文献出版社 (010) 59367028
印　　装 / 唐山玺诚印务有限公司

规　　格 / 开　本：787mm×1092mm　1/16
印　张：16　字　数：244千字
版　　次 / 2022年11月第1版　2022年11月第1次印刷
书　　号 / ISBN 978-7-5201-9294-1
定　　价 / 99.00元

读者服务电话：4008918866